精细化工技术专业(群)重点建设教材

浙江省“十三五”优势专业项目建设成果

化工生产与安全技术

主　编　吴　健　丁晓民

副主编　童国通　何　艺

编　写　吕路平　张立发　王建英　谢建武

图书在版编目(CIP)数据

化工生产与安全技术 / 吴健，丁晓民主编. — 杭州：浙江大学出版社，2017.7(2024.7 重印)
ISBN 978-7-308-16799-4

Ⅰ.①化… Ⅱ.①吴… ②丁… Ⅲ.①化工生产—安全技术 Ⅳ.①TQ086

中国版本图书馆 CIP 数据核字(2017)第 071833 号

化工生产与安全技术
吴　健　丁晓民　主编

责任编辑　石国华
责任校对　陈静毅　王安安
封面设计　刘依群
出版发行　浙江大学出版社
(杭州市天目山路 148 号　邮政编码 310007)
(网址：http://www.zjupress.com)
排　　版　杭州星云光电图文制作有限公司
印　　刷　浙江新华数码印务有限公司
开　　本　710mm×1000mm　1/16
印　　张　14
字　　数　274 千
版 印 次　2017 年 7 月第 1 版　2024 年 7 月第 2 次印刷
书　　号　ISBN 978-7-308-16799-4
定　　价　35.00 元

内容简介

本教材从化学品安全管理基础知识、化工产品生产与安全、安全生产行为控制与事故预防、应急避险与现场急救、职业健康与劳动保护等5个方面进行了阐述，本教材选取的内容切合生产实际，采取大量事故案例加以诠释。按照读者的学习规律，首先从原料的角度，介绍化学品相关法律法规知识和标准，按照以人为本的理念介绍员工如何保护自己以及应遵循的义务等；其次详述了化工产品的生产与安全，从典型化工工艺到典型化工设备操作以及相应安全事故预防等；最后概述了事故应急救援和职业危害。为便于读者理解，书中使用了大量的图片和表格，可读性强。

本教材是在大量的企业调研的基础上，经过总结提炼编写而成的。

教材适合高等职业教育化工技术类及相关专业（包括精细化工、应用化工、轻工等）以及各企事业单位有关人员的培训使用，可作为大专院校相关专业以及本科院校的实训使用。

丛书编委会

总　序

2008年，杭州职业技术学院提出了“重构课堂、联通岗位、双师共育、校企联动”的教改思路，拉开了教学改革的序幕。2010年，学校成功申报为国家骨干高职院校建设单位，倡导课堂教学形态改革与创新，大力推行项目导向、任务驱动、教学做合一的教学模式改革与相应课程建设，与行业企业合作共同开发紧密结合生产实际的优质核心课程和校本教材、活页教材，取得了一定成效。精细化工技术专业(群)是骨干校重点建设专业之一，也是浙江省优势专业建设项目之一。在近几年实施课程建设与教学改革的基础上，组织骨干教师和行业企业技术人员共同编写了与专业课程配套的校本教材，几经试用与修改，现正式编印出版，是学校国家骨干校建设项目和浙江省优势专业建设项目的教研成果之一。

教材是学生学习的主要工具，也是教师教学的主要载体。好的教材能够提纲挈领，举一反三，授人以渔。而工学结合的项目化教材则要求更高，不仅要有广深的理论，更要有鲜活的案例、科学的课题设计以及可行的教学方法与手段。编者们在编写的过程中以自身教学实践为基础，吸取了相关教材的经验并结合时代特征而有所创新，使教材内容与经济社会发展需求的动态相一致。

本套教材在内容取舍上摈弃求全、求系统的传统，在结构序化上，首先明确学习目标，随之是任务描述、任务实施步骤，再是结合任务需要进行知识拓展，体现了知识、技能、素质有机融合的设计思路。

本套教材涉及精细化工技术、生物制药技术、环境监测与治理技术3个专业共9门课程，由浙江大学出版社出版发行。在此，对参与本套教材的编审人员及提供帮助的企业表示衷心的感谢。

限于专业类型、课程性质、教学条件以及编者的经验与能力，难免存在不妥之处，敬请专家、同仁提出宝贵意见。

谢萍华

前　言

随着科学技术的发展，人们的物质生活和文化生活水平得到不断提高，特别是石油化工、精细化工行业迅速崛起，有力地促进了国民经济的发展。众所周知，我国化学品的生产与使用量大面广，种类繁多，涉及国民经济各行业、领域。化学品的生产、经营、使用、储存、运输等过程的事故，直接关系到人民的生命财产安全。尤其石油化工行业企业涉及的原料及产品多是易燃易爆、有毒有害、易腐蚀性的物质，且生产过程又有高温高压、低温深冷、负压真空以及自动化、连续化、大型化等特点，与其他行业相比，化工生产的各个环节不安全因素较多，且事故后果严重，危险性和危害性更大。因此，在化工生产中应特别关注人身和设备安全，从而达到安全生产的目的。

本教材就是为危化品企业员工普及安全生产知识，强化安全意识而编写。根据石油化工行业企业发展需要，为满足该行业企业员工岗位实际工作所需要的知识、能力、素质，我们选取相关生产安全知识作为教学内容，同时引用大量相关事故案例，以加深学生对知识理解；同时以学生的认知规律安排、整合教学内容。

本教材由杭州职业技术学院吴健主编，并完成第一章、第二章第二节、第三节以及第五章第一节的编写。由杭州职业技术学院的丁晓民完成第二章第四节、第五节、第四章的编写，杭州职业技术学院的童国通完成第二章第一节、第五章第二节的编写，杭州电化集团有限公司的王建英完成第五章第三节、第四节的编写。在编写过程中受到浙江蓝天环保高科技股份有限公司的杨清纳、周忠泽，杭州菲丝凯化妆品有限公司肖炎伟，国际香料香精（浙江）有限公司赵文佳，雅露拜尔生物科技（杭州）有限公司的张立发的帮助和指导。在此一并表示衷心感谢。

本教材适合高等职业教育化工技术类及相关专业（包括精细化工、应用化工、轻工等）以及各企事业单位有关人员的培训使用，可作为大专院校相关专业以及本科院校的实训使用。

由于编者水平有限和时间仓促，书中难免存在不妥和错误之处，恳请读者批评指正。

编者

2016 年 10 月

目 录

第一章　化学品安全管理基础知识

第一节　化学品法律法规及标准

我国是化学品生产大国，化学工业已成为国家的支柱产业；我国也是化学品进出口大国之一，每年进出口总额达1万亿美元以上。

我国化学品的生产与使用量大面广，种类繁多，涉及国民经济各行业、领域。化学品的生产、经营、使用、储存、运输等过程中的事故，直接关系到人民的生命财产安全，对国民经济的发展也具有重大的影响。

化学品管理工作对促进经济发展、保障人身财产安全、保护环境等方面具有重要意义。

一、化学品法律法规概述

自20世纪80年代开始，经过几十年的建设与发展，我国拥有化学品安全管理的法律、法规及部门规章共65项。国家还颁布了一系列有关危险化学品分类、储存、运输、包装和标志等的安全标准，有关控制化学污染物排放标准和职业卫生方面的标准，共有126个。这些法律、法规涉及化学品的生产、加工、运输、储存、使用、回收和废弃物处置等各个环节，逐步形成了以国家安全生产监督管理局、中华人民共和国公安部、中华人民共和国交通运输部、国家质量监督检验检疫局、中华人民共和国环境保护部（以下简称“环境保护部”）和中华人民共和国海关总署等为主的多部门管理格局。

（一）化学品安全生产法律法规

我国涉及化学品安全生产的法律、法规以及部门规章主要有《中华人民共和国安全生产法》（主席令〔2014〕第13号）（以下简称《安全生产法》）、《易制毒化学品安全管理条例》（国务院令〔2005〕第445号）、《安全生产许可证条例》（国务院令〔2004〕第397号）、《使用有毒物品作业场所劳动保护条例》（国务院令〔2002〕第352号）、《危险化学品生产企业安全生产许可证实施办法》（国家安全监管总局令〔2011〕第41号）等。

其中，《安全生产法》规定：危险物品的生产、经营和储存单位应当设置安全生产管理机构或者配备专职安全生产管理人员，单位负责人和安全生产管理人员必须具备与本单位所从事的生产经营活动相应的安全生产知识和管理能力，并且需要有关主管部门考核后方可任职。用于生产、储存危险物品建设项目的施工单位必须按照批准的安全设施设计施工，并对安全设施的工程质量负责，在投入生产前必须依照有关规定对安全设施进行验收，验收合格后，方可投入生产和使用。验收部门及其验收人员对验收结果负责。

《安全生产许可证条例》规定：企业进行生产前应向安全生产许可证颁发管理机关申请领取安全生产许可证，并提供相关文件和资料。安全生产许可证颁发管理机关应当自收到申请之日起 45 日内审查完毕，审查合格颁发安全生产许可证，否则不予颁发安全生产许可证，书面通知企业并说明理由。

（二）化学品安全管理法规

我国涉及化学品安全管理的法律、法规以及部门规章主要有《危险化学品安全管理条例》（国务院令〔2013〕第 645 号）、《危险化学品登记管理办法》（国家安全监管总局令〔2012〕第 53 号）、《危险化学品安全使用许可证实施办法》（国家安全监管总局令〔2012〕第 57 号）、《剧毒化学品购买和公路运输许可证件管理办法》（公安部令〔2005〕第 77 号）、《危险化学品生产储存建设项目安全审查办法》（国家安全监管总局令〔2012〕第 45 号）等。

其中，《危险化学品安全管理条例》明确规定了安监、公安、质检、环保、交通、卫生、工商和邮政等部门在危险化学品安全管理方面的职责。

（三）化学品环境保护法律法规

我国涉及化学品环境保护的法律、法规、政策以及部门规章主要有《中华人民共和国环境保护法》（主席令〔2014〕第 9 号）、《新化学物质环境管理办法》（环境保护部令〔2009〕第 7 号）、《国务院关于落实科学发展观加强环境保护的决定》（国发〔2005〕第 39 号）、《关于加强有毒化学品进出口环境管理登记工作的通知》（环办〔2009〕第 113 号）、《化学品环境风险防控“十二五”规划》（环发〔2013〕第 20 号）、《国务院关于加强环境保护重点工作的意见》（国发〔2011〕第 35 号）等。

为了控制新化学品的环境风险，保障人体健康，保护生态环境，国家对新化学品实行风险分类管理，实施申报登记和跟踪控制制度。

化学品环境保护具有风险预防的特点，而目前相关法律对废水、废气和废渣的管理，体现的是先污染后治理的原则，并非污染之前的防治管理。

二、化学品主要标准概述

（一）危险化学品鉴别和分类标准

1.《危险货物的分类和品名编号》（GB6944—2012）

本标准适用范围：

（1）本标准适用于危险货物运输中类、项的划分和品名的编号。

（2）凡具有爆炸、易燃、毒害、腐蚀、放射性等性质，在运输、装卸和贮存保管过程中，容易造成人身伤亡和财产损毁而需要特别防护的货物，均属危险货物。

2.《化学品分类及危险性公示通则》(GB13690—2009)

本标准适用范围：

(1)本标准规定了有关GHS的化学品分类及其危险公示。

(2)本标准适用于化学品分类及其危险公示。本标准适用于化学品生产场所和消费品的标志。

(二)危险化学品名录

1.《危险货物品名表》(GB12268—2012)

(1)主题内容与适用范围：

本标准规定了危险货物品名表的一般要求、结构和危险货物品名表。

本标准适用于危险货物运输、储存、经销及相关活动。

(2)规范性引用文件：

下列文件对于本文件的应用是必不可少的。凡是注日期的引用文件，仅注日期的版本适用于本文件。凡是不注日期的引用文件，其最新版本(包括所有的修改单)适用于本文件。

①GB6944 危险货物分类和品名编号。

②联合国《关于危险货物运输的建议书·规章范本》(第16修订版)。

③联合国《关于危险货物运输的建议书·试验和标准手册》(第5修订版)。

2.《危险化学品目录》(2015年版)

《危险化学品目录》(以下简称《目录》)是落实《危险化学品安全管理条例》(以下简称《条例》)的重要基础性文件，是企业落实危险化学品安全管理主体责任，以及相关部门实施监督管理的重要依据。根据《条例》规定，国家安全监管总局会同国务院工业和信息化、公安、环境保护、卫生、质量监督检验检疫、交通运输、铁路、民用航空、农业主管部门联合制定了《目录(2015版)》，于2015年5月1日起实施，《危险化学品名录》(2002版)、《剧毒化学品目录》(2002年版)同时予以废止。

3.《剧毒化学品目录》(2015年版)

(1)本目录摘自危险化学品目录2015版，剧毒化学品由原来的335种调整为148种。

(2)剧毒化学品的判定界限。

定义：具有剧烈急性毒性危害的化学品，包括人工合成的化学品及其混合物和天然毒素，还包括具有急性毒性易造成公共安全危害的化学品。

剧烈急性毒性判定界限：急性毒性类别1，即满足下列条件之一：大鼠实验，经口$LD_{50}\leqslant 5mg/kg$，经皮$LD_{50}\leqslant 50mg/kg$，吸入(4h)$LC_{50}\leqslant 100mL/m^3$(气体)或0.5mg/L(蒸气)或0.05mg/L(尘、雾)。经皮LD_{50}的实验数据，也可使用兔实验数据。

(3)本目录各栏目含义

①“序号”是指本目录录入剧毒化学品的顺序。

②“品名”是按照化学品命名方法给予的名称。

③“别名”是指除“品名”以外的习惯称谓或俗名。

4.《危险货物命名原则》(GB/T 7694—2008)

(1)本标准规定了危险货物运输名称的选择和命名。

(2)本标准适用于经铁路、公路、水运和民航等运输方式运输和贮存的危险货物的命名。

(3)本标准代替《危险货物命名原则》(GB/T 7694—1987)。

(4)本标准与 GB/T 7694—1987 相比主要变化如下:

①增加引用文件;

②增加术语与定义部分,将原"2.危险货物命名原则"中的相关名词术语单独列出;

③增加了"混合物或溶液"命名原则;

④"危险货物的概括名称"增加了部分内容;

⑤"危险货物品名的附加条件"增加了部分内容;

⑥删除了原"4.对进口和出口的危险货物"内容;

⑦增加了参考文献。

5.危险货物运输、包装的国标

(1)《危险货物包装标志》(GB190—2009)

①主要内容与适用范围。本标准规定了危险货物包装图示标志(以下简称标志)的种类、名称、尺寸及颜色等。本标准适用于危险货物的运输包装。

②引用标准《危险货物分类和品名编号》(GB6944—2012)和《危险货物品名表》(GB12268—2015)。

③标志的图形和名称。标志的图形共 21 种,19 个名称,其图形分别标示了 9 类危险货物的主要特性。标志图形须符合标志 1～21 的规定。

(2)《危险货物运输包装通用技术条件》(GB12463—2009)

本标准规定了危险货物运输包装(以下简称运输包装)的分类、基本要求、性能试验和检验方法、技术要求、类型和标记代号。

本标准适用于盛装危险货物的运输包装。

本标准不适用于:

①盛装放射性物质的运输包装;

②盛装压缩气体和液化气体的压力容器的运输包装;

③净质量超过 400kg 的运输包装;

④容积超过 450L 的运输包装。

(3)《危险化学品运输包装类别划分原则》(GB/T15089—2008)

本标准代替《危险货物运输包装类别划分原则》(GB/T15098—1994)。

本标准规定了划分各类危险货物运输包装类别的方法。

本标准适用于危险货物生产、贮存、运输和检验部门对危险货物运输包装进行性能试验和检验时确定包装类别。

本标准不适用于:

①盛装爆炸品的运输包装；

②盛装气体的压力容器的运输包装；

③盛装有机过氧化物和自反应物质的运输包装；

④盛装感染性物质的运输包装；

⑤盛装放射性物质的运输包装；

⑥盛装杂项危险物质和物品的运输包装；

⑦净质量大于400kg的包装；

⑧容积大于450L的包装。

有特殊要求的另按相关规定办理。

(4)《道路运输危险货物车辆标志》(GB13392—2005)

本标准规定了道路运输危险货物车辆标志的分类、规格尺寸、技术要求、试验方法、检验规则、包装、标志、装卸、运输和储存，以及安装悬挂和维护要求。本标准适用于道路运输危险货物车辆标志的生产、使用和管理。

6.“一书一签”的国标

(1)《化学品安全技术说明书-内容和项目顺序》(GB/T16483—2008)

本标准规定了化学品安全技术说明书(Safety Data Sheet，SDS)的结构、内容和通用形式。本标准适用于化学品安全技术说明书的编制。本标准既不规定SDS的固定格式，也不提供SDS的实际样例。

(2)《化学品安全标签编写规定》(GB15258—2009)

本标准规定了化学品安全标签的术语和定义、标签内容、制作和使用要求，适用于化学品安全标签的编写、制作和使用。

本标准的4.1、4.2、4.3、5.1、5.2、5.4.1、5.4.2为强制性的，其余为推荐性的。

本标准对应于联合国《全球化学品统一分类和标签制度》(GHS，第二修订版)，与其一致性程度为非等效。

本标准代替GB15258—1999《化学品安全标签编写规定》。

7.危险化学品储存、经营的国标

(1)《常用化学危险品的贮存通则》(GB15603—1995)

①本标准规定了常用化学危险品(以下简称化学危险品)贮存的基本要求。本标准适用于常用化学危险品(以下简称化学危险品)出、入库，贮存及养护。

②引用标准为《危险货物包装标志》(GB190—2009)、《常用危险化学品的分类及标志》(GB13690—1992)、《建筑设计防火规范》(GBJ16—2001)。

(2)《危险化学品企业经营开业条件和技术要求》(GB18265—2000)

本标准规定了危险化学品经营企业的开业条件和技术要求。本标准适用于中华人民共和国境内从事危险化学品交易和配送的任何经营企业。

8.《重大危险源辨识》(GB18218—2000)

(1)本标准规定了辨识重大危险源的依据和方法。

(2)本标准适用于危险物质的生产、使用、贮存和经营等各企业或组织。

(3)本标准不适用于：

①核设施和加工放射性物质的工厂，但这些设施和工厂中处理非放射性物质的部门除外；

②军事设施；

③采掘业；

④危险物质的运输。

9. 有毒化学品的国标

(1)《职业性接触毒物危害程度分级》(GBZ230—2010)

本标准在《职业性接触毒物危害程度分级》(GB5044—1985)基础上首次修订。

本标准与GB5044—1985相比主要修改如下：

①保留急性毒性、致癌性等2项指标。依据联合国全球化学品统计、分类及标记协调制度(GHS)的急性毒性分级标准，修订原急性毒性分级标准；依据国际癌症研究机构(International Agency for Research on Cancer，IARC)致癌性分类，修订了原致癌性分级标准。

②把原急性中毒发病状况、慢性中毒发病状况和慢性中毒后果3项指标整合为实际危害后果与预后1项指标，并明确定义和分级标准。

③增加了扩散性、蓄积性、刺激与腐蚀性、致敏性、生殖毒性5项指标。

④增加了指标权重和按照毒物危害指数进行分级的原则。

⑤把我国政府的产业政策列为直接分级的参考依据。

⑥删除了毒物非固有特性的指标，即最高容许浓度。

(2)《剧毒物品分级、分类及品名编号》GB57—1993

①本标准规定了剧毒物品定义、分级、分类与品名编号。本标准适用于公安机关对剧毒物品的安全管理。

②引用标准为《危险货物命名原则》(GB7694—1987)、《危险货物品名表》(GB12268—1990)、《危险货物分类与品名编号》(GB6944—1986)。

第二节 化学品特性、分类及存储

“1·13”硫黄仓库爆炸事故

2011年1月13日，云南省昆明市某公司(危险化学品生产企业)硫黄仓库发生爆炸，造成7人死亡、7人重伤、25人轻伤。

图1-1 云南某公司"1·13"事故现场

1. 事故经过

1月13日凌晨2时45分，该公司储存硫黄的仓库内，昆明市东站工商服务公司（铁路运输装卸承包单位）的53名工人开始从事火车硫黄卸车作业，作业过程是从火车卸下硫黄包装袋并拆开，将硫黄分别倒入平行于铁路、与地面平齐的34个料斗中，硫黄通过料斗落在地坑中的输送机皮带上，用输送机传送皮带将硫黄送入硫黄库。凌晨3时40分，作业过程中地坑硫黄粉尘突然发生爆炸，爆炸冲击波将料斗、硫黄库的轻型屋顶、皮带输送机、斗式提升机等设施毁坏，造成7人死亡、7人重伤、25人轻伤。

2. 事故原因

事故发生的原因：一是天气干燥，空气湿度低，装卸过程中容易产生易燃爆的硫黄粉尘；二是深夜静风时段，空气流动性差，造成局部空间内（皮带运输机地坑）硫黄粉尘富集，浓度达到爆炸极限范围，在现场产生的点火能量作用下，皮带运输机地坑内的硫黄粉尘引发爆炸。

据国家安全监管总局最新发布的统计数据，2010—2014年，我国共发生危化品事故326起，死亡2207人，2010—2014年，分别为93、76、57、62、38起，分别死亡656、389、411、503、248人，爆炸占事故原因比重最大，约80%，造成的人员伤亡最多。2015年，化工、危化品较大事故多发的势头还没有得到有效的遏制，行业安全生产基础依然薄弱，呈现出重特大事故多发的态势。

由于危险化学品具有活性、危险性、燃烧性、爆炸性、毒性、腐蚀性和放射性等特性，因此当危险化学品大量泄漏或排放后，极易引起火灾、爆炸，造成人员伤亡，一方面会污染空气、水、地面和土壤或食物，另一方面可以经呼吸道、消化道、皮肤或黏膜进入人体，引起个体、群体中毒甚至死亡事故发生。

因此，危险化学品行业的每一个环节（包括原材料和产品的储存、安全运输等）

都必须做到严格管理、科学管理，坚持严谨认真的工作作风，确保每一个环节安全稳定地运行。

一、危险化学品的主要特性

危险化学品具有易燃、易爆、毒害、腐蚀、放射性等危险特性，在生产、储存、运输、使用和废弃处置等过程中，容易造成人身伤亡和财产受损。

（一）燃烧性

爆炸物、压缩气体和液化气体中的可燃性气体、气溶胶、易燃液体、易燃固体、自燃物品和遇湿易燃物品、有机过氧化物等，在条件具备时均可能发生燃烧。

（二）爆炸性

爆炸物、压缩气体和液化气体、气溶胶、易燃液体、易燃固体、自燃物品和遇湿易燃物品、氧化剂和有机过氧化物等危险化学品，均可能由于其化学性和易燃性引发爆炸事故。

（三）毒害性

许多危险化学品可通过一种或多种途径进入人体和动物体内，当其在人体中的积累达到一定量时，便会扰乱或破坏机体的正常生理功能，引起暂时性和持久性的病理改变，甚至危及生命。

（四）腐蚀性

强酸、强碱等物质能对人体组织、金属等物品造成损坏，接触人的皮肤、眼睛、肺部、食道等时，会引起表皮组织发生破坏作用而造成灼伤。内部器官被灼伤后可引起炎症，甚至会造成死亡。

（五）放射性

放射性危险化学品通过放出的射线可阻碍和伤害人体细胞活动机能并导致细胞死亡。

二、危险化学品的种类

目前常见危险化学品约有数千种，其性质各不相同，每一种危险化学品往往具有多种危险性，但是在多种危险性中，必有一种主要的即对人类危害最大的危险性。根据《危险化学品目录（2015 版）》，将化学品分为 28 类 95 个危险类别，并选取了其中危险性较大的 81 个类别作为危险化学品的确定原则（见表 1-1 和表 1-2）。

表 1-1　危险化学品分类

种类		类别						
物理危险	爆炸物	不稳定爆炸物	1.1	1.2	1.3	1.4	1.5	1.6
	易燃气体	1	2	A(化学不稳定性气体)	B(化学不稳定性气体)			
	气溶胶	1	2	3				
	氧化性气体	1						
	加压气体	压缩气体	液化气体	冷冻液化气体	溶解气体			
	易燃液体	1	2	3	4			
	易燃固体	1	2					
	自反应物质和混合物	A	B	C	D	E	F	G
	自热物质和混合物	1	2					
	自燃液体	1						
	自燃固体	1						
	遇水放出易燃气体的物质和混合物	1	2	3				
	金属腐蚀物	1						
	氧化性液体	1	2	3				
	氧化性固体	1	2	3				
	有机过氧化物	A	B	C	D	E	F	G
健康危害	急性毒性	1	2	3	4	5		
	皮肤腐蚀/刺激	1A	1B	1C	2	3		
	严重眼损伤/眼刺激	1	2A	2B				
	呼吸道或皮肤致敏	呼吸道致敏物 1A	呼吸道致敏物 1B	皮肤致敏物 1A	皮肤致敏物 1B			
	生殖细胞致突变性	1A	1B	2				
	致癌性	1A	1B	2				
	生殖毒性	1A	1B	2	附加类别(哺乳效应)			
	特异性靶器官毒性一次接触	1	2	3				
	特异性靶器官毒性反复接触	1	2					
	吸入危害	1	2					
环境危害	危害水生环境	急性 1	急性 2	急性 3	长期 1	长期 2	长期 3	长期 4
	危害臭氧层	1						

注：灰色背景的是作为危险化学品的确定原则类别；关于 A、B、C、D、E、F、G 等级说明详见《化学品分类和标签规范》(GB30000—2013)。

表 1-2 剧烈毒性判定界限变化对比

项目	《危险化学品目录(2015 版)》	《剧毒化学品目录》(2002 版)
经口	$LD_{50}\leqslant 5mg/kg$	$LD_{50}\leqslant 50mg/kg$
经皮	$LD_{50}\leqslant 50mg/kg$	$LD_{50}\leqslant 200mg/kg$
吸入	(4h) $LC_{50}\leqslant 100mL/m^3$ (气体)或 0.5mg/L(蒸气)或 0.05mg/L(尘、雾)	(4h)$LC_{50}\leqslant 500ppm$(气体)或 2 mg/L(蒸气)或 0.5mg/L(尘、雾)
对应的危险类别	急性毒性,类别 1	急性毒性,类别 1 和类别 2

(一)物理化学危害

物理化学危害品共分 16 类:

(1)爆炸物,如高氯酸、二亚硝基苯等;

(2)易燃气体,如一氧化碳、甲烷、氨气等;

(3)气溶胶,如工业上和运输业上用的锅炉和各种发动机里未燃尽的燃料所形成的烟等;

(4)氧化性气体,如氧气、氯气等;

(5)加压气体,如氯(液化的)、氨(液化的)等;

(6)易燃液体,如汽油、苯、甲醇等;

(7)易燃固体,如红磷、硫黄等;

(8)自反应物质和混合物,如苯磺酰肼、4-亚硝基苯酚钠等;

(9)自热物质和混合物,如氢硫化钠、二硫化钛等;

(10)自燃液体,如乙醚、乙醛、丙酮等;

(11)自燃固体,如黄磷、三氯化钛等;

(12)遇水放出易燃气体的物质和混合物,如钾钙钠电石等;

(13)金属腐蚀物,如氢氧化钠、硫氢化钙、盐酸等;

(14)氧化性液体,如浓、稀硝酸,浓硫酸,高锰酸,次氯酸,氯酸等;

(15)氧化性固体,如氯酸钾、氯酸钠、过氧化钾等;

(16)有机过氧化物,如过氧化苯甲酰、过氧化甲乙酮等。

(二)健康危害

健康危害品共分为 10 类:

(1)急性毒性;

(2)皮肤腐蚀性、刺激性;

(3)严重眼睛损伤、眼睛刺激性;

(4)呼吸道或皮肤过敏;

(5)生殖细胞致突变性;

(6)致癌性;

(7)生殖毒性;

(8)特异性靶器官系统毒性次接触;

(9)特异性靶器官系统毒性反复接触;

(10)吸入危险。

(三)环境危害

环境危害品共分为2类：

(1)危害水生环境；

(2)危害臭氧层。

三、危险化学品的包装、使用与储存

根据《危险化学品安全管理条例》，危险化学品，是指具有毒害、腐蚀、爆炸、燃烧、助燃等性质，对人体、设施、环境具有危害的剧毒化学品和其他化学品。

危险化学品由于具有上述危险特性，在包装、运输、使用与储存过程中，如处理不当，极易造成安全事故，轻则影响生产，造成经济损失，重则造成人员伤亡，严重污染环境。

(一)危险化学品包装

当前，各部门、各企业对危险化学品的包装越来越重视，对危险化学品的包装不断改进，开发新型包装材料，使危险化学品的包装质量不断提高，并针对不同产品制定了相关标准。

1.《危险货物运输包装通用技术条件》(GB12463—2009)

该标准适用于所有的危险品包装，把危险品包装中涉及共性的问题统一起来，做出了相关的规定。标准根据危险品的特性和包装强度，把危险品包装分成三类：

Ⅰ类包装：货物具有较大危险性，包装强度要求高；

Ⅱ类包装：货物具有中等危险性，包装强度要求较高；

Ⅲ类包装：货物具有的危险性小，包装强度要求一般。

该标准同时规定了危险品包装的四种试验方法，即堆码试验、跌落试验、气密试验、气压试验。标准中规定的四项试验方法的强度值都高于其他国家标准中规定的强度值，这主要是基于危险品的危险特性考虑的。

2.《包装储存图示标志》(GB191—2000)

该标准是包装通用标准，它规定了运输包装件上提醒储存人员注意的一些图示符号，如：防雨、防晒、易碎等。

3.《危险货物包装标志》(GB190—2000)

该标准规定了危险货物图示标志的类别、名称、尺寸和颜色，共有危险品标志图形21种、19个。

(二)危险化学品的储存

安全储存是危险化学品流通过程中非常重要的一个环节，储存与管理一旦出现漏洞，就会造成重大事故。

案例

1993年8月5日，深圳市某危险物品储运公司，由于4号仓内过硫酸铵(强氧化剂)和硫化碱(还原剂)混存,而过硫酸铵不稳定,极易放出臭氧,扩散接触硫化碱,引发了激烈的氧化还原反应,形成大量热积累,导致起火燃烧。4 号仓的燃烧,引燃了库区多种可燃物质,库区空气温度升高,使多种化学危险品处于被持续加热状态。6 号仓内存放的约 30 吨有机易燃液体被加热到沸点以上,快速挥发,冲破包装和空气、烟气形成爆炸性混合物,继而引发了燃爆。出现闪光和火球,引发该仓内存放的硝酸铵第二次剧烈爆炸,形成蘑菇状云团(爆炸核心高温气流急速上升,周围气体向这里补充)。这起事故共造成 15 人死亡,200 多人受伤,其中重伤 25 人,直接经济损失超过 2.5 亿元。

图 1-2 深圳“8·5”大爆炸事故现场

事故原因:干杂仓库被违章改作化学危险品仓库;仓内化学危险品存放杂乱,混装严重,管理混乱,严重违章;4 号仓内混存氧化剂与还原剂,发生接触,发热燃烧。

案 例

1993 年 1 月 8 日,上海市青浦区某打火机厂因丁烷气体积聚引起爆炸,造成 17 人死亡、3 人轻伤的重大事故。

事故经过:青浦某打火机厂为创新村的村办企业,该厂于 1992 年 7 月通过乡镇企业局的可行性审查,8 月 6 日领取营业执照。在事故前已完成了厂房的建设并向公安部门报批,在未经批准的情况下,1992 年年底以“试生产”的名义承接了上海某打火机厂 25 万只一次性气体打火机的生产业务,开始在一个以前是装配电动剃须刀的厂房中进行生产。该厂房为 2 层楼房,楼上是办公室,下层为车间,其面积约为 50 平方米,中间用玻璃隔为 2 间,一间为装配间,一间为检验室。1 月 8 日,在返修漏气的打火机时,由于天气寒冷,车间门窗紧闭。根据估算,到出事时为止,当天至少修理了 15000 余只打火机。12 时 15 分左右,车间突然发生爆炸,房屋随之倒塌并起火,造成楼下 14 人及楼上 3 人死亡、3 人受伤的重大事故。

事故原因:一是企业缺乏严格的安全管理制度措施,防火措施不落实,思想上麻痹大意,疏于防范;二是厂房设计不符合建筑设计规范要求,没有设置必要的防火隔断,企业还占用或者堵塞疏散通道,火灾发生后无法及时扑救和逃生;三是厂房内大量堆放易燃易爆原料和产品，火灾发生后火势迅速蔓延，并且散发大量有毒气体，极易造成人员中毒窒息死亡。

为了加强对危险化学品储存的管理，国家专门制定了《常用化学危险品储存通则》(GB15603—1995)，对危险化学品的储存做了详细的规定。

1. 储存方式

储存方式取决于化学品的分类、分项、容器类型、储存方式和消防要求。

根据《化学危险品安全管理条例》规定："化学危险品必须储存在专用仓库、专用场地或专用储存室(柜)内，并设专人管理。"

储存地点应满足消防和环保法规要求，比如仓库应选择远离工厂主体建筑，处于常年季风的下风方向的地点等。同时根据储存物品的性质选择储存方式和原则，并加强储存物品的日常养护、管理，做好出、入库登记工作，以确保储存安全。

很多危险化学品不仅本身具有易燃烧、易爆炸的危险，还往往会由于 2 种或 3 种以上的危险化学品混合或互相接触而产生高温、着火、爆炸。因此按照化学品的特性，将化学品储存方式分为 3 种，即分开储存(图 1-3)、隔离储存(图 1-4)和分离储存(图 1-5)。比如，汽油(还原剂)和强酸(氧化剂)要分离储存，避免反应放热导致火灾。

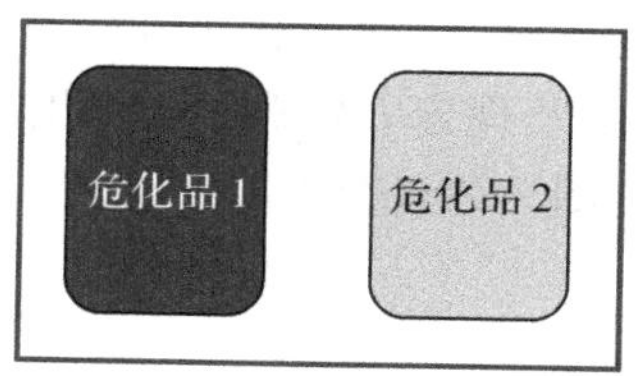

图 1-3　分开储存

图 1-4　隔离储存

图 1-5　分离储存

2. 储存环境

储存环境一般有干燥、通风、遮光和防火等基本要求(图 1-6)。包括但不限于以下几个方面：

(1)对通风而言，可以选择利用百叶窗对流、天窗通风等，或者选用防爆电机机械通风，根据化学品气体与空气密度大小比较，可将通风口设置在仓库底部或上部。

(2)为防止静电火灾，在进入储存区设置人体静电释放仪，避免穿化纤衣服和带铁钉鞋等。

(3)在储存区安装气体感应探头和报警器，与消防设备联动。

(4)为防止化学品泄漏导致环境污染，可设置二次防泄漏容器，如在仓库内周围设置地沟等。

(5)通过密封包装，仓库、货架内放置干燥剂吸潮和通风除湿等控制空气湿度，一般将库房内的相对湿度控制在 80%以下。

(6)根据易燃化学品的闪点控制温度，如闪点低于 23℃的易燃液体，其仓库温度一般不得超过 30℃，低沸点的品种须采取降温式冷藏措施。

(7)现场应张贴醒目的警示标志,配备必要的应急设备,如洗眼器等。

(8)活性较强的化学品应储存在特定的环境中,如硝酸应避光保存,防止见光分解出二氧化氮有毒气体;钠、钾活泼金属应保存在煤油中,避免接触水而导致火灾等。

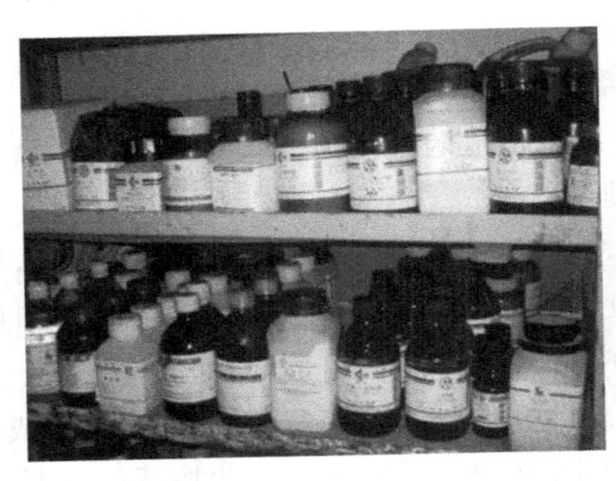

图 1-6　危化品储存环境

(三)危险化学品的运输

化学品的运输方式有公路、铁路、水路、航空和管道运输等 5 种。选择何种运输方式,一般根据所运物品的理化性状、所处的位置、地理条件、运途的长短和运量的大小而定。每种方式的运输均有具体的包装和运输要求及规定,从驾驶员、操作人员、车辆状况和道路交通条件等环节进行严格控制。如图 1-7 和图 1-8 所示。

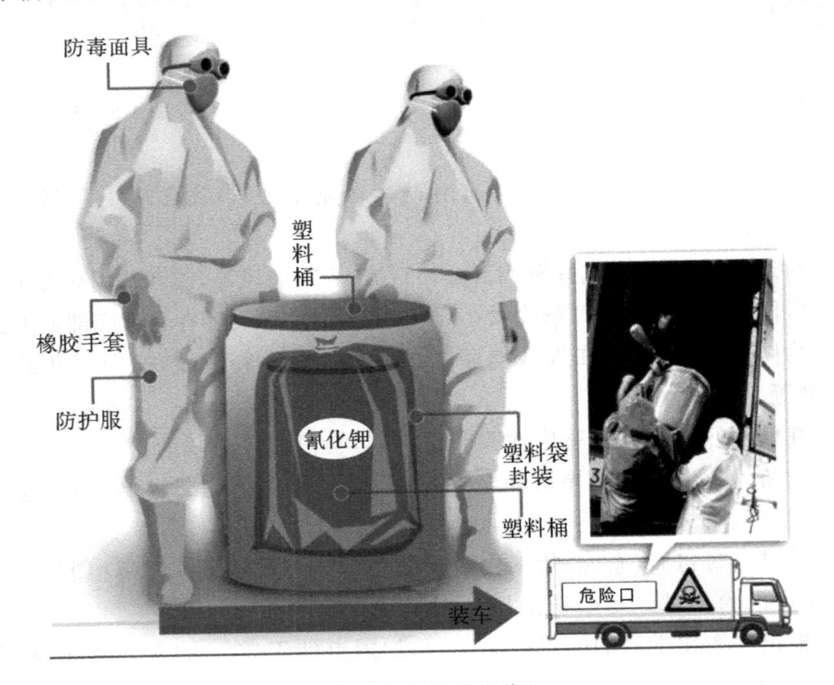

图 1-7　危险化学品搬运

图 1-8　危险化学品运输

就公路运输而言，基本的安全要求包括：

(1)车辆的机械部分必须处于良好的工作状态，尤其是制动、方向操纵和指示等部分。

(2)车厢、底板必须平整完好。车厢周围栏板必须牢固，铁质底板车厢应采取衬垫防护措施，如铺垫橡胶板、胶合板、木板等，但不得使用松软可燃材料。

(3)车辆须装有有效的隔热和熄灭火星的装置，电路系统应有切断电源和隔离电火花的装置。

(4)车辆驾驶室顶部等明显位置必须设置黄底黑字"危险品"字样的醒目标志。

(5)必须根据运输物品的危险特性配备相应的消防设施，捆扎、防水和防散失的工具。

(6)装运液化石油气、汽油等危险货物槽、罐，应适合所装货物的性能，具有足够的强度，配备泄压阀、防波板、压力表、液位计、导除静电等相应的安全装置。

(7)装运集装箱、大型气瓶、可移动罐(槽)车等的车辆必须设置有效的紧固装置。

(四)危险化学品的使用

在使用危险化学品之前，相关人员须阅读《化学品安全技术说明书》(Material Safety Data Sheet, MSDS)，了解化学品的相关危害及相应的安全、环保和健康保护措施，操作人员须取得危险化学品从业人员上岗资格证。

危险化学品使用的基本安全要求包括：

(1)依据 MSDS 的要求，在现场张贴化学品周知卡，告知员工基本安全信息。

(2)进入易燃易爆作业区不准随身携带火种，不准穿带有铁钉的工作鞋和穿着易产生静电的服装。

(3)严格穿戴规定的个人防护用品，例如接触有挥发性粉状固体和气体毒害品时，应戴呼吸器、手套、化学护目镜，穿化学防护服等。

(4)室外工作，应尽量站在上风向。化学品泄漏时，应立即停止操作，向上风方向撤离，并报告有关人员进行检查，查找出原因，排除险情后再继续工作。

(5)严禁在化学品工作区域进食。

(6)当皮肤或眼睛接触化学品后，应用大量清水冲洗 15min 以上，并及时就医。

(7)严格控制动火作业，如电焊、切割等，必须申请许可证。

(8)化学品泄漏时,可通过覆盖、收容、稀释处理,使泄漏物得到安全可靠的处置,防止二次事故的发生。

(9)对于剧毒、易燃、易爆气体的使用现场,应携带或安装化学品探测器。

(五)废弃物安全处理

化学品废弃物应按照化学品的类别进行分类收集,可以结合企业情况进行回收和第三方外送处理。按照化学品的特性进行分类储存,包装容器按照所装化学品一并分类,不要打碎玻璃包装容器。在装卸和运输过程中做好防泄漏、防火防爆和防止人员中毒等工作,并对化学品废弃处理进行相应的记录工作。

第三节　安全标志使用与管理

一、安全标志的由来及含义

提到安全标志,不得不提到安全色。安全色和安全标志是国家规定的两个传递安全信息的标准。尽管安全色和安全标志是一种消极的、被动的防御性的安全警告装置,并不能消除、控制危险,不能取代其他防范安全生产事故的各种措施,但它们形象而醒目地向人们提供了禁止、警告、指令、提示等安全信息,对于预防安全生产事故的发生具有重要作用。

(一)安全色与安全标志的由来

在第二次世界大战期间,美军在向士兵作“这里有危险”、“禁止入内”等指示时,为了简明扼要,便出现了安全色标的最初概念。

在 1942 年,美国一家著名的颜料公司统一制定了一种安全色彩的规则,广泛地被海洋、杜邦公司和其他单位应用。随着工业、交通的发展,一些工业发达国家相继公布了本国的“安全色”和“安全标志”国家标准。国际标准化组织也在 1952 年设立了“安全色标技术委员会”,在 1964 年和 1967 年先后公布了“安全色标准”和“安全标志的符号、尺寸和图形标准”。在 1978 年海牙会议上通过了修改稿,亦即现在的国际标准草案 3864.3 文件。

根据《安全标志及其使用导则》(GB2894—2008),国家规定了四类传递安全信息的安全标志:禁止标志表示不准或制止人们的某种行为;警告标志使人们注意可能发生的危险;指令标志表示必须遵守,用来强制或限制人们的行为;提示标志示意目标地点或方向。在民爆行业正确使用安全标志,可以使人员能够及时得到提醒,以防止事故、危害发生以及人员伤亡,避免造成不必要的麻烦。

(二)安全色与安全标志的含义

1. 安全色

安全色是表达安全信息含义的颜色,用来表示禁止、指令、警告、提示等。安全色规定为红、蓝、黄、绿四种颜色。其含义和用途如表1-3所示。

表1-3　安全色含义和用途

颜色	含义	用途举例
红色	禁止；停止；防火	禁止标志；停止信号；机器、车辆上紧急停止；按钮及禁止人们触动的部位
蓝色	指令；必须遵守的规定	指令标志
黄色	警告；注意	警告标志；警戒标志等
绿色	提供信息安全通行	提示标志；启动按钮；安全标志；安全信号旗；通行标志

红色：表示禁止、停止、危险以及消防设备的意思。凡是禁止、停止、消防和有危险的器件或环境均应涂以红色的标记作为获救的信号。

黄色：对人能产生比红色高的明度，表示提醒人们注意，凡是警告人们注意的器件、设备及环境都应以黄色表示。黄色和黑色织成的条纹是视认性最高的色彩，特别能引起人们的注意，所以用黄色作警告色。

绿色：绿色的视认性虽不太高，但绿色是年轻、青春的象征，能产生和平、久远、生长、舒适、安全等心理效应，所以用绿色表示给人们提供允许、安全的信息。

蓝色：只有与几何图形同时使用时，才表示指令。另外，为避免与马路两旁绿树相混淆，交通上的指令标志用蓝色（指令标志应用绿色）。蓝色的注目性和视认性都不太好，但与白色配合使用效果不错。特别是在太阳直射的情况下较为明显。因而适合于交通标志和厂、矿作为指令的标志。

对比色是使安全色更加醒目的反衬色，有黑白两种。如安全色需使用对比时应按如下方法使用，即红与白，蓝与白，绿与白，黄与黑。也可以使用红白相间、蓝白相间、黄黑相间条纹表示强化含义。使用安全色标志时，不能用有色的光源照明，照度不应低于工业企业照明设计标准的规定。安全色应防止耀眼。

2. 安全标志

根据国家标准规定，安全标志由安全色、几何图形和图形、符号构成，用以表示、表达特定的安全信息。安全标志可以和文字说明的补充标志同时使用。它适用于工矿企业、建筑工地、厂内运输和其他有必要提醒人们注意安全的场所。

国家制定了56种安全标志，可分为以下四类：

（1）禁止标志：含义是不准或制止人们的某种行动。有禁止吸烟，禁区禁止通行等16种。

（2）警告标志：含义是使人们注意可能发生危险。有当心火灾、注意安全等23种。

（3）指令标志：表示必须遵守的规定。有必须系安全带、必须戴防毒面具等8种。

（4）提示标志：其含义是示意目标方向。有太平门、安全通道、消防器材存放的地方等9种。

二、安全标志类型

安全标志分类为禁止标志、警告标志、指令标志、提示标志四类，还有补充标志。

(一)禁止标志

禁止标志的含义是不准或制止人们的某些行动。

禁止标志的几何图形是带斜杠的圆环，其中圆环与斜杠相连，用红色；图形符号用黑色，背景用白色。

我国规定的禁止标志共有 28 个，如：禁放易燃物、禁止吸烟、禁止通行、禁止烟火、禁止用水灭火、禁带火种、禁止启动、修理时禁止转动、运转时禁止加油、禁止跨越、禁止乘车、禁止攀登等(见图 1-9)。

图 1-9　禁止标志

(二)警告标志

警告标志的含义是警告人们可能发生的危险。

警告标志的几何图形是黑色的正三角形、黑色符号和黄色背景。

我国规定的警告标志共有 30 个，如：注意安全、当心触电、当心爆炸、当心火灾、当心腐蚀、当心中毒、当心机械伤人、当心伤手、当心吊物、当心扎脚、当心落物、当心坠落、当心车辆、当心弧光、当心冒顶、当心瓦斯、当心塌方、当心坑洞、当心电离辐射、当心裂变物质、当心激光、当心微波、当心滑跌等(见图 1-10)。

图 1-10　警告标志

(三)命令标志

命令标志的含义是必须遵守。命令标志的几何图形是圆形,蓝色背景,白色图形符号。

命令标志共有 15 个,如:必须戴安全帽、必须穿防护鞋、必须系安全带、必须戴防护眼镜、必须戴防毒面具、必须戴护耳器、必须戴防护手套、必须穿防护服等(见图 1-11)。

图 1-11　命令标志

(四)提示标志

提示标志的含义是示意目标的方向。提示标志的几何图形是方形,绿、红色背景,白色图形符号及文字。提示标志共有 13 个,其中一般提示标志(绿色背景)的有 6 个,如:安全通道、太平门等;消防设备提示标志(红色背景)有 7 个,如消防警铃、火警电话、地下消火栓、地上消火栓、消防水带、灭火器、消防水泵结合器(见图 1-12)。

图 1-12　提示标志

(五)补充标志

补充标志是对前述四种标志的补充说明,以防误解。

补充标志分为横写和竖写两种。横写的为长方形,写在标志的下方,可以和标志连在一起,也可以分开;竖写的写在标志杆上部。

补充标志的颜色:竖写的,均为白底黑字;横写的,用于禁止标志的用红底白字,用于警告标志的用白底黑字,用于带指令标志的用蓝底白字。如图 1-13 所示。

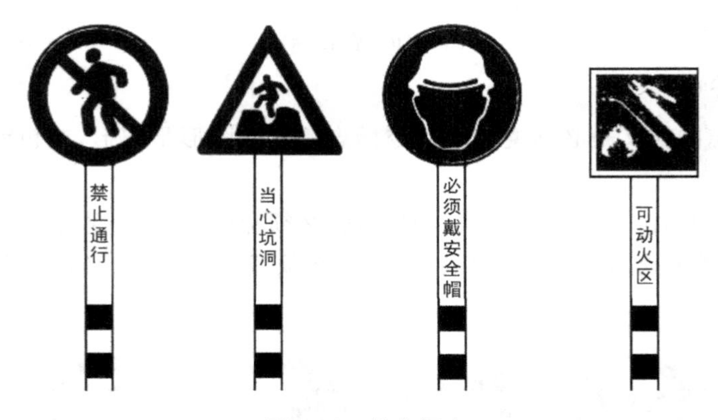

图 1-13　补充标志

三、安全标志的设置、安装使用与维护

安全标志是指在作业场所悬挂或张贴的安全图文标志,目的在于警示人们对不安全因素的注意,预防事故的发生。安全标志是向工作人员警示工作场所或周围环境的危险状况,指导人们采取合理行为的标志。安全标志能够提醒工作人员预防危险,从而避免事故发生;当危险发生时,能够指示人们尽快逃离,或者指示人们采取正确、有效、得力的措施,对危害加以遏制。安全标志不仅类型要与所警示的内容相吻合,而且设置位置要正确合理,否则就难以真正充分发挥其警示作用。

(一)安全标志的设置

(1)安全标志应设置在与安全有关的明显地方,并保证人们有足够的时间注意其所表示的内容。

(2)设立于某一特定位置的安全标志应被牢固地安装,保证其自身不会产生危险,所有的标志均应具有坚实的结构。

(3)当安全标志被置于墙壁或其他现存的结构上时,背景色应与标志上的主色形成对比色。

(4)对于那些所显示的信息已经无用的安全标志,应立即由设置处卸下,这对于警示特殊的临时性危险的标志尤其重要,否则会导致观察者对其他有用标志的忽视与干扰。

(二)安全标志的安装位置

(1)防止危害性事故的发生。首先要考虑:所有标志的安装位置都不可存在对人的危害。

(2)可视性,标志安装位置的选择很重要,标志上显示的信息不仅要正确,而且对所有的观察者要清晰易读。

(3)安装高度。通常标志应安装于观察者水平视线稍高一点的位置,但有些情况置于其他水平位置则是适当的。

(4)危险和警告标志。危险和警告标志应设置在危险源前方足够远处,以保证观察者在首次看到标志及注意到此危险时有充足的时间,这一距离随不同情况而变化。例如,警告不要接触开关或其他电气设备的标志,应设置在它们近旁,而大厂区或运输道路上的标志,应设置于危险区域前方足够远的位置,以保证在到达危险区之前就可观察到此种警告,从而有所准备。

(5)安全标志不应设置于移动物体上,例如门,因为物体位置的任何变化都会造成对标志观察变得模糊不清。

(6)已安装好的标志不应被任意移动,除非位置的变化有益于标志的警示作用。

(三)安全标志的使用

(1)危险标志,只安装于存在直接危险的地方,用来表明存在危险。

(2)禁止标志,用符号或文字的描述来表示一种强制性的命令,以禁止某种行为。

(3)警告标志,通过符号或文字来指示危险,表示必须小心行事,或用来描述危险属性。

(4)安全指示标志,用来指示安全设施和安全服务所在的位置,并且需在此处给出与安全措施相关的主要安全说明和建议。

(5)消防标志,用于指明消防设施和火灾报警的位置,及指明如何使用这些设施。

(6)方向标志,用于指明正常和紧急出口,火灾逃逸和安全设施,安全服务及卫生间的方向。

(7)交通标志,用于向工作人员表明与交通安全相关的指示和警告。

(8)信息标志,用于指示出特殊属性的信息,如停车场,仓库或电话间等。

(9)强制性行动标志,用于表示须履行某种行为的命令以及需要采取的预防措施。例如,穿戴防护鞋、安全帽、眼罩等。

(四)安全标志的维护与管理

为了有效地发挥标志的作用,应对其定期检查、定期清洗,发现有变形、损坏、变色、图形符号脱落、亮度老化等现象存在时,应立即更换或修理,从而使之保持良好状况。安全管理部门应做好监督检查工作,发现问题,及时纠正。

另外要经常性地向工作人员宣传安全标志使用的规程,特别是那些必须要遵守预防措施的人员,当建议设立一个新标志或变更现存标志的位置时,应提前通告员工,并且解释其设置或变更的原因,从而使员工心中有数,只有综合考虑了这些问题,设置的安全标志才有可能有效地发挥安全警示的作用。如图 1-14 所示。

图 1-14　安全标志的管理

第二章　化工产品生产与安全

危险化学品行业在国民经济发展中有着不可替代的作用，是我国的支柱产业之一。近年来，全国化工生产安全形势总体平稳，并呈现好转态势。相较以往同期，全国有16个地区事故发生数和伤亡人数比都有所下降，较大事故起数和伤亡人数较上一年同期有较大幅度下降。但当前的安全生产形势依然不容乐观，部分地区的事故发生数和伤亡人数同比上升，需要引起高度重视。基于化学工业工程生产中，化学品大多属于易燃、易爆、有毒、有腐蚀的物质，容易产生安全事故。2011—2015年(2015上半年)化学工业工程生产安全事故统计见图2-1、图2-2和图2-3。

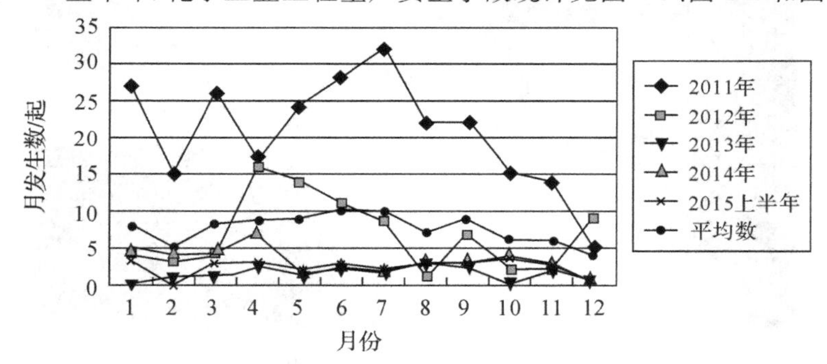

图2-1　2011—2015年(2015上半年)安全事故月发生数

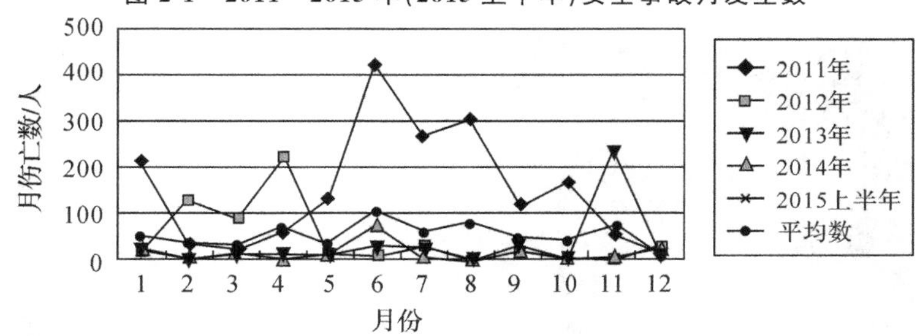

图2-2　2011—2015年(2015上半年)安全事故月伤亡数

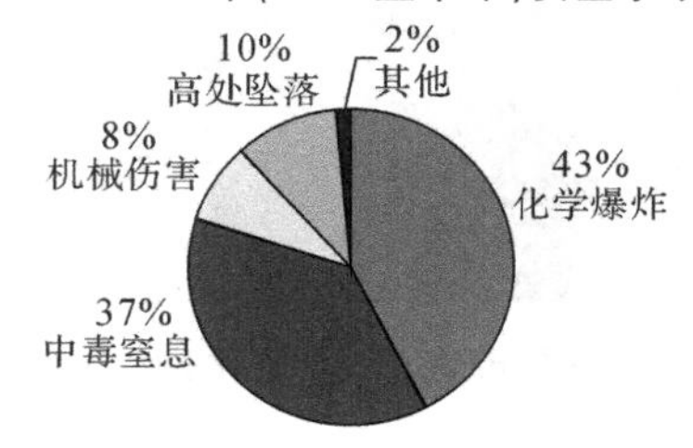

图2-3　2011—2015年(2015上半年)平均安全事故类型

危险化学品种类繁多，引发危险化学品事故的原因很多，所以发生危险化学品事故的后果也大不相同，事故可引起爆炸和燃烧，或中毒，因而常常危及人民生命和财产的安全，带来不可估量的严重后果。

1976 年的意大利塞维索工厂发生环己烷泄漏事故，1984 年的墨西哥城发生石油液化气爆炸事故(见图 2-4)，特别是 1984 年 12 月 3 日凌晨，在印度博帕尔市的美国联合碳化公司印度农药厂发生异氰酸甲酯(MIC)泄漏(见图 2-5)，顿时剧毒气体迅速向四周扩散，毒气泄漏事件造成了 2.5 万人直接致死，55 万人间接致死，另外有 20 多万人永久残废的人间惨剧。博帕尔事件震惊了全世界，引起广泛关注，各国纷纷采取应急措施，并加强设备的本质安全。加强危险化学品管理及其相应的医学救援是减轻灾害后果的重要措施。

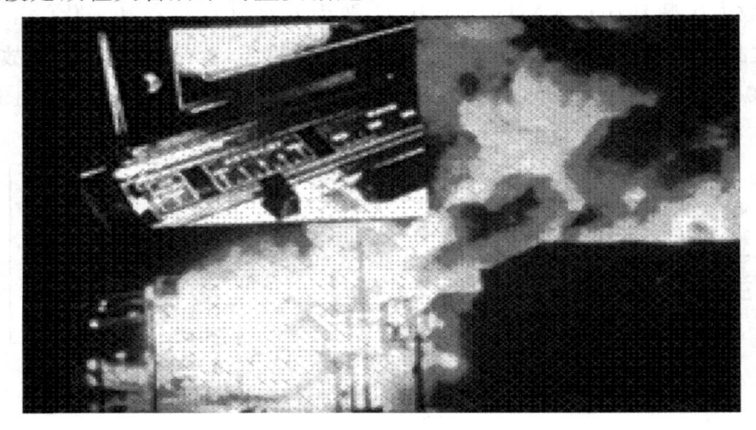

图 2-4　1984 年墨西哥城一石油液化气贮罐爆炸

注:1984 年墨西哥城一液化石油气贮罐爆炸，死 452 人，伤 4248 人。

图 2-5　印度博帕尔市美国联合碳化公司异氰酸甲酯泄漏

注:1984 年 12 月 3 日，印度博帕尔市美国联合碳化公司异氰酸甲酯泄漏。方圆 400 千米的农药毒气蘑菇云造成约 2.5 万人死亡、55 万人间接中毒死亡、20 多万人终身致残。

近年来，我国又陆续出台了一系列危险化学品管理的法律法规，如《中华人民共和国安全生产法》、《危险化学品安全管理条例》、《生产经营单位安全培训规定》（国家安全监管总局令〔2013〕第3号）、《化工（危险化学品）企业保障生产安全十条规定》（国家安全监管总局令〔2013〕第64号）等法律法规30项，为加强危险化学品企业安全生产与管理提供了法律依据。

第一节　化工产品生产工艺操作与安全

2009年6月，国家下发了《国家安全监管总局关于公布首批重点监管的危险化工工艺目录的通知》（安监总管三〔2009〕116号），公布了首批重点监管的危险化工工艺目录：光气及光气化工艺、电解工艺（氯碱）、氯化工艺、硝化工艺、合成氨工艺、裂解（裂化）工艺、氟化工艺、加氢工艺、重氮化工艺、氧化工艺、过氧化工艺、胺基化工艺、磺化工艺、聚合工艺、烷基化工艺、煤气化及煤化工新工艺、电石生产工艺、偶氮化工艺。

下面仅选取部分重点监管的危险化工工艺加以说明。

一、合成氨生产工艺操作与安全

（一）合成氨生产工艺概述

1. 产品用途

氨主要用于制造氮肥和复合肥料，氨作为工业原料和氨化饲料，我国的用量约占世界产量的12%。硝酸、各种含氮的无机盐及有机中间体、磺胺药、聚氨酯、聚酰胺纤维和丁腈橡胶等都需直接以氨为原料。液氨常用作制冷剂。

2. 工艺过程简述

（1）原料气制备

将煤和天然气等原料制成含氢和氮的粗原料气。对于固体原料煤和焦炭，通常采用气化的方法制取合成气；渣油可采用非催化部分氧化的方法获得合成气；对气态烃类和石脑油，工业中利用二段蒸汽转化法制取合成气。

（2）净化

对粗原料气进行净化处理，除去氢气和氮气以外的杂质，主要包括变换过程、脱硫脱碳过程以及气体精制过程。

①一氧化碳变换过程

合成氨生产中，各种方法制取的原料气都含有CO，其体积分数一般为12%～40%。合成氨需要的两种组分是H_2和N_2，因此需要除去合成气中的CO。反应式为：$CO+H_2O \longrightarrow H_2+CO_2$。

由于 CO 变换过程是强放热过程，必须分段进行，以利于回收反应热，并控制变换段出口残余 CO 含量。一般分两步：第一步是高温变换，使大部分 CO 转变为 CO_2 和 H_2；第二步是低温变换，将 CO 含量降至 0.3%左右。因此，CO 变换反应既是原料气制造的继续，又是净化的过程，为后续脱碳过程创造条件。

②脱硫脱碳过程

各种原料制取的粗原料气，都含有一些硫和碳的氧化物，为了防止合成氨生产过程催化剂的中毒，必须在氨合成工序前加以脱除，以天然气为原料的蒸汽转化法，第一道工序是脱硫，用以保护转化催化剂，以重油和煤为原料的部分氧化法，根据一氧化碳变换是否采用耐硫的催化剂来确定脱硫的位置。工业脱硫方法种类很多，通常是采用物理或化学吸收的方法，常用的有低温甲醇洗法、聚乙二醇二甲醚法等。

粗原料气经 CO 变换以后，变换气中除 H_2 外，还有 CO_2、CO 和 CH_4 等组分，其中以 CO_2 含量最多。CO_2 既是氨合成催化剂的毒物，又是制造尿素、碳酸氢铵等氮肥的重要原料。因此变换气中 CO_2 的脱除必须兼顾这两方面的要求。一般采用溶液吸收法脱除 CO_2。

③气体精制过程

经 CO 变换和 CO_2 脱除后的原料气中尚含有少量残余的 CO 和 CO_2。为了防止对氨合成催化剂的毒害，规定 CO 和 CO_2 总含量不得大于 $10cm^3/m^3$（体积分数）。因此，原料气在进入合成工序前，必须进行原料气的最终净化，即精制过程。

目前在工业生产中，最终净化方法分为深冷分离法和甲烷化法。深冷分离法主要是液氮洗法，是在深度冷冻（$<-100℃$）条件下用液氮吸收分离少量 CO，而且该方法也能脱除甲烷和大部分氩，这样可以获得只含有惰性气体 $100cm^3/m^3$ 以下的氢氮混合气，深冷净化法通常与空分以及低温甲醇洗结合。甲烷化法是在催化剂存在下使少量 CO、CO_2 与 H_2 反应生成 CH_4 和 H_2O 的一种净化工艺，要求入口原料气中碳的氧化物含量（体积分数）小于 0.7%。甲烷化法可以将气体中碳的氧化物（$CO+CO_2$）含量脱除到 $10cm^3/m^3$ 以下，但是需要消耗有效成分 H_2，并且增加了惰性气体 CH_4 的含量。甲烷化反应如下：

$$CO+3H_2 \longrightarrow CH_4+H_2O$$

$$CO_2+4H_2 \longrightarrow CH_4+2H_2O$$

(3)氨合成

将纯净的氢、氮混合气压缩到高压，在催化剂的作用下合成氨。氨的合成是提供液氨产品的工序，是整个合成氨生产过程的核心部分。氨合成反应在较高压力和催化剂存在的条件下进行，由于反应后气体中氨含量不高，一般只有 10%～20%，故采用未反应氢氮气循环的流程。氨合成反应式为：$N_2+3H_2 \longrightarrow 2NH_3$。

3. 主要设备

合成氨的主要设备有造气炉（包括除尘设备）、燃烧炉、余热炉、脱硫塔、静氨塔、静电除焦器、中低变炉(包括触媒)、换热设备、压缩机、铜洗塔、铜液分离器、铜液泵、合成塔、废热锅炉、氨分离器、水处理设备以及公共管道等。

(二)合成氨生产安全操作

1. 严格控制合成炉壁温,严禁超过规定,以防止钢材高温脱碳,造成合成炉强度降低。合成系统的设备、管线、阀门必须根据其使用条件及材料性能,选择合适的材质,以防止脱碳、渗碳等情况出现。

2. 必须严格控制冷凝器和氨分离器液面。防止液面过高造成液氨带入循环机或合成炉内,造成循环机损坏和合成炉炉温急剧下降及内筒脱焊;同时也要防止液面过低,造成高压气体串入低压系统,导致设备、管线爆炸。

3. 合成炉拆卸大盖时,必须用氮气置换,分析 H_2 体积分数在 0.5%以下,禁止用铁钎撬击顶盖。打开大、小顶盖时的温度应为室温或接近室温,压力应小于 196Pa,高温带压情况下,禁止打开大、小顶盖。合成炉顶热电偶连接端的试漏,必须用变压器油,不准用肥皂沫试漏,以防碱液导电,引起短路。

4. 液氨储罐区应设有喷淋水装置和排水收集处理系统,以处理液氨泄漏事故并防止环境污染事故出现。

5. 系统局部充压、放压时,应控制放压速度,防止瞬间气体流速过大,引起静电火灾。放空管应配置氮气灭火器。

合成氨生产工艺流程长,设备复杂,其生产过程中原料、半成品及成品大多为易燃易爆、有毒有害物质,生产工艺条件为高温、高压、超低温、负压,充满了风险。只有充分认识到安全生产的重要性,切实加强事故的预防措施,强化管理,提高安全意识,才能真正把"以人为本,安全第一"落到实处。

(三)合成氨事故案例分析

2009 年 3 月 23 日中午 12:53,云南某公司合成氨装置合成塔出口管道发生断裂(见图 2-6),导致高温、高压气体外泄,形成强冲击波,附近建筑物门窗玻璃被冲击波损坏,事发中心现场有 7 名员工受到轻微伤,10 余名群众受到轻微伤,工厂附近部分建筑物门窗受到轻微损伤。事故发生后,该公司立即启动应急预案,在半小时内将装置安全停车,没有造成环境污染和人员伤亡。据初步统计,这次事故造成的直接经济损失近 100 万元。

初步分析,这起事故的直接原因是合成氨装置和成塔出口管线焊缝突然断裂致使管内高温、高压氢氮气体瞬间喷出。

(四)合成氨装置异常处理

1. 氨气中毒处理

吸入者应迅速脱离现场,至空气新鲜处,维持呼吸功能,根据情况送往医院处理。眼污染后立即用流动清水或凉开水冲洗至少 10min。皮肤污染时立即脱去被污染的衣着,用流动清水冲洗至少 30min。并迅速查明原因,必要时拉响报警装置，及时采取疏散和隔离措施。

图 2-6 云南某公司合成氨装置爆裂现场

2. 燃烧爆炸及泄漏的处置

首先应当采取措施控制事态的发展，按照企业的预案或处置方案进行操作。在确保安全的前提下，可采取以下具体措施。

(1)灭火剂可使用干粉、二氧化碳，也可用水幕、雾状水或常规泡沫。在确保安全的前提下，将容器移离火场；禁止将水注入容器；损坏的钢瓶只能由专业人员处理。

(2)储罐发生泄漏时，处置方法有：

①消除附近火源，穿全封闭防护服作业；

②禁止接触或跨越泄漏物；

③在保证安全的情况下堵漏或翻转泄漏的容器以避免液体漏出；

④防止泄漏物进入水体、下水道、地下室或密闭性空间；

⑤禁止用水直接冲击泄漏物或泄漏源；

⑥采用喷雾状水抑制蒸气或改变蒸气云流向；

⑦隔离泄漏区直至气体散尽。

注意：上述措施应当有针对性采用。

3. 合成氨火灾爆炸危险性分析

(1)氢的爆炸下限。氢的爆炸下限较低，爆炸浓度范围宽，加之其最小引爆能只有 0.019mJ，因此，当高压气体泄漏时，由于流速大，与设备剧烈摩擦产生的高温和静电可引起爆炸事故。

(2)氨的合成反应。氨的合成反应是在高温高压下进行，氢在高温高压下对碳钢设备具有较强的渗透能力，造成“氢脆”，降低了设备的机械强度，而且高温生产条件也对设备材质提出了极为严格的要求。

(3)合成系统操作压力。有高压(≥10.0MPa)和低压(0.1～2.0MPa)2种,不同压力系统之间紧密相连,有可能会造成高压串入低压,导致爆炸事故的发生。

(4)合成炉拆卸大、小盖时,有可能导致爆炸着火事故。

(5)液氨库存量一般较大。根据我国重大危险源辨识规定,一般大、中型合成氨厂的储存区或中间罐均构成重大危险源。一旦库、罐出现泄漏,会影响人身安全,而且可能造成较大面积中毒和污染,甚至导致火灾和爆炸事故发生。

二、氯碱生产工艺操作与安全

氯碱,即氯碱工业,也指使用饱和食盐水制氯气、氢气、烧碱的方法。工业上用电解饱和 NaCl 溶液的方法来制取 NaOH、Cl_2 和 H_2,并以它们为原料生产一系列化工产品,这称为氯碱工业。氯碱工业是最基本的化学工业之一,它的产品除应用于化学工业本身外,还广泛应用于轻工业、纺织工业、冶金工业、石油化学工业以及公用事业。

(一)氯碱产品生产工艺

1.烧碱生产工艺简述

包括一次盐水、二次盐水及电解、氯氢处理、液氯及包装、氯化氢合成及盐酸、蒸发及固碱等工段。

(1)一次盐水工段

本工段任务是经过化学方法和物理方法去除原盐中 Ca、Mg 等可溶性和不溶性杂质、有机物,为二次盐水及电解工序输送合格的一次盐水。

(2)二次盐水及电解

二次盐水及电解是烧碱工序的核心,任务是在电解槽中生产出32%烧碱产品,氢气、氯气送氯氢处理工段,淡盐水返回一次盐水工序化盐。

(3)氯氢处理工段

该工段包括氯气处理、氢气处理、事故氯气吸收。目的是分别将电解工段生产的氯气和氢气进行冷却、干燥并压缩输送到下游工段,同时吸收处理事故状态下产生的氯气,副产次氯酸钠。

(4)液氯及包装工段

液氯工段的任务是将平衡生产的部分富余氯气进行压缩、液化并装瓶。通常根据氯气压缩机压力的不同,将氯气液化方式分为高压法、中压法和低压法三种。

(5)氯化氢合成及盐酸生成工段

本工段任务是将氯氢处理工段来的氯气和氢气,在二合一石墨合成炉内进行燃烧,合成氯化氢气体,经冷却后送至氯乙烯工序。从液氯工段来的液化尾氯气与氢气进入二合一石墨合成炉,生成氯化氢气体。经石墨冷却器冷却,再经两级降膜吸收器和尾气塔,用纯水吸收,生成31%的高纯盐酸供电解工段使用或对外销售。

(6)蒸发及固碱工段

本工段任务是将电解工段生产的部分32%烧碱浓缩为50%烧碱和99%片碱。采用世界先进的瑞士博特公司降膜工艺及设备,降膜法生产片碱的能耗低于国内传统的大锅法,而且生产环境好、连续稳定便于控制。

2. PVC 生产工艺

主要分为乙炔制备、氯乙烯合成、氯乙烯聚合三个主要工序。

(1)乙炔制备

主要分为电石破碎、乙炔发生、乙炔清净和渣浆处理三部分。

电石破碎:将合格的原料电石,通过粗破机和细破机进行破碎处理。

乙炔发生:破碎合格的原料电石,经准确计量后,投入到乙炔发生器内进行水解反应,制成粗乙炔气体,供清净工序生产使用。

$$CaC_2 + 2H_2O \longrightarrow Ca(OH)_2 + C_2H_2$$

乙炔清净和渣浆处理:这里有一个涉及循环经济的重点,氯碱公司的电石渣浆可用作化灰使用。

(2)氯乙烯合成

氯化烯合成主要分为混合气脱水、氯乙烯合成和粗氯乙烯的净化三部分。本工序是将合格的氯化氢气体、乙炔气体按比例充分混合、进一步脱水后,在氯化汞触媒的催化下合成为 VC 气体。经脱汞、组合塔回收酸、碱洗后,送至氯乙烯压缩岗位生产用。

混合气脱水:冷冻方法混合脱水是利用盐酸冰点低、盐酸上水蒸气分压低的原理,将混合气体冷冻脱酸,以降低混合气体中水蒸气分压来降低气相中水含量,进一步降低混合气中的水分至所必需的工艺指标。

氯乙烯合成:乙炔气体和氯化氢气体按照 1∶1.05～1∶1.07 的比例混合后,在氯化汞的作用下,在 100～180℃温度下反应生成氯乙烯。

粗氯乙烯的净化:转化后经脱汞器除汞。冷却后的粗氯乙烯气体中除氯乙烯外,还有过量配比的氯化氢、未反应完的乙炔、氮气、氢气、二氧化碳和微量的汞蒸气,以及副反应产生的乙醛、二氯乙烷、二氯乙烯等气体。为了生产出高纯度的单体,应将这些杂质彻底除去。

(3)氯乙烯聚合

聚氯乙烯是由氯乙烯单体聚合而成的高分子化合物,结构式为$\left[\!-CH_2CHCl-\!\right]_n$

氯乙烯悬浮聚合过程中,聚合配方体系或为改善树脂性能而添加各种各样的助剂,其中用得比较广泛的有以下几种:缓冲剂、分散剂、引发剂、终止剂、消泡剂、阻聚剂、紧急终止剂、热稳定剂、链调节剂等。

(二)氯碱生产主要设备

生产氯碱产品必备的生产设备见表 2-1。

表 2-1　生产氯碱产品必备的生产设备

序号	产品品种	必备生产设备	备　注
1	工业用氢氧化钠	电解液储槽、电解液预热器、蒸发器、电解液循环槽、捕沫槽、盐酸高位槽、离心机（或滤盐箱）、冷却澄清槽、冷却器、碱液储槽、采盐器（或旋液分离器）等	生产固碱需要固碱升膜蒸发器（降膜蒸发器）、熔盐锅、加热炉、碱锅、片碱机、粒碱装置
2	高纯氢氧化钠	电解液储槽、电解液预热器、蒸发器、电解液循环槽、捕沫槽、盐酸高位槽、碱液储槽等	
3	化纤用氢氧化钠	电解液储槽、电解液预热器、蒸发器、电解液循环槽、捕沫槽、盐酸高位槽、碱液储槽等	
4	天然碱苛化法氢氧化钠	苛化槽等	
5	工业用液氯	氯气雾沫捕集器、氯气洗涤塔、液化槽、气液分离器、液氯计量槽、液氯储槽、氯气液化机组、液氯热交换器、液氯钢瓶等	
6	工业用合成盐酸	氢气缓冲罐、氢气阻火器、氯气缓冲罐、氯气阻火器、合成炉、石墨冷却器、氯化氢吸收塔、集酸槽等	
7	高纯盐酸	氢气缓冲罐、氢气阻火器、氯气缓冲罐、氯气阻火器、合成炉、石墨冷却器、氯化氢吸收塔、集酸槽等	
8	副产盐酸	氯化氢净化器、氯化氢吸收塔、集酸槽等	
9	次氯酸钙	化灰池、水力旋流器、氯化槽、真空过滤机、压滤机、轧碎机、提升机、磨粉机、干燥机	石灰法
		化灰池、反应器、真空过滤机、造粒机、干燥器	烧碱石灰法
10	漂白粉	提升机、化灰机、旋风分离器、漂粉机、尾气吸收塔、石灰水储槽	
11	漂白液	储槽、吸收塔、循环泵	
12	次氯酸钠溶液	储槽、吸收塔、循环泵	
13	工业用三氯化磷	汽化器、熔磷锅、冷凝器、填料塔、计量罐、储槽	
14	工业用三氯氧磷	反应锅、蒸馏锅、冷凝器、贮罐、缓冲罐、储槽	
15	工业用五氯化磷	反应器、缓冲罐、氯气汽化器、冷凝器、气液分离器、吸收塔	

续表

序号	产品品种	必备生产设备	备　注
16共用部分	盐水一次精制	化盐桶、澄清桶、过滤器、洗泥桶、洗泥池（板框压滤机）、精盐水储槽、回收盐水槽、中和槽、精制剂高位槽、配水槽	
	盐水二次精制	一次盐水储槽，Na_2SO_3 配制槽，盐水过滤器、中和槽、树脂塔（精制塔）	离子膜法生产工艺
	电解工序	精盐水高位槽、盐水预热器、电解槽、电解液储槽、高纯水槽、高纯酸槽、阴（阳）极液气分离器、阴（阳）极液循环槽、脱氯塔、亚硫酸钠槽	设备为离子膜法工艺所用设备
	氢气处理工序	氢气冷却塔、氢气压缩机、除沫器、缓冲器、氢气分配台、氢气水封槽	
	氯气处理工序	水沫捕集器、氯气干燥塔、纳氏泵、酸气分离器、酸沫捕集器、缓冲罐、硫酸冷却槽、浓（稀）酸储槽	

（三）氯碱生产事故案例

1. 重庆某化工厂“4·16”事故

2004 年 4 月 15 日 21:00，重庆某化工厂氯氢分厂 1 号氯冷凝器列管腐蚀穿孔（见图 2-7），造成含铵盐水泄漏到液氯系统，生成大量易燃的三氯化氮。4 月 16 日凌晨发生排污罐爆炸，1:33 全厂停车；2:15 左右，排完盐水 4h 后的 1 号盐水泵在停止状态下发生粉碎性爆炸。16 日 17:57，在抢险过程中，突然听到连续 2 声爆响，经查是 5 号、6 号液氯储罐内的三氯化氮发生了爆炸。爆炸使 5 号、6 号液氯储罐罐体破裂解体，并将地面炸出 1 个长 9m、宽 4m、深 2m 的坑。以坑为中心半径 200m 范围内的地面与建筑物上散落着大量爆炸碎片。此次事故造成 9 人死亡，3 人受伤，15 万名群众疏散，直接经济损失 277 万元。

图 2-7　重庆某化工厂“4·16”事故现场

2. 事故分析

经调查分析确认，爆炸直接因素的关系链是：氯冷凝器列管腐蚀穿孔→含铵盐水泄漏进入液氯系统→氯气与盐水中的铵反应生成三氯化氮→三氯化氮富集达到爆炸浓度→启动事故氯处理装置时因震动引爆三氯化氮。

3. 事故直接原因

(1)设备腐蚀穿孔导致盐水泄漏，是造成三氯化氮形成和富集的原因。根据重庆大学的技术鉴定和专家分析，造成氯气泄漏和含铵盐水流失的原因是1号氯冷凝器列管腐蚀穿孔。列管腐蚀穿孔的主要原因是：

①氯气、液氯、氯化钙冷却盐水对氯气冷凝器存在的腐蚀作用；

②列管内氯气中的水分对碳钢的腐蚀；

③列管外盐水中由于离子电位差对管材产生电化学腐蚀；

④列管和管板焊接处的应力腐蚀；

⑤使用时间较长，并未进行耐压实验，对腐蚀现象未能在腐蚀和穿孔前及时发现。

1992年和2004年1月该液氯冷冻岗位的氨蒸发系统曾发生过泄漏，造成大量的铵进入盐水，生成了含高浓度铵的氯化钙盐水。1号氯冷凝器列管腐蚀穿孔，导致含高浓度的氯化钙盐水进入液氯系统，生成并大量富集具有极具危险的三氯化氮，演变成16日的三氯化氮大爆炸。

(2)三氯化氮富集达到爆炸浓度和启动事故氯处理装置造成震动引起三氯化氮爆炸。调查证实，厂方现场处理人员未经指挥部同意，为加快氯气处理速度，在对三氯化氮富集爆炸危险性认识不足情况下，急于求成，判断失误，凭借以前操作处理经验，自行启动了事故氯处理装置，对4号、5号、6号液氯储罐(计量槽)及1号、2号、3号汽化器进行抽吸处理。在抽吸过程中，事故氯处理装置水封处的三氯化氮与空气接触并震动，首先发生爆炸，爆炸形成的巨大能量通过管道传递到液氯储罐，搅动和震动了液氯储罐中的三氯化氮，导致了液氯储罐内的三氯化氮爆炸。

4. 事故间接原因

该厂压力容器设备管理混乱，技术档案资料不全。2台氯液气分离器未见任何技术资料和检验报告。发生事故冷凝器在1996年3月投入使用，2001年1月才进行首次检验，但未进行耐压实验，也无近2年维修、保养和检查记录，致使设备腐蚀现象未能及早发现并采取措施。其他间接原因这里就不再表述。

(四)氯碱生产异常处理

1. 纯水工段

纯水工段常见异常情况、原因分析及解决措施详见表2-2。

表2-2　纯水工段常见异常情况、原因分析及处理方法

序号	异常情况	原因分析	解决措施
1	锰砂过滤器压力升高	设备内污垢多或锰砂被污染	离线反洗锰砂过滤器
2	软化器内树脂层高度下降	反洗时造成树脂流失或破碎	补充树脂
3	反渗透系统无法启动	原水泵压力过低或过高	调整原水泵压力使其在0.2～0.4MPa
		原水水质出现问题	分析原水质量使其满足进水要求

续表

序号	异常情况	原因分析	解决措施
4	阳床树脂层高度下降	阳床树脂流失或水帽漏	严格控制反洗流量
			更换水帽
5	阴床内夹入阳树脂	阳床水帽脱落或泄漏	更换水帽
6	反渗透进水电导不显示	原水超标	检查原水情况
7	混床电导超标	再生质量不合格	离线再生

2. 化盐工段

化盐工段异常现象及处理方法详见表2-3。

表2-3　化盐工段异常现象及处理方法

序号	异常现象	原因	处理方法
1	澄清桶返混	泥层太厚	及时排泥
		淡盐水温度，流量波动	调整淡盐水温度、流量
2	粗盐水含 NaCl 浓度低	化盐桶内盐层低	及时补充原盐
		化盐桶内盐泥过多	及时清理
		皮带运输机故障	通知维修及时检修
		化盐温度低	调整化盐水温度
		化盐水 SO_x 过多	加大膜脱硝装置的负荷
3	粗盐水 Ca^{2+}、Mg^{2+} 含量高	盐水过碱量控制过低，特别是 Na_2CO_3 浓度过低	适当提高过碱量
		盐水温度不稳定	认真控制盐水温度在55～65℃
		粗盐水流量太大	控制流量
		滤膜泄漏	查出并更换泄漏的滤膜
4	加压溶气罐压力太高或太低	气源压力太高或太低	与空压站联系
		减压阀开启度不适当	调节减压阀
		减压阀失灵	检修或更换减压阀
5	预处理器返混	粗盐水中 NaCl 含量不稳定	调整粗盐水含 NaCl 300～310 g/L
		粗盐水中 NaOH 含量不稳定	调整粗盐水流量及 NaOH 入量，保证过量 NaOH 在0.1～0.5 g/L
		进预处理前粗盐水 Na_2CO_3 含量高	在配水罐内用水稀释
		粗盐水温度波动大	调整操作好板式换热器，确保粗盐水温度稳定
		粗盐水流量波动大	调整阀 FI0107 开度及加压溶气罐压力稳定
		粗盐水溶气量不足	调整加压溶气罐液位正常为65%及压力0.18～0.3MPa，同时检查化盐水温度是否太高并处理
		排泥不及时	及时上、下排泥
		排泥顺序有误	确保先上排再下排泥
		原盐质量差	调配使用优质原盐
		$FeCl_3$ 加入量不足或太大	调整合适的 $FeCl_3$ 流量

续表

序号	异常现象	原因	处理方法
6	过滤器滤后液异常	滤膜破裂	更换滤膜
		密封橡胶圈不平或卡不严	重新安装调整
		O形圈或密封螺丝不严	重新安装调整
7	过滤器滤后液清但不合格	过碱量低	调节过碱量，打开P阀，待合格后再关闭P阀
		原盐质量差	调配合格原盐

3. 电解工段

电解工段异常现象及处理方法详见表2-4。

表2-4　电解工段异常现象及处理方法

序号	异常现象	原因	处理方法
1	电解槽阳极液出口pH值过低	加入盐酸过量	检查盐酸流量计流量，如果流量过高，降低HCl流量；检查加酸控制阀FICZA-211是否失灵
2	淡盐水泵出口盐水pH值过低	1. 加入盐酸过量	1. 取样分析其酸度，检查其值是否与仪表指示相符
		2. pH值测定仪表失灵	2. 检查淡盐水pH值测定仪表冷却器的温度是否在20～60℃
		3. 仪表冷却器的温度不在指定范围	3. 检查加酸控制阀FICZA-211是否失灵
3	电解槽阳极液出口pH值过大	1. 加酸量不足	1. 检查HCl流量计的流量，如果流量太低，增加流量。检查FICZA-211是否失灵
		2. 离子膜泄漏	2. 如果淡盐水pH值有波动，某单元槽的电压异常，阳极液出口软管变色，则说明该单元槽的膜有泄漏。(在旧膜试车时属于正常现象)
4	二次盐水质量恶化	二次盐水精制工序出现问题	1. 定时在电解槽进口取样分析盐水质量，如盐水质量不符合正常工艺要求，迅速通知盐水精制岗位
			2. 当 $Ca^{2+}+Mg^{2+}$ 含量为20～40ppb时，立即检查异常原因，迅速进行恢复处理和再分析。迅速通知盐水精制岗位切换螯合树脂塔
			3. 当 $Ca^{2+}+Mg^{2+}$ 含量在40ppb以上时，立即检查异常原因，迅速进行恢复处理和再分析。迅速通知盐水精制岗位切换二次盐水的螯合树脂塔，如果不能马上恢复，电解槽停车
5	氢气氯气总管压差	氯气、氢气总管压力波动大	1. 检查氢气和氯气管道是否有积水
			2. 通知氯氢处理岗位检查生产是否正常
			3. 检查PICZA-216与PICZA-226工作是否正常

续表

序号	异常现象	原因	处理方法
6	电解槽电位差计 EDIZA 波动	1. 电流短路	1. 检查电解槽侧面杆和电解槽导杆之间是否有异物，检查电解槽是否由于杂物影响发生短路
		2. 进槽电解液流量波动	2. 调节进电解槽电解液流量或气体压力
		3. 一个或多个单元槽电压异常	3. 检查软管气体和液体混合物的流动状态，如流动不均匀，有气堵现象，停车检查
		4. 直流电流计波动	4. 对电解槽进行膜泄漏实验，检查直流电供电系统
		5. 离子膜泄漏	5. 如有泄漏，更换之
		6. 漏电	6. 检查电解槽和管路的结缘情况，不好更换之，如发现电解槽和垫片泄漏严重，立即停车处理
7	二次供应盐水停止或流量降低	1. 过滤盐水泵停	1. 尽快恢复它的运行，并且同时降低电流运行，如不能启动，停车
		2. 管路堵塞	2. 每台电解槽有 FICZA-231 连锁。当报警发生时，立即在现场检查电解槽，迅速恢复盐水供应最初的流量，并检测盐水浓度。严重时停车处理
		3. 二位阀开关错误	3. 及时检查阀门状态，确认阀门信号是否正常
8	单元槽电压比平均电压高 0.3V	1. 单元槽电解液进出口堵塞	1. 停车疏通或清洗单元槽进出管口
		2. 离子膜漏	2. 停车进行膜泄漏实验
		3. 单元槽电极损坏	3. 如单元槽电极损坏，更换之
9	单元槽电压比平均电压低 0.2V	1. 膜泄漏	1. 如果淡盐水 pH 值有波动，某单元槽的电压异常，阳极液出口软管变色，则说明该单元槽的膜有泄漏。停车检查，进行膜泄漏实验。检查单元槽电极是否有损坏，如有更换之
		2. 单元槽导杆螺栓上有锈斑	2. 除锈，重新测量
10	电解槽电压急剧升高	1. 电解槽温度低于正常温度	1. 检查电解槽阴极液出口温度，如太低，调至正常温度
		2. 阳极液浓度低	2. 通知盐水精制岗位调整之；检查进槽盐水流量和返回淡盐水流量是否准确
		3. 阳极液酸度增加	3. 检查淡盐水酸度，如酸度太高，调节降低盐酸的流量
		4. 因整流故障造成过电流	4. 检查直流电流表指示是否正常，如不正常，停车检查
		5. 阴极液浓度增加	5. 检查阴极液浓度，如高于正常值，调节增加纯水流量
		6. 膜被金属污染	6. 检查电解液中金属离子含量，检查纯水、高纯盐酸、二次盐水的质量是否满足工艺要求
		7. 电极液流量太低	7. 提高电解液流量到正常值
		8. 氯氢压差太低	8. 调整电压到正常值

续表

序号	异常现象	原因及处理方法
11	离子膜泄漏	从以下情况判断膜是否泄漏： 1. 电解槽阳极液出口软管变色 2. 电解槽阳极液 pH 值升高，且波动较大 3. 电解槽 HCl 消耗不正常，且急剧上升 4. 氯气含氢超过 0.3% 5. 单元槽电压不稳定，过高或过低 6. EDIZA 指示波动且不稳定
12	成品碱浓度下降，阴极系统加水量明显下降	1. 检查盐水共用管路是否堵塞，流量显示值是否准确 2. 检查进槽阳极流量计 FICZA-231 是否正常 3. 分析进槽阳极液浓度，如低于 280g/L，先降低电流运行，增大供应盐水流量，浓度上升正常后提升电流

4. 氯氢工段

氯氢工段异常现象及处理方法详见表 2-5。

表 2-5　氯氢工段异常现象及处理方法

序号	异常现象	原因	处理方法
1	氯气冷却水温度异常	1. 冷却水或 8℃水流量小	1. 加大冷却水或 8℃水流量
		2. 列管结垢	2. 停用，清理结垢
		3. 8℃水温度高	3. 联系降低 8℃水温至要求
2	二级氯气冷却器阻力较大，甚至氯水下不来	冷却温度过低生成结晶造成堵塞	停止冷却，必要时通入蒸汽加温
3	干燥氯气含水超标	1. 加硫酸量过小	1. 调整加硫酸量
		2. 干燥塔硫酸浓度低	2. 换合格的硫酸
		3. 入干燥塔氯气温度高	3. 按序号 1 处理
		4. 干燥塔硫酸偏流严重	4. 停车检修
4	干燥塔温度过高	1. 石条断裂、瓷环破碎	1. 停车检修干燥塔
		2. 溢流管堵塞	2. 停塔清洗溢流管
		3. 超负荷运行	3. 开备用塔或降负荷
5	干燥塔硫酸下不来	1. 入塔气温高	1. 按序号 1 处理
		2. 有大量水分吸入塔内	2. 找出水分来源并排除
6	氯气泵启动困难或启动负荷大	1. 泵内无硫酸	1. 开大循环的硫酸
		2. 叶轮和锥体锈住	2. 反复盘泵
		3. 叶轮和锥体端盖间隙过小	3. 拆开大小盖加垫子
7	氯气泵温度过高	1. 循环硫酸量小	1. 开大循环的硫酸
		2. 氯气含水分过大	2. 按序号 3 处理
		3. 循环硫酸冷却不够	3. 开大冷却水或清理传热器
		4. 氯气泵配件配合间隙过小	4. 听氯气泵检修

续表

序号	异常现象	原因	处理方法
8	氯气泵机封漏硫酸漏气	1. 循环的硫酸量不适当	1. 调节循环硫酸的量
		2. 出口压力过大	2. 联系用户部门
		3. 机封处的泵轴腐蚀后密封不良	3. 换机械密封
9	氯气泵能力不足或下降	1. 循环硫酸量过大或过小	1. 调节硫酸量
		2. 氯气泵老化间隙过大	2. 换氯气泵
		3. 气体通道堵塞	3. 停氯气泵检修
10	氯气泵单台突然停止运行	动力电跳闸	1. 迅速重合闸，启动泵运转；检查泵硫酸量，若缺硫酸，立即补充硫酸，如果加不进去，关闭入口阀门；关闭入口阀门以后，如果还加不进硫酸则尽快开备用的氯气泵
			2. 如启动无效，立即关氯气泵出入口阀门，迅速开备用氯气泵
	氯气泵全停	瞬间跳闸或交流电全停	3. 按情况 1 处理
			4. 处理装置投入运行
			5. 通知整流和电解立即降电流或全停
11	氯气倒压	1. 氯气输送压力过高	1. 通知调度平衡压力
		2. 循环酸中断	2. 开大硫酸阀或倒氯气泵
		3. 氯气泵发生故障	3. 倒氯气泵
		4. 氯气泵入口阀芯脱落	4. 倒氯气泵换阀门
		5. 负压段漏气	5. 找出漏气处堵漏
		6. 冷却器堵塞	6. 按序号 2 情况处理
		7. 输氯能力不足	7. 加开氯气泵

三、醋酸生产工艺操作与安全

(一)醋酸生产工艺概述

1. 产品用途

醋酸是一种重要的基本有机化工原料，广泛用于有机合成、医药、农药、印染、轻纺、食品、造漆、黏合剂等诸多工业部门，因此，醋酸工业的发展与国民经济各部门息息相关。

2. 醋酸生产工艺过程简述

工业上生产醋酸的方法主要有 3 种：乙醛法、丁烷或轻油液相氧化法以及甲醇羰基化法。

(1)乙醛法。这是比较古老的生产方法。乙醛可由乙炔、乙烯和乙醇制得，1959 年用乙烯直接氧化制乙醛(常称瓦克法)获得成功，现在已成为生产乙醛的主要方法。工艺流程如图 2-8 所示。

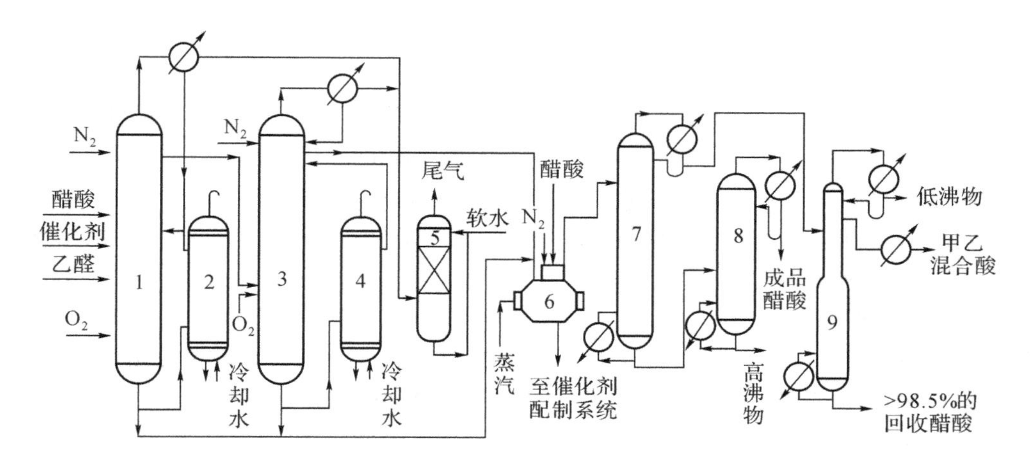

图 2-8　乙醛氧化制醋酸工艺流程

1—第一氧化塔；2—第一氧化塔冷却器；3—第二氧化塔；4—第二氧化塔冷却器；5—尾气吸收塔；6—蒸发器；7—脱低沸物塔；8—脱高沸物塔；9—脱水塔

(2)丁烷(或轻油)液相氧化法。20 世纪 50 年代初在美国首先实现工业化。丁烷或轻油在 Co、Cr、V 或 Mn 的醋酸盐催化下在醋酸溶液中被空气氧化，反应温度 95～100℃，压强 1.0～5.47MPa，反应产物众多，分离困难，而且对设备和管路腐蚀性强，虽然能用廉价的丁烷和轻油作原料，除美国、英国等少数国家还继续采用外，其他国家对该法兴趣不大。

(3)甲醇羰基化法。以甲醇为原料合成醋酸，不但原料价廉易得，而且生成醋酸的选择性高达 99%以上，基本上无副产物，现在世界上有近 40%的醋酸是用该法生产的，新建生产装置多考虑采用这一生产方法。

(二)醋酸生产安全操作要求

下面以乙醛氧化制醋酸为例，说明其安全操作要点。

1. 重点部位

氧化塔组：氧化塔组包括第一、二氧化塔。易燃的乙醛和纯氧在催化剂醋酸锰的作用下，转化成醋酸。乙醛氧化是剧烈的放热过程，原料配比、催化剂量、温度、压力控制不当，将会发生着火爆炸事故。

氧化过程中生成的中间产物过氧醋酸，是一种不稳定、有爆炸性的化合物，在温度 90～110℃时便能突然分解爆炸；与可燃物、有机物、酸类接触，经摩擦、撞击也能爆炸或燃烧。国内同类装置就曾有过由于加催化剂开车而导致氧化塔爆炸的事故。

在反应过程中，若温度过高过氧醋酸的分解会骤然进行而发生爆炸；若温度过低过氧醋酸会积累也会发生爆炸。

氧化塔顶的气体中含有部分没有反应的乙醛和氧气，如果这些混合气体达到爆炸极限，也有爆炸的危险。

2. 安全要点

(1)氧化塔

①氧化塔的反应温度、压力必须严格控制，第一氧化塔塔顶温度不超过65℃，塔底温度不超过75℃，压力不超过0.3MPa；第二氧化塔塔顶温度不超过75℃，塔底温度不超过80℃，压力不超过0.2MPa，否则易导致着火爆炸。

②氧化塔液面必须高于出料口200mm，绝对不得低于出料口，以免氧化尾气窜入蒸发器内发生爆炸。

(2)其他部位

①系统开车前必须用氮气吹扫，并保证合格。在线分析仪要确保好用，安全联锁要正常，系统易燃易爆物质乙醛小于0.2%；乙酸小于0.5%；氧小于3%。

②应注意检查塔顶氮气保护装置是否通入定量的氮气，确保装置在工艺参数突变情况下会自动联锁停车。

③罐区进乙醛、醋酸前，必须清洗置换干净，其氧含量小于0.2%以下。

④当气温较高时，应经常检查乙醛罐冷却水降温设施是否开启；罐内液面不能过高，应控制不超过85%。

⑤装置设有的事故越限报警信号和安全联锁装置，应有明显标志，当某些参数达到危险状态时，安全联锁系统可自动或手动进行局部或全装置安全停车。任何人不得随意解除信号报警及安全联锁装置。

⑥应检查氮气贮罐的压力是否保持在2～2.2MPa，以保证大部分氮气应急用于装置开停车及事故状态下吹扫设备及管线。

⑦脱高沸物回收塔底部出料的醋酸锰残渣有毒，不得就地排放，须经处理后再焚烧。

⑧甲酸对设备、管线有较强的腐蚀作用，要定期对塔壁、管线进行测厚，并做记录。

(三)醋酸生产事故案例分析

1995年5月18日下午3点左右，江阴市某公司在生产对硝基苯甲酸过程中发生爆燃火灾事故(见图2-9)，当场烧死2人，重伤5人，至19日上午又有2名伤员因抢救无效死亡，该厂320m² 生产车间厂房屋顶和280m² 的玻璃钢棚以及部分设备、原料等被烧毁，直接经济损失为10.6万元。

1. 直接原因

经过调查取证、技术分析和专家论定，这起事故的发生，是由于氧化釜搅拌器转动轴密封填料处发生泄漏，生产副厂长王某指挥工人处理不当，导致泄漏更加严重，釜内物料(其成分主要是醋酸)从泄漏处大量喷出，在釜体上部空间迅速与空气形成爆炸性混合气体。遇到金属撞击产生的火花即发生爆燃，并形成大火。因此，事故的直接原因是氧化釜发生物料泄漏，泄漏后的处理方法不当，生产副厂长王某违章指挥，工人无知作业。

图 2-9 江阴市某公司“5·18”事故现场

2. 事故发生的间接原因

(1)管理混乱，生产无章可循。该厂自生产对硝基苯甲酸以来，没有制订与生产工艺相适应的任何安全生产管理制度、工艺操作规程、设备使用管理制度，特别是北京某公司 1995 年 3 月 1 日租赁该厂后，对工艺设备做了改造，操作工人全部更换，没有依法建立各项劳动安全卫生制度和工艺操作规程，整个企业生产无章可循。尤其是对生产过程中出现的异常情况，没有明确如何处理，也没有任何安全防范措施。

(2)工人未经培训，仓促上岗。该厂自租赁以后，生产操作工人全部重新招用外来劳动力，进厂最早的在 1995 年 4 月中旬，最迟的一批人 5 月 15 日下午刚刚从青海赶到工厂，仅当晚开会说了注意事项，第二天就上岗操作。因此工人没有起码的工业生产的常识，没有任何安全知识，不懂得安全操作规程，也不知道本企业生产的操作要求，根本不认识化工生产的危险特点，尤其对如何处理生产中出现的异常情况更是不懂。整个生产过程全由租赁方总经理颜某和生产副厂长王某具体指挥每个工人如何做，工人自己不知道怎样做。

(3)生产没有依法办理任何报批手续，企业不具备安全生产基本条件。该厂自 1994 年 5 月起生产对硝基苯甲酸，却未按规定向有关职能部门申报办理手续，生产车间的搬迁改造也未经过消防等部门批准，更没有进行劳动安全卫生的“三同时”审查验收。尤其是作为工艺过程中最危险的要害设备氧化釜是 1994 年 5 月非法订购的无证制造厂家生产的压力容器，而且连设备资料都没有就违法使用。生产车间现场混乱，生产原材料与成品混放。因此，整个企业不具备从事化工生产的安全生产基本条件。

(四)醋酸生产火灾爆炸处理

1. 醋酸生产工艺过程中的火灾爆炸类型分析

醋酸生产工艺过程中主要的危险是火灾爆炸,而发生火灾爆炸的类型主要有泄漏型和反应失控型两种。

(1)泄漏型火灾爆炸。泄漏型火灾爆炸是指处理、贮存或输送可燃物质的容器、机械或设备因某种原因而使可燃物质泄漏到外部或助燃物进入设备内,遇到点火源后引发的火灾爆炸。醋酸生产过程中最常见的是一氧化碳气体泄漏爆炸,而泄漏的原因主要有:设备材料性能降低引起的泄漏、设备缺陷引起的泄漏,以及人为因素引起的泄漏,如误操作、违章操作、设备运行维修保养不善等。

(2)反应失控型火灾爆炸。反应失控型火灾爆炸是由于醋酸生产过程中化学反应放热速度超过散热速度,导致体系热量积累,温度升高,反应速度加快,造成反应产物暴聚,致使反应过程失去控制而引发火灾爆炸事故。在甲醇低压羰基化生产醋酸的反应过程中,如原料多投或投料速度过快、物料不纯等原因都可能引发剧烈反应,使反应釜内的热量急剧增加。而制冷设备失效、送冷不足、搅拌器故障、搅拌不均匀等,是引起醋酸生产过程中散热不利的主要原因。

醋酸生产反应过程中火灾爆炸事故发生的途径较多,通过编制事故树分析得出,在多个基本原因事件中,反应釜内可燃物质泄漏与空气混合达到爆炸极限、反应釜冷却不利是两个最重要的因素,其次是设备材料性能下降、设备缺陷以及其他人为因素导致可燃物料泄漏,而明火、高温、静电火花、电气火花、撞击火花、雷击火花等原因造成的事件影响地位则再次退后。

2. 醋酸企业生产过程中的消防安全对策

(1)消防安全对策原则。根据对醋酸生产工艺过程火灾爆炸危险性分析的结果,应当采取"确保重点危险部位、控制重要基本原因事件"的原则,必须对醋酸反应釜单元给予重点安全保护,投入充分的人力和物力加强安全措施的落实。同时,对于能够引发醋酸反应釜单元火灾爆炸事故发生的最重要的原因如反应釜冷却不利等因素要进行严格控制,对工艺单元中设备材料性能下降、设备缺陷、明火、撞击火花等基本原因事件按其重要度大小分别进行加强控制,统筹兼顾。此外,还应加强对醋酸反应釜工艺单元的安全监控工作,并制订和落实严格的工作许可证管理制度和作业程序,以防止火灾爆炸事故的发生。

(2)消防安全设计要求。为了保障人身和财产的安全,在醋酸企业防火防爆安全设计中,应贯彻"预防为主,防消结合"的方针,严格按照《建筑设计防火规范》、《石油化工企业设计防火规范》等消防技术标准规范的要求,有针对性地采取防火、防爆措施,防止和减少火灾危害。譬如,醋酸工厂的总体布局,应根据工厂的生产流程及各组成部分的生产特点和火灾危险性,结合地形、风向等条件,按功能分区集中布置;醋酸生产设备和管道应根据其内部物料的火灾爆炸危险性和操作条件,设置相应的仪表、报警讯号、自动联锁保护系统或紧急停车措施;醋酸生产企业还应设置与其生产、储存、运输的物料相适应的消防设施和器材，供专职消防人员和岗位操作人员使用。

（3）消防安全操作措施。首先，要防止可燃物质泄漏。对醋酸生产工艺中选购的设备，必须选择有资质的厂家生产的合格产品。在生产反应过程中，要防止反应釜的安全附件失灵、阀门失效和罐体损坏等因素导致的CO气体、甲醇液体泄漏。其次，要严格控制火源。罐区内严禁明火，工艺管道内液体原料必须控制流速，禁止使用易产生火花的机械设备和工具，电气设施必须防爆，工艺单元严格按规范要求设置防避雷设施，所有设备和管线均要设置静电接地。第三，要确保制冷效果。要定期检查校验反应系统的各类流量计、调节阀、分析仪、压力表、温度计等仪表和附件，确保其完好有效。对制冷系统在生产反应过程中的运行状况，要加强检查维护，同时应有制冷备用系统，确保工艺单元生产中的制冷安全。

（4）消防安全管理措施。由于醋酸生产工艺过程中的复杂性，操作人员较易出现失误，所以企业要严格按照有关国家标准和行业标准配置科学的、可靠的自动化控制系统，制定完善切实可行的消防安全管理制度和操作规程，以杜绝和减少因为人为失误行为导致火灾爆炸事故发生的可能性。要按照国家、省、市及行业主管部门的有关规定，配备必要的安全卫生监测仪器及现场急救设备，并宜就近于厂区设立救护站或卫生所，以利于事故中受伤害的人员及时得到有效的救治。此外，还应经常加强对作业人员的生产操作技能、安全防护和事故应急处理等方面的教育和培训。尤其是醋酸反应工段的作业人员，应当受到严格的消防安全培训，他们必须经过消防安全培训并合格后持证上岗，熟悉醋酸生产工艺过程，具有高度的责任心，具备预防和处理醋酸生产过程中火灾爆炸险情的能力，并能对出现的紧急事故迅速做出及时的反应和正确的处置。

四、双氧水生产工艺与操作

（一）双氧水生产工艺概述

1. 产品用途

双氧水是一种绿色化工产品，其生产和使用过程几乎没有污染，故被称为“清洁”的化工产品，可作为氧化剂、漂白剂、消毒剂、脱氧剂、聚合物引发剂和交联剂，广泛应用于化工、造纸、环境保护、电子、食品、医药、纺织、矿业、农业废料加工等行业。人民生活水平和生活质量的提高以及环保意识的加强，将进一步推动双氧水生产技术的发展，其开发利用前景广阔。

2. 工艺过程简述

目前，世界上双氧水的生产方法主要有电解法、异丙醇法、蒽醌法、阴极阳极还原法和氢氧直接化合法等。其中蒽醌法是目前国内外生产双氧水最主要的方法。

（1）电解法

电解法是生产双氧水的最早方法，于1908年实现工业化生产，此后经过不断改进,成为20世纪前半期生产双氧水最主要的方法。它又可分为过硫酸法、过硫酸钾法和过硫酸铵法3种生产方法。其中工业上主要采用过硫酸铵法。20世纪90年代前,国内双氧水生产企业大多采用电解法,该法电流效率高、工艺流程短、产品质量高,但由于生产成本高,已逐渐被淘汰。

(2)异丙醇法

异丙醇法是在异丙醇中加入双氧水或其他过氧化物作为引发剂,用空气或氧气进行液相氧化,生成丙酮和双氧水,氧化生成物通过蒸发器,将双氧水同有机物及水分离,再经有机溶剂萃取净化,即得成品,同时副产丙酮。缺点是联产的丙酮也要求寻找消费市场,且要消耗大量的异丙醇,因此目前已经被淘汰。

(3)蒽醌法

蒽醌法是目前主流工业生产方法,20世纪初,人们发明以2-烷基蒽醌作为氢的载体循环使用生产双氧水的方法,它以氢气为原料,2-乙基蒽醌为载体,在芳烃及磷酸三辛酯的溶剂中,在钯触媒的催化作用下,经氢化反应、氧化反应而成。

(4)氢氧直接化合法

其工艺特点是采用几乎不含有机溶剂的水作反应介质,采用以活性炭为载体的Pt-Pd催化剂,介质中含有溴化物作助催化剂,通常选择Pd作为催化剂,二氧化钛、氧化钨和氧化钒等作为助剂。但是这种方法有两个主要弊端,一是需要调整H_2和O_2的比例;二是用于生产双氧水的催化剂很容易使氢气氧化成水,或者使双氧水分解。

(5)阴极阳极还原法

阴极阳极还原法是Traub于1882年发现的。其工艺是在含强碱性电解液的电解槽中使氧在阴极还原成羟基离子,然后再在回收装置中转变成双氧水。通常从电解液中回收双氧水主要是借助钙盐的沉淀作用,后者经过滤、分离,再以二氧化碳分解,即得到双氧水和碳酸钙;分出的钙盐经煅烧处理加以循环利用。该法的优点是生产装置费用低,产品成本低;缺点是产品为含碱的双氧水水溶液,浓度偏低。

(6)真空富集法

真空富集法是一种新的方法,是由Kvaerner公司在2000年提出来的。此方法中反应混合物的反应是在一种有机溶剂中发生,反应进行到使双氧水含量刚好低于双氧水在该溶剂中的饱和度,再将反应混合物置于真空中,使双氧水蒸发再凝结成纯净的双氧水产品,这样生产出来的双氧水浓度高且成本低。目前,这一项目仍然处于中试前的开发阶段。

双氧水的工业化生产主要采用蒽醌法,对于蒽醌法的研究已经日趋成熟,国际上涌现了大量的专利。在蒽醌法生产中,催化剂、溶剂和蒽醌加氢工艺的选择是最为关键的,许多研究者对此做了大量的工作。世界上双氧水产量最大的几家公司都形成了自己独特的生产技术和拥有配套的生产装置。我国双氧水生产厂家的规模都不是很大,随着国内需求的增加,我国在双氧水的生产上还将有很大发展潜力。在双氧水生产的蒽醌加氢工艺上，采用流化床氢化工艺取代固定床将是国内在该行业的一项突破性的进展。新工艺的开发不仅能推动我国需求增长强劲的双氧水行业提升技术水平、降低生产成本、提高产品质量，还将有助于扩大双氧水产品的化学合成在电子及食品等行业的应用。

（二）双氧水生产安全操作

1．生产过程危险及危害因素分析

（1）氢化工序

氢化反应是还原反应，也是放热反应。氢化反应涉及氢气、空气和活性催化剂，将三者同时混在一起，或不注意氮气与空气、氢气的置换或置换不当，危险就会发生。

（2）氧化工序

氧化反应是放热反应，而过氧化氢遇热则分解。这是一对矛盾，倘若物料配比失调，温度控制不当，极易爆炸起火。特别是残液的处理。

（3）萃取工序

萃取塔中的双氧水如果发生分解，放出氧气，使塔内急剧升压，轻则从塔顶放空管泛出萃取液，重则发生萃取塔爆裂。

（4）后处理工序

当萃余液中双氧水含量高时，后处理工序的干燥塔负荷加大，被塔中的碱液分解后释放出的氧气就多，不管是排入大气还是对于干燥塔设备本身，都是不安全的。

2．共性伤害

（1）触电

装置中有物料泵、风机、空气压缩机、电动葫芦等电器设备，若电器设备发生事故或电器安装不规范，缺少接地或接零，或接地接零损坏失效，会发生触电伤害事故。

（2）高空坠落

双氧水装置中氢化塔、氧化塔、萃取塔、净化塔、干燥塔等有平台、爬梯、高位电动葫芦或者检修脚手架等，职工在操作及检修交叉作业中，有高空坠落及高物打击的危险。

（3）噪音伤害

空气压缩机、泵等转动设备，如出现故障或润滑不好，以及长时间在附近操作，会产生噪音伤害。在噪声较大的岗位，操作人员须带耳罩以降低噪声危害。

（4）机械伤害

双氧水装置中有多种泵、压缩机等转动设备，存在机械伤害危险。

3．防范措施

（1）工艺参数选择

双氧水装置虽然没有高温高压要求，但不少工艺控制要求操作精度及频度较高，应当注意工艺参数的选择及量的控制，确保工艺指标在正常范围。

(2)设备的选择维护

双氧水装置中与工作液或原料接触的设备材质选用不锈钢能提高耐晶间腐蚀，设备使用前应经过打磨、清洁和酸洗钝化处理。日常注重设备巡查和维护保养。

(3)报警及安全联锁

使用DCS(Distributed Control System)自动化控制系统，控制室与现场隔离。在控制室、配电室与危险性大的易燃易爆、有毒物料的设备设置相应的易燃易爆、有毒气体监测器等。

(4)加强个体防护

在所有人身可能接触到有害物质而引起烧伤、刺激或伤害皮肤的区域内，均应设紧急淋浴器和洗眼器；除防护眼镜、手套、洗眼淋浴器等一般防护外，还应设有专用的防毒面具、空气呼吸面具、全身PVC防护服、手套和防护镜等等。配备必要的消防器材和应急药品，并定期检查。

(5)加强安全管理

对员工进行全面、系统的安全维护培训、安全学习，建立健全安全管理制度，定期组织安全检查、安全演练等。对全厂进行年度的工业卫生检测、设备接地检测和职工健康体检。

(三)双氧水生产事故案例

2015年3月18日，山东某公司在进入受限空间作业过程中，双氧水装置氢化塔发生爆炸(见图2-10)，造成现场4名人员死亡、2人受伤。

图2-10　山东某公司“3·18”事故现场

事故追溯：该公司生产双氧水采用蒽醌法工艺，分氢化、氧化、萃取及净化等工序。其中，氢化工段：2-乙基蒽醌工作液经过滤、预热，通过管道与氢气混合后进入氢化塔，在催化剂的作用下连续氢化生成氢化液，经再生过滤进入氢化液储槽，送至氧化塔进行氧化反应，生成双氧水。

2014年下半年，双氧水装置氢化塔固定床内的催化剂效率下降。2015年2月，公司对固定床中塔内的催化剂进行了更换。3月13日，复产开车后固定床出现偏流，工作液分布不均。3月17日，车间主任陈某联系催化剂厂家技术人员邓某到公司指导分析。3月18日上午，陈某、邓某等6人再次到装置现场，因固定床底塔与中塔构造相同，陈某安排2名维修工打开底塔入口进入塔内对分布器尺寸进行查看。9时46分许，底塔发生爆炸，造成4人死亡、2人受伤。

事故原因：氢化塔底塔与其他装置相连的3条管道（进料、出料和氢气尾气），只有进料口和出料口处加装了盲板进行隔离，氢气尾气管道没有加装盲板，与上塔和中塔的氢气尾气管道相连通，致使氢气进入塔体内形成爆炸性混合气体。该公司有关人员与催化剂生产厂家技术人员没有办理进入受限空间作业票，违规进入塔体内实施作业，产生点火源引起爆炸。

第二节　化工单元设备操作与安全

化工单元设备名目繁多，也是企业员工接触最多的一类设备。按照具体的用途可以分为：阀门、泵、换热、过滤、反应、精馏、吸收等，下面以企业常用的单元设备，通过举例形式加以说明。

一、阀门操作与安全

（一）球阀

1. 球阀的典型结构

球阀的典型结构如图2-11所示。

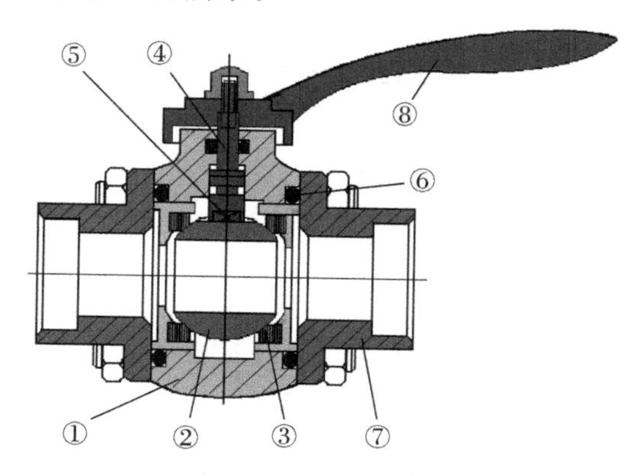

图2-11　球阀的结构

①—阀体；②—球形阀瓣；③—密封环；④—阀杆；⑤—盖帽；⑥—O形密封圈；⑦—法兰或侧板；⑧—操作手柄

2. 球阀常见故障

(1)内漏

①密封环损坏或变形。由于球阀是依靠密封环压在球表面形成密封的,在较长时间的使用中,密封环与球面之间的力是逐渐减小的。原因主要是:

a. 密封环发生了塑性压缩变形或变质发硬;

b. 水质不好,则会在密封面间产生磨损,迅速使密封失效。

②球体表面光洁度变差。由于腐蚀和杂质附着,使阀门球体表面变得粗糙,水中的杂质加快了这些变化。

(2)外漏

①球阀外漏。一般发生在阀门关闭时,说明阀内部密封显然已经失效,并且阀杆密封圈也已失效,失去阻止流体外漏的功能。

②无法操作。手柄旋动而阀芯不动则为操作失败,引起故障的原因分内部滑脱和外部滑脱两种。内部滑脱是指球体上的长方槽被损坏,形成腰鼓形,使得阀杆扁方头可以打转;外部滑脱是指球阀杆与手柄联结的止旋方头被损坏,形成圆形,使得手柄转而阀杆不动;造成上述损坏的主要原因是操作者在开关阀门时用力过猛,甚至是借助扳手敲击手柄,造成部件损坏;更有将较小口径的球阀阀杆扭断的事例(见图 2-12)。

图 2-12　较小口径球阀

球阀长期处于关闭状态,由于腐蚀和杂质积累并附着的因素,也会造成卡死无法操作。

(二)截止阀

1. 截止阀结构

截止阀的典型结构如图 2-13 所示。

2. 截止阀常见故障

截止阀常见故障详见表 2-6,操作注意事项详见图 2-14。

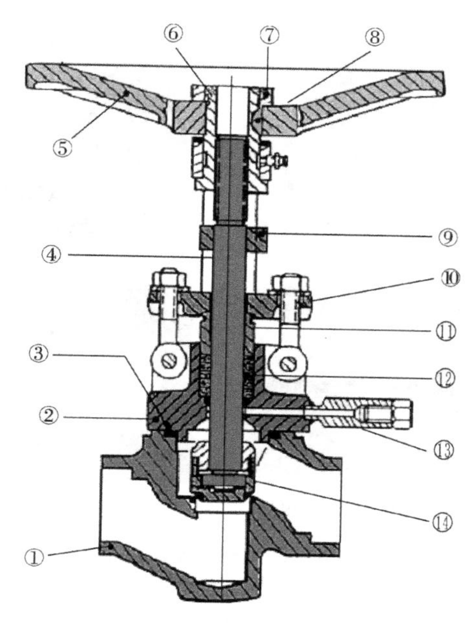

图 2-13 截止阀结构原理

①—阀体;②—阀盖;③—阀盖密封垫;④—阀杆;⑤—手轮;⑥—丝母;⑦—手轮螺母;⑧—半月键;⑨—阀杆止旋块;⑩—盘根法兰;⑪—盘根压环;⑫—盘根组;⑬—盘根吹扫孔;⑭—阀瓣

表 2-6 阀门常见故障

序号	故障	原因
1	阀体渗漏	阀体的坯件有砂孔、夹层、裂纹等缺陷
2	阀杆的螺纹或螺母的螺牙滑丝	螺纹配合过松;长期工作螺纹严重损坏;操作时用力过猛
3	阀杆弯曲	关闭力太大
4	阀杆头拧断	开起时阀瓣锈死而扭断
5	阀体与阀盖的结合面泄漏	螺栓的紧力不够;结合面的垫片已损坏;结合面因冲蚀、腐蚀、变形等而受损
6	盘根泄漏	盘根过期,老化,质量差;盘根的尺寸过小或材质选错;没有按规定的方法安装盘根;盘根压紧力随盘根的磨损而丧失;阀杆或填料函表面有麻点、拉伤等缺陷;阀杆弯曲使盘根贴合状态不好
7	阀门关闭不严(内漏)	阀门没有真正关闭;阀瓣或阀座密封面受损;阀瓣或阀座密封面之间有杂物;阀杆弯曲使阀瓣或阀座贴合不严

(三)闸阀

1. 平行闸板阀

(1)平行闸板阀结构

平行闸板阀结构如图 2-15 所示。

(a) 扳手选用要适当

(b) 注意手轮开启方向

(c) 阀头防松螺母对称点焊防止阀头脱落

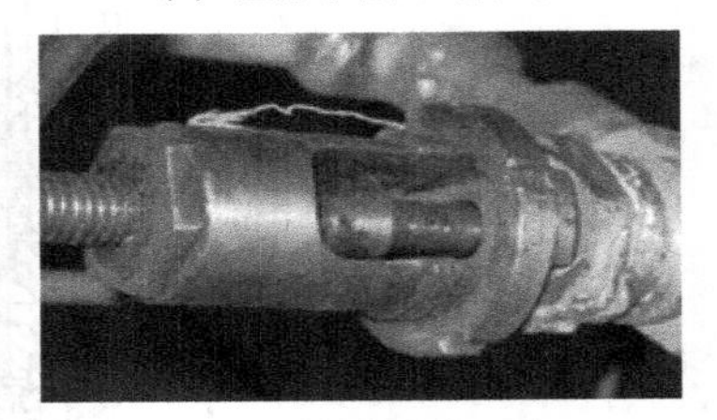

(d) 密封填料定期更换

图 2-14 截止阀操作注意事项

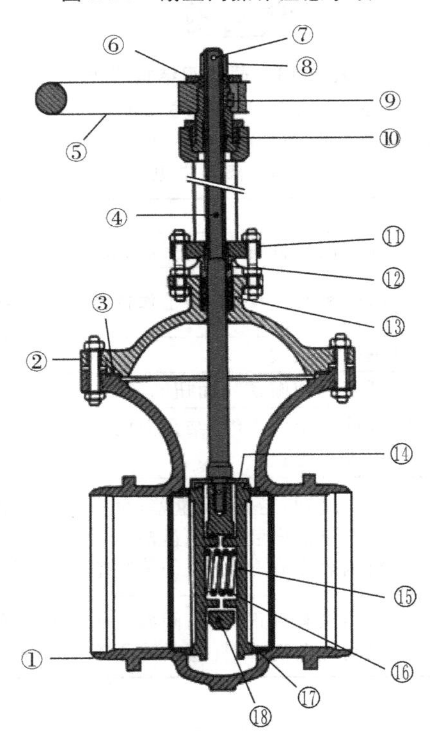

图 2-15 平行闸板阀结构原理

①—阀体；②—阀盖；③—密封垫；④—阀杆；⑤—手轮；⑥—手轮螺母；⑦—定位销；⑧—行程限位块；⑨—长方键；⑩—导向螺母；⑪—盘根法兰；⑫—盘根压环；⑬—盘根组件；⑭—阀瓣限位卡；⑮—阀瓣(阀板)；⑯—支撑弹簧；⑰—阀座；⑱—阀瓣护环

(2)平行滑动闸板阀的现场操作

从平行闸阀的结构可以看出,关闭时所用的力越大,并不能保证阀门关闭越严密,盲目加力不能达到预期的目的,甚至会损坏阀杆的限位装置或手轮部件(见图2-16至图2-18)。

平行闸板阀是面接触密封,所以在没有介质或其他润滑脂的润滑下,空载时尽量不要"干磨",防止密封面过早损坏。

大口径、高压的平行闸阀具有启动力矩大,容易损坏操作机构等特点,因此有些阀门设计有旁路通道,在准备从关闭位置开启时,预先打开旁路,使阀瓣两侧的压差能够平衡一下,以方便阀门开启,所以对于有旁路阀的大型阀门需先开旁路阀,然后再操作主阀;在阀门处于关闭位置后,注意关闭旁路阀(见图2-19)。

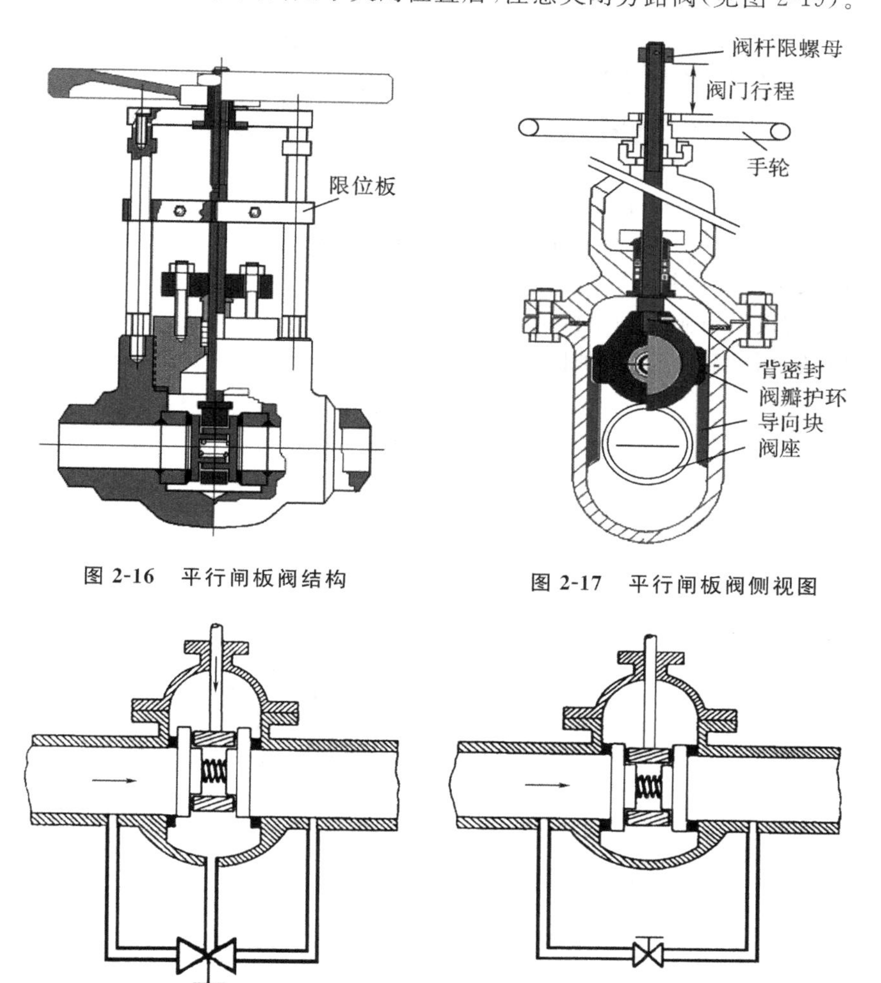

图2-16　平行闸板阀结构

图2-17　平行闸板阀侧视图

图2-18　大口径平行闸板阀旁路设置

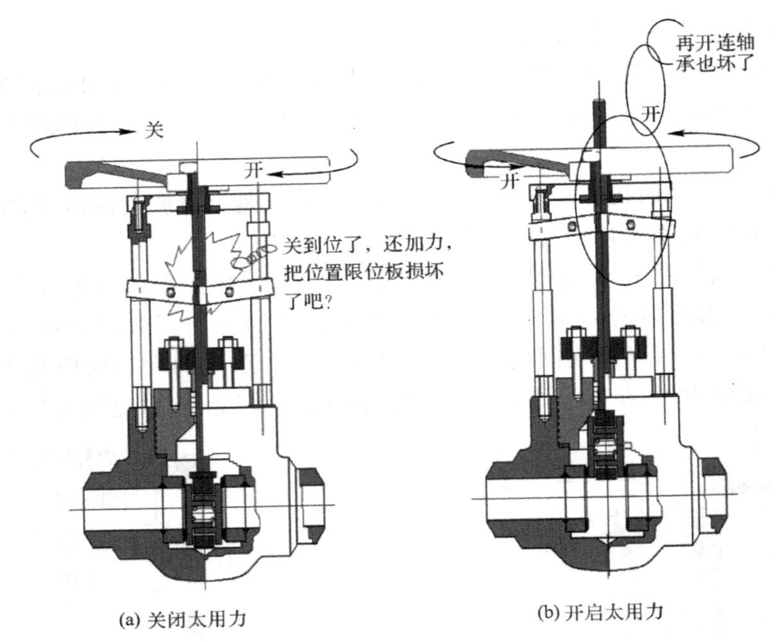

图 2-19　平行闸板阀操作故障示例

2. 带楔块平行闸板阀

(1)带楔块平行闸板阀结构

带楔块平行闸板阀结构如图 2-20 和图 2-21 所示。

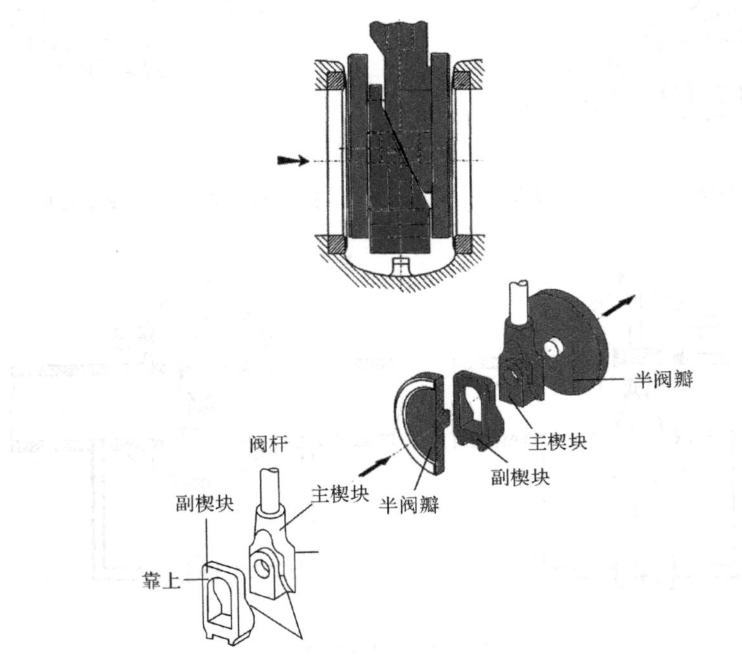

图 2-20　带楔块平行闸板阀零部件

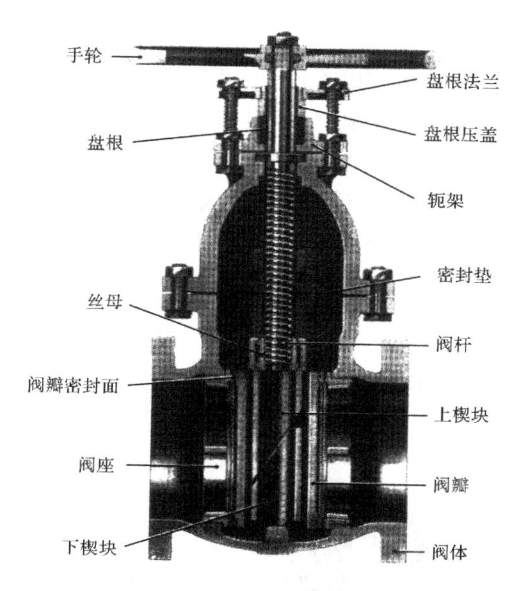

图 2-21 带楔块平行闸板阀结构

(2)操作注意事项

手动操作时不可以无限度地加大压紧力,否则有可能使阀瓣产生变形,产生中间受力,将使阀瓣由平面变为鼓面,阀门无法打开。

3. 楔形闸板阀

(1)楔形闸板阀结构

楔形闸板阀结构如图 2-22 所示。

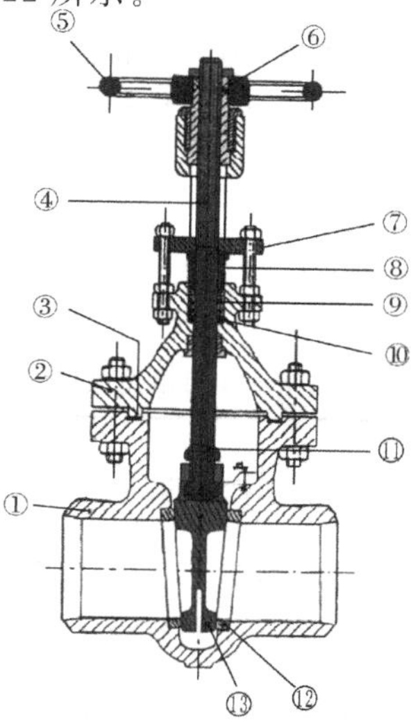

图 2-22 单板楔形闸板阀结构原理

①—阀体;②—阀盖;③—密封垫;④—阀杆;⑤—手轮;⑥—手轮螺母;⑦—盘根法兰;⑧—盘根压环;⑨—盘根组件;⑩—金属垫片;⑪—背密封面;⑫—阀座;⑬—阀瓣(单板楔形)

(2)操作注意事项

从楔形闸板阀的密封结构可以看出，电动操作时不能无控制地加大压紧力，这样会造成开启时需要更大的力才能打开，且有可能烧掉电动机。在高温高压管线，由于热膨胀和高压差的存在更是如此。为了解决这个问题，一般是加装旁路来平衡压差，在设定阀门关闭力矩时，不要设置太大，先用电动关到位，再用手轮将其关严；开启也要先手动再电动(无法进入的厂房例外，但要配更大的电机来操作)。

(四)蝶阀

1. 蝶阀结构

蝶阀结构如图 2-23 所示。

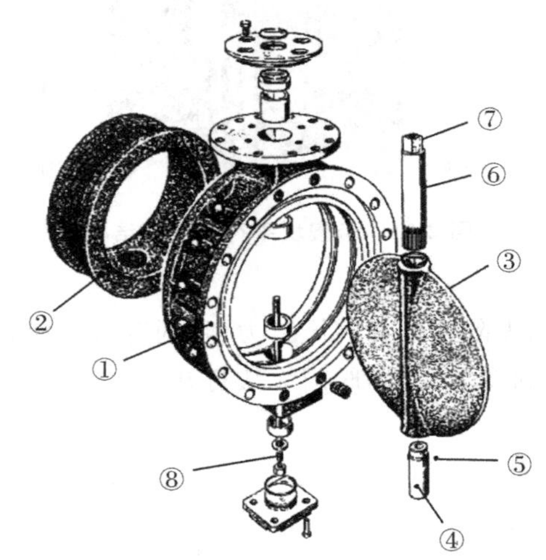

图 2-23　蝶阀基本结构

①—阀体；②—内衬；③—阀瓣(阀蝶)；④—下轴杆；⑤—定位球；⑥—上轴杆；

⑦—上轴方端头；⑧—贯穿螺栓

2. 蝶阀常见的故障

蝶阀常见的故障如表 2-7 所示。

表 2-7　蝶阀常见故障

序号	故障	原因
1	阀门内漏	阀门内衬老化损坏；阀瓣损坏；阀门关闭不到位；阀门内部有异物卡塞
2	阀门外漏	阀体法兰的密封垫老化；阀门内衬老化；阀杆 O 型环老化；管子法兰的距离超出蝶阀的厚度规定的距离
3	阀门操作力矩大	阀门内衬膨胀老化；执行机构有异常；阀门长期保持一个位置，造成锈蚀或杂质堵塞；操作阀门时用力过大，造成阀瓣连接损坏或阀杆弯曲

(五)隔膜阀

1. 隔膜阀结构

隔膜阀结构如图 2-24 所示。

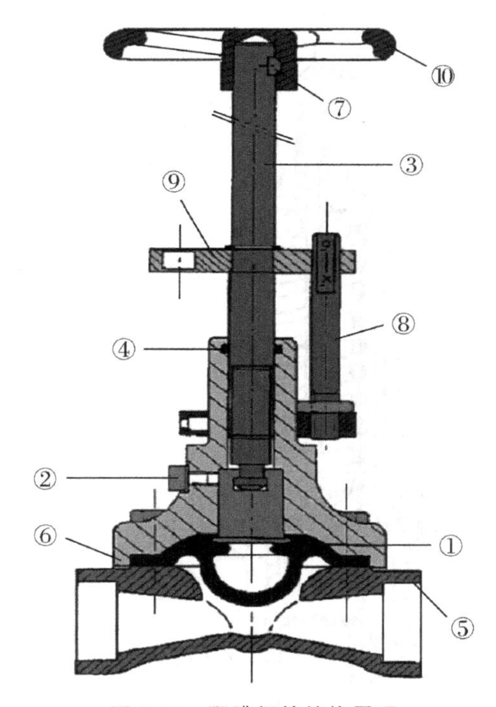

图 2-24　隔膜阀的结构原理

①—阀瓣;②—试验螺栓;③—阀杆;④—密封圈;⑤—阀体;⑥—阀盖;⑦—手轮定位键;⑧—行程标尺;⑨—行程指示板;⑩—手轮

2. 隔膜阀常见的故障

隔膜阀常见的故障如表 2-8 所示。

表 2-8　隔膜阀常见故障

序号	故障	原因
1	阀门内漏	阀门隔膜件老化损坏;阀座密封面损坏;阀门关闭不到位;阀门内部有异物卡塞;操作时用力过大过猛,挤压损坏蘑菇头面
2	阀门外漏	阀体法兰的密封垫老化(变薄);操作时用力过大过猛,扯裂损坏隔膜螺孔边沿;阀杆 O 型环失效;安装阀盖时,压紧力矩不足
3	阀门操作困难	阀门长期保持一个位置,造成锈蚀或杂质堵塞;执行机构有异常;阀杆弯曲;导向丝母滑脱

(六)弹簧式安全阀

1. 弹簧式安全阀结构

弹簧式安全阀结构如图 2-25 所示。

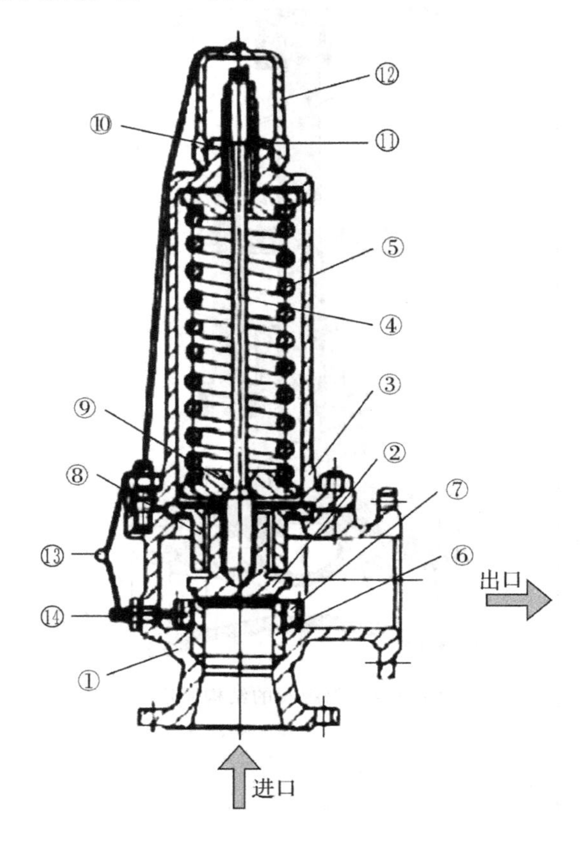

图 2-25 弹簧式安全阀的结构原理

①—阀体;②—阀瓣;③—阀盖;④—阀杆;⑤—加载弹簧;⑥—阀座;⑦—下调整环;⑧—阀瓣导向环;⑨—弹簧座;⑩—弹簧力调节螺杆;⑪—调节螺杆锁紧螺母;⑫—防尘顶盖;⑬—铅封;⑭—下调整环定位螺钉

2. 弹簧式安全阀常见的故障

弹簧式安全阀常见的故障如表 2-9 所示。

(七)阀门操作事故案例——山东滨州某公司“1·1”中毒事故

2014 年 1 月 1 日 23 时 20 分,山东滨州某公司储运车间由石脑油储罐向重整装置送料过程中发生石脑油泄漏(泄漏时间从 22 时 30 分至 23 点 40 分,泄漏量约 240 立方米),如图 2-26 所示,在处置过程中发生硫化氢中毒事故,造成 4 人死亡,3 人受伤。

表 2-9　弹簧式安全阀常见故障

序号	故障	原因
1	弹簧安全阀排放后阀瓣不回座	主要是由弹簧弯曲阀杆、阀瓣安装位置不正或被卡住造成的。应重新装配
2	弹簧安全阀泄漏	阀瓣与阀座密封面之间有脏物，可使用提升扳手将阀开启几次，把脏物冲去；密封面损伤，应根据损伤程度，采用研磨或车削后研磨的方法加以修复 阀杆弯曲、倾斜或杠杆与支点偏斜，使阀芯与阀瓣错位，应重新装配或更换；弹簧弹性降低或失去弹性，应更换弹簧、重新调整开启压力
3	弹簧安全阀排气后压力继续上升	主要是因为选用的安全阀排量小于设备的安全泄放量，应重新选用合适的安全阀；阀杆中线不正或弹簧生锈，使阀瓣不能开到应有的高度，应重新装配阀杆或更换弹簧；排气管截面不够，应采取符合安全排放面积的排气管
4	弹簧安全阀阀瓣频跳或振动	主要是由于弹簧刚度太大，应改用刚度适当的弹簧；调节圈调整不当，使回座压力过高，应重新调整调节圈位置；排放管道阻力过大，造成过大的排放背压，应减小排放管道阻力
5	安全阀到规定压力时不开启	阀芯与阀座粘连，可做手动排气试验排除；弹簧式安全阀的弹簧调整压力过大，应重新调整；杠杆式安全阀的重锤向后移动，应将重锤移到原来定压的位置上，用限动螺丝紧固
6	安全阀不到规定压力开启	弹簧安全阀主要是定压不准；弹簧老化弹力下降。应适当旋紧调整螺杆或更换弹簧

事故直接原因是：维护人员为防冻防凝拆开倒罐管线上的一处法兰排水后未及时复原，在向生产装置送料（经事故后检测，硫化氢含量在 3800ppm）时，操作人员错误开启倒罐阀门，造成石脑油泄漏，在处置泄漏过程中，现场人员未佩戴个体防护用品，释放出的硫化氢气体致使人员中毒。

图 2-26　山东滨州某公司“1・1”中毒事故分析

二、泵类操作与安全

(一)泵设备概述

泵是输送液体或使液体增压的机械。它将原动机的机械能或其他外部能量传送给液体,使液体能量增加。泵主要用来输送水、油、酸碱液、乳化液、悬乳液和液态金属等液体,也可输送液、气混合物及含悬浮固体物的液体。泵通常可按工作原理分为容积式泵、动力式泵和其他类型泵三类。除按工作原理分类外,还可按其他方法分类和命名。如:按驱动方法可分为电动泵和水轮泵等;按结构可分为单级泵和多级泵;按用途可分为锅炉给水泵和计量泵等;按输送液体的性质可分为水泵、油泵和泥浆泵等。按照有无轴结构,可分直线泵和传统泵。如图2-27至图2-35所示。

图2-27 单级单吸卧式离心泵

图2-28 电动往复泵

图2-29 单级单吸立式管道泵

图2-30 漩涡泵

图2-31 蜗壳泵

图2-32 多级离心泵

图2-33 喷射泵

图2-34 齿轮泵

图2-35 计量泵

下面以应用广泛的离心泵为例,说明其安全操作注意事项。

(二)离心泵安全操作

1.离心泵启动前的准备工作

(1)按规定正确穿戴好劳动防护用品,如图2-36所示。

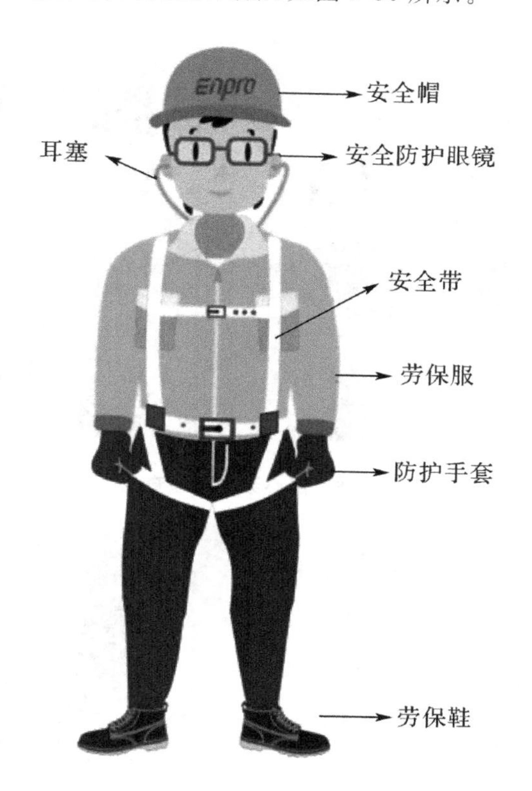

图2-36　按照规定穿戴好劳动防护用品

(2)接到开泵通知时,应问清楚对方姓名,了解所送油品的种类、来源、去向车数、确定能使用的机泵并通知罐区、装卸栈台、锅炉等相关岗位(见图2-37)。

图2-37　启动前进行岗位联系

(3)检查离心泵,如图 2-38 和图 2-39 所示。

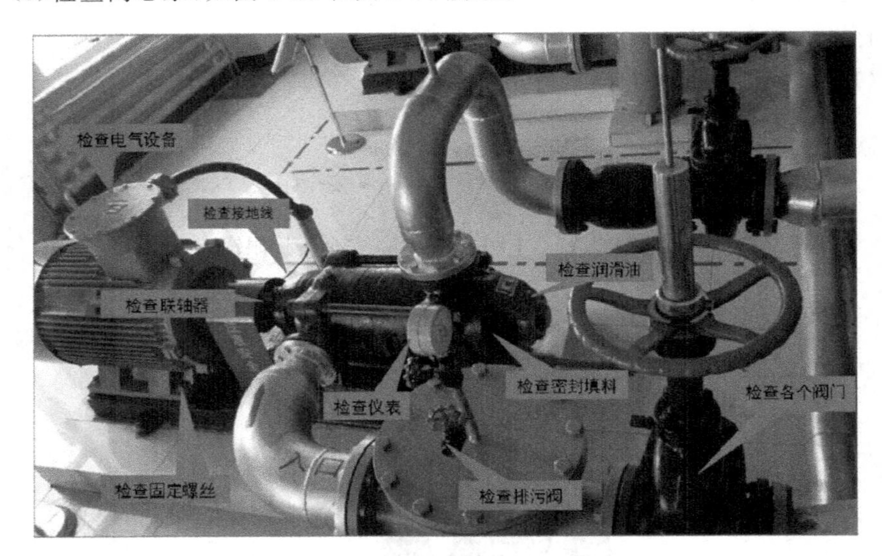

图 2-38 离心泵主要检查点

图 2-39 离心泵盘车检查

①检查电流表、压力表、温度表是否良好。

②检查润滑油是否达到规定高度(油面控制在 1/2～2/3 高度),是否变质。

③顺着泵的旋转方向盘车 3～5 圈(轴转后和原位置相差 180°),检查转动是否平衡,有无杂音,转动是否灵活、无刮卡。

④检查泵体对轮螺丝、地脚螺丝及安全罩是否良好。

⑤检查各个阀门,泵进出口阀、排污阀和防空阀是否关闭,压力表引压阀是否开启。

⑥检查密封填料是否正常。

⑦有冷却水系统的机泵，检查其循环是否良好。

⑧检查电气设备和接地线是否完好。检查启动按钮是否漏电。

(4)打开泵入口阀，排尽泵内气体，排完后关上放空阀。

2. 离心泵的启动

(1)启动机泵前，与罐区、装卸栈台、装置、锅炉等相关岗位约定启泵时间，并严格执行。

(2)启动机泵时，无关人员应远离机泵。

(3)按约定时间，接通电源，启动机泵。

(4)机泵启动后，检查压力、电流、振动情况，检查泄漏及轴承、电机温度等情况。

(5)待泵出口压力稳定后，缓慢打开出口阀，使压力和电流达到规定范围，并和相关岗位取得联系。

(6)重新全面检查机泵的运行情况，在泵正常运行 10 分钟后司泵人员方可离开，并做好记录。

3. 注意事项

(1)离心泵应严格避免抽空。

(2)离心泵启动后，在关闭出口阀的情况下，不得超过 3 分钟。

(3)正常情况下，不得用调节入口阀的开度来调节流量。

4. 输送泵安全隐患、正常运转及维护

(1)输送泵安全隐患。输送泵常见安全隐患有以下几点：泵泄漏；异常噪声；联轴器没有防护罩；泵出口未装压力表或止回阀；长期停用时，未放净泵和管道中液体，造成腐蚀或冻结；容积泵在运行时，将出口阀关闭或未装安全回流阀；泵进口管径小或管路长或拐弯多；离心泵安装高度高于吸入高度；未使用防静电皮带等。

(2)离心泵正常运转及维护

①经常检查出口压力，电流有无波动，应及时调节，使其保持正常指标，严禁机泵长时间抽空，用出口阀控制流量，不准用入口阀控制流量。

②经常检查泵及电机的轴承温度是否正常，滚动轴承温度不得超过 70℃，滑动轴承温度不得超过 65℃，电机温度不得超过 70℃。

③检查端面密封泄漏情况，轻质油不大于 10 滴/分，重质油不大于 5 滴/分。

④严格执行润滑三级过滤和润滑制度，经常检查润滑油的质量，发现乳化变质应立即更换，检查油标防止出现假油液面，液面控制在 1/2～2/3 高度。

⑤经常检查机泵的运行情况，做到勤摸、勤听、勤看、勤检查电机和泵体运转是否平稳，有无杂音。

⑥备用泵在备用期间及停用泵每班盘车一次(180°)。

⑦做好运行记录,保持泵、电机、泵房的清洁卫生。

5. 离心泵的切换(见图 2-40)

(1)与相关岗位联系,准备切换泵。

(2)做好备用泵启动前准备工作,开泵的入口阀,使泵内充满液体,打开放空阀放空,放空后关闭放空阀。

(3)启动备用泵,电机运转 1～2 分钟后观察出口压力,电流正常后,缓慢打开泵出口阀。

(4)打开备用泵出口阀时,逐渐关小原来运行泵的出口阀,尽量减小流量、压力的波动。

(5)待备用泵运行正常后,停原来运行泵。

(6)紧急情况下,可先停运行泵,后启动备用泵。

图 2-40　离心泵的切换

6. 离心泵的正常停泵

(1)慢慢关闭出口阀。

(2)切断电源。

(3)关闭入口阀,关闭压力表手阀。

(4)有冷却水的泵,泵冷却后,关闭冷却水,以防冻凝。

(三)离心泵应急处置

1. 人员发生机械伤害:第一发现人员应立即停运致害设备,现场视伤势情况对受伤人员进行紧急包扎处理。如伤势严重,应立即拨打 120 求救。

2. 人员发生触电事故:第一发现人应立即切断电源,视触电者伤势情况,采取人工呼吸、胸外心脏按压等方法现场施救。如伤势严重,应立即拨打 120 求救。

（四）离心泵操作事故案例

1. 某炼油厂联合装置车间着火事故

2007年3月16日5时，联合装置车间P017、P018、P016等区域已出现火焰。值班人员立即安排室内人员报火警、报厂调度台，并与常减压岗位人员一起进行熄火、停泵、投用水幕、蒸汽等紧急停工处理措施，同时安排催化、焦化降量循环。因P017、P018、P016等区域无法靠近，现场停泵关阀的步骤无法实现，两名职工随即联系电气分厂调度从开闭所进行停电停泵。事故没造成人员伤亡。直接经济损失达30万元。如图2-41所示。

2. 事故直接原因

P017入口短节法兰面腐蚀泄漏，260℃的蜡油喷出产生大量气雾，当蜡油喷到相邻高温设备等裸露部位后发生着火。在着火过程中，P017入口短节法兰的燃烧火焰又将泵出口法兰密封烧坏泄漏，高压蜡油喷出着火。

3. 事故间接原因

炼油厂自2005年加工高硫高酸油以来，尽管采取了材质升级、在线检测、工艺处理等一系列技术管理措施，但对高硫高酸的腐蚀规律、特点和部位仍然认识不足，尤其是泵体出入口法兰密封面等部位。

图2-41　“3·16”某炼油厂联合装置车间着火事故现场

三、反应釜操作与安全

（一）反应釜概述

反应釜和蒸馏釜（包括精馏釜）是化学工业中最常用的设备之一，也是危险性较大、容易发生泄漏和火灾爆炸事故的设备。反应釜指带有搅拌装置的间歇式反应器，根据工艺要求的压力不同，可以在敞口、密闭常压、加压或负压等条件下进行化学反应。蒸馏釜是用来分离均相液态混合物的装置。如图 2-42 至图 2-44 所示。

近年来，反应釜、蒸馏釜的泄漏、火灾、爆炸事故屡屡发生。由于釜内常常装有有毒有害的危险化学品，事故后果较之一般爆炸事故更为严重。下面通过列举相关事故案例，对导致反应釜、蒸馏釜事故发生的危险因素进行全面分析，并提出相应的安全对策措施。

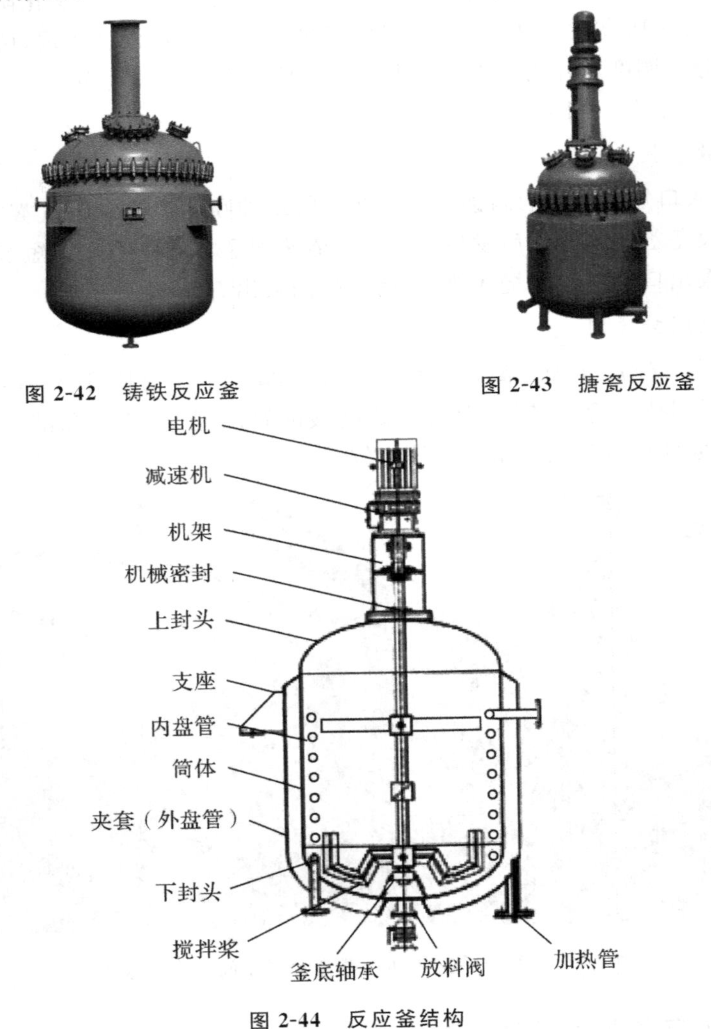

图 2-42　铸铁反应釜

图 2-43　搪瓷反应釜

图 2-44　反应釜结构

(二)反应釜固有危险性

反应釜、蒸馏釜的固有危险性主要有以下两个方面。

1. 物料

反应釜、蒸馏釜中的物料大多属于危险化学品。如果物料属于自燃点和闪点较低的物质，泄漏后，会与空气形成爆炸性混合物，遇到点火源（明火、火花、静电等)，可能引起火灾爆炸；如果物料属于毒害品，泄漏后，可能造成人员中毒窒息。

1994 年 3 月 27 日，绍兴市某助剂总厂抗静电剂车间发生反应釜爆炸，造成 4 人死亡、8 人重伤。反应釜内主要是爆炸极限为 3%～100%的环氧乙烷，事故主要原因是釜内的空气没有被氮气置换完全，与环氧乙烷的混合浓度达到了爆炸极限。该厂是一家新成立不久的乡镇企业，所用压力容器从未经过检验，操作工文化技术素质低，没有经过专门培训，根本不了解生产过程的危险程度及处置故障的方法。该项目投产前未经"三同时"审查，没有完整的安全操作规程和技术措施，对反应釜中的空气是否置换完全无法通过仪表显示，也没有制订化验测定程序，工人凭经验、感觉进行操作。

2. 设备装置

反应釜、蒸馏釜设计不合理、设备结构形状不连续、焊缝布置不当等，可能引起应力集中；材质选择不当，制造容器时焊接质量达不到要求，以及热处理不当等，可能使材料韧性降低；容器壳体受到腐蚀性介质的侵蚀，强度降低或安全附件缺失等，均有可能使容器在使用过程中发生爆炸。

2007 年 12 月 1 日，河北省保定市某建材有限公司粉煤灰加气混凝土砌块生产车间压力容器(蒸氧釜)发生爆炸，造成 5 人死亡、1 人轻伤。据调查，该企业管理人员擅自改变工艺参数，将蒸氧釜的釜体与釜盖连接螺栓的总数从 60 条减至不足 30 条，且更换不及时，对蒸氧釜的安全阀未及时进行校验，长期超压、超温运行，导致事故发生。

2000 年 9 月 4 日，湖南省益阳市某生化试剂厂一台夹套式搪玻璃反应釜在运行过程中，釜盖突然冲脱，大量丙酮介质喷出，与空气混合形成爆炸性气体，发生大爆炸，造成 2 人死亡、6 人受伤。事故主要原因是反应釜密封面垫圈老化，运行过程中发生泄漏，工人带压紧固，致使釜盖脱出，引起爆炸。这台反应釜为旧压力容器，使用前未经检验，且违法安装，操作人员也未经培训。

(三)反应釜操作过程危险性

反应釜、蒸馏釜在生产操作过程中主要存在以下风险：

1. 反应失控引起火灾爆炸

许多化学反应，如氧化、氯化、硝化、聚合等均为强放热反应，若反应失控或突遇停电、停水，造成反应热蓄积，反应釜内温度急剧升高、压力增大，超过其耐压能力，会导致容器破裂，物料从破裂处喷出，可能引起火灾爆炸事故。反应釜爆裂导致物料蒸气压的平衡状态被破坏，不稳定的过热液体会引起 2 次爆炸(蒸汽爆炸)，喷出的物料再迅速扩散，反应釜周围空间被可燃液体的雾滴或蒸汽笼罩，遇点火源还会发生 3 次爆炸(混合气体爆炸)。

导致反应失控的主要原因有：反应热未能及时移出，反应物料没有均匀分散和操作失误等。

2007年3月16日，江苏省东台市某化工企业在利用原生产装置非法试制新产品乙氧基甲叉基丙二腈过程中，蒸馏塔突然爆炸，造成4人死亡、1人受伤。事故现场见图2-45。导致这起事故的直接原因是，乙氧基甲叉基丙二腈粗产品过度蒸馏，导致高沸物堵塞填料层，蒸馏釜内压力增大，发生物理爆炸，将填料塔下面的塔节炸飞，继而引起物料发生燃烧和化学爆炸。

图2-45 江苏省东台市某化工企业蒸馏釜爆炸现场

2.反应容器中高压物料窜入低压系统引起爆炸

与反应容器相连的常压或低压设备，由于高压物料窜入，超过反应容器承压极限，从而发生物理性容器爆炸。

1991年8月22日，河南省平顶山市某树脂厂发生的重大火灾事故，就是由于聚合工段反应釜超压，当班职工紧急处理时，未彻底关闭通往泡沫捕集器(常压设备)的阀门，引起爆炸，随后又引起整个工段的可燃性混合气体爆炸。

3.水蒸气或水漏入反应容器发生事故

如果加热用的水蒸气、导热油或冷却用的水漏入反应釜、蒸馏釜，可能与釜内的物料发生反应，分解放热，造成温度压力急剧上升，物料冲出，发生火灾事故。

4.蒸馏冷凝系统缺少冷却水发生爆炸

物料在蒸馏过程中，如果塔顶冷凝器冷却水中断，而釜内的物料仍在继续蒸馏循环，会造成系统由原来的常压或负压状态变成正压，超过设备的承受能力发生爆炸。

2006年7月28日，江苏省盐城射阳县某公司的爆炸事故，就是由于在氯化反应塔冷凝器无冷却水、塔顶没有产品流出的情况下，没有立即停车，错误地继续加热升温，使2,4-二硝基氟苯长时间处于高温状态，最终导致其分解爆炸。

5.容器受热引起爆炸事故

反应容器由于外部可燃物起火，或受到高温热源热辐射，引起容器内温度急剧上升，压力增大发生冲料或爆炸事故。

6.物料进出容器操作不当引发事故

很多低闪点的甲类易燃液体通过液泵或抽真空的办法从管道进入反应釜、蒸馏釜，这些物料大多数属绝缘物质，导电性较差，如果物料流速过快，会造成积聚的静电不能及时导除，发生燃烧爆炸事故。

1999年3月30日，荆州市某厂发生反应釜重大爆炸事故，4人死亡。引发爆炸的直接原因是环氧乙烷进料速度过快。在不到2小时内，釜内进料已达500kg，造成环氧乙烷来不及与丙炔醇反应而在釜内积聚，釜内压力迅速上升，高压气体急剧喷出，遇静电发生爆炸。进料过快的原因是反应釜仅靠操作人员用阀门手动控制进料速度，没有安装流量计。工人不知道投入反应釜的主料是什么，应该按什么标准投放。而技术转让方竟以“技术保密”为由，拒不向该厂透露有关原料的名称及用量。

2002年4月22日，山西省原平市某化工企业发生一起反应釜爆炸事故，造成1人死亡、1人重伤。爆炸冲击波将约200m² 车间预制板屋顶几乎全部掀开，所有南墙窗户玻璃破碎，碎渣最远飞出约50m，反应釜上封头40条M20螺栓全部拉断或拉脱。事故原因是反应釜卸料过程中，釜内的二硫化碳、异丙醇、氧气的混合物在0.2MPa的表压下压放卸料，当物料从法兰处泄漏时，内外存在压差，泄漏料以一定速度流出，在此过程中形成静电。当釜内液态物料基本泄尽时，法兰边缘的静电积聚到一定能量并形成放电间隙产生静电火花，引燃二硫化碳、异丙醇、氧气的混合气体，迅速向反应釜内回燃发生化学爆炸。

7. 作业人员思想放松，没有及时发现事故苗头

反应釜一般在常压或敞口下进行反应，蒸馏釜一般在常压或负压下进行操作。有人认为，在常压、敞口或负压下操作危险性不大，往往在思想上麻痹松懈，不能及时发现和处置突发性事故的苗头，最终酿成事故。实际上常压或敞口的反应釜，其釜壁承受的压力要大于釜内承压的反应釜，危险性也更大一些。

对于蒸馏釜，如果作业人员操作失误，反应失控造成管道阀门系统堵塞，正常情况下的常压、真空状态变成正压，若不能及时发现处置，本身又无紧急泄压装置，很容易发生火灾爆炸事故。2007年11月27日江苏盐城市某公司重氮化反应釜爆炸事故，就是因为重氮化反应釜蒸汽阀门未关死，在保温阶段仍有大量蒸汽进入反应釜夹套，导致反应釜内温度快速上升，重氮化盐剧烈分解，继而爆炸。当班操作工人对釜温的监控不到位，未能及时发现釜内温度异常，延误了处置异常情况的最佳时机。

(四)反应釜常见安全隐患

避免反应釜、反应器发生火灾爆炸事故，除了要加强安全教育培训和现场安全管理、加强设备的维修保养、防止形成爆炸性混合物、及时清理设备管路内的结垢、控制好进出料流速、使用防爆电气设备并良好接地外，还要严格按安全操作规程和岗位操作安全规程操作。现将常见的一些安全隐患列举在表2-10中，以便及时加以排除，防止事故的发生。

表 2-10 反应釜、反应器常见安全隐患

序号	安全隐患描述	序号	安全隐患描述
1	减速机噪声异常	13	存在爆炸危险的反应釜未装爆破片
2	减速机或机架上油污多	14	温度偏高、搅拌中断等存在异常升压或冲料
3	减速机塑料风叶热融变形	15	放料时底阀易堵塞
4	机封、减速机缺油	16	不锈钢或碳钢釜存在酸性腐蚀
5	垫圈泄漏	17	装料量超过规定限度等超负荷运转
6	防静电接地线损坏、未安装	18	内部搪瓷破损的搪瓷釜仍使用于腐蚀、易燃易爆场所
7	安全阀未年检、泄漏、未建立台账	19	反应釜内胆于夹套蒸汽进口处冲蚀破损
8	温度计未年检、损坏	20	压力容器超过使用年限、制造质量差，多次修理后仍泄漏
9	压力表超期未年检、损坏或物料堵塞	21	压力容器没有铭牌
10	重点反应釜未采用双套温度、压力显示、记录报警	22	缺位号标识或不清
11	爆破片到期未更换、泄漏、未建立台账	23	对有爆炸敏感性的反应釜未能有效隔离
12	爆破片下装阀门未开	24	重要设备未制订安全检查表

四、换热器操作与安全

(一)换热器概述

换热器(heat exchanger)，是将热流体的部分热量传递给冷流体的设备，又称热交换器。换热器在化工、石油、动力、食品及其他许多工业生产中占有重要地位，其在化工生产中可作为加热器、冷却器、冷凝器、蒸发器和再沸器等，应用广泛。化工企业中常见的换热器如图 2-46 和图 2-47 所示。

图 2-46 固定管板式换热器实物

图 2-47 浮头式换热器实物

下面以列管式换热器为例，说明其常见故障与处理方法。

(二)换热器常见故障与处理

列管式换热器的常见故障有管子振动、管壁积垢、腐蚀与磨损、介质泄漏等。列管式换热器常见故障与处理方法见表2-11。

表2-11 列管式换热器常见故障与处理方法

序号	故障现象	故障原因	处理方法
1	两种介质互串(内漏)	换热管腐蚀穿孔、开裂,换热管与管板胀口(焊口)裂开,浮头式换热器浮头法兰密封漏	重胀(补焊);堵死紧固螺栓;更换密封垫片紧固内圈压紧螺栓;更换盘根(垫片)
2	法兰处密封泄漏	垫片承压不足、腐蚀、变质,螺栓强度不足,松动或腐蚀,法兰刚性不足,与密封面缺陷法兰不平行或错位,垫片质量不好	紧固螺栓更换垫片螺栓材质升级、紧固螺栓;更换螺栓更换法兰;处理缺陷重新组对;更换法兰更换垫片
3	传热效果差	换热管结垢水质不好、油污与微生物多隔板短路	化学清洗或射流清洗垢物加强过滤、净化介质,加强水质管理更换管箱垫片或更换隔饭
4	阻力降超过允许值	过滤器失效壳体、管内外结垢	清扫;更换过滤器用射流;化学清洗垢物
5	振动严重	因介质频率引起的共振外部管道振动引发的共振	改变流速;改变管束固有频率加固管道,减小振动

根据以往生产和操作经验,现将冷凝器、再沸器等常见安全隐患列举如下:

(1)腐蚀、垫圈老化等引起泄漏;

(2)冷凝后物料温度过高;

(3)换热介质层被淤泥、微生物堵塞;

(4)高温表面没有防护;

(5)冷却高温液体(如150℃)时,冷却水进出阀未开,或冷却水量不够;

(6)蒸发器等在初次使用时,急速升温;

(7)换热器未考虑防震措施,使与其连接管道因震动造成松动泄漏。

(三)换热器的维护

换热器的日常维护主要包括以下几个方面的内容:

(1)装置系统蒸汽吹扫时,应尽可能避免对有涂层的冷换设备进行吹扫;工艺上确实避免不了的,应严格控制吹扫温度(进冷换设备)不大于200℃,以免造成涂层破坏。

(2)装置开停工过程中,换热器应缓慢升温和降温,避免造成压差过大和热冲击,同时应遵循停工时“先热后冷”的原则,即先退热介质,再退冷介质;开工时“先冷后热”,即先进冷介质,后进热介质。

(3)在开工前应确认螺纹锁紧环式换热器系统通畅,避免管板单面超压。

(4)认真检查设备运行参数,严禁超温、超压。对按压差设计的换热器,在运行过程中不得超过规定的压差。

(5)操作人员应严格遵守安全操作规程,定时对换热设备进行巡回检查,检查基础支座稳固程度及设备是否泄漏等。

(6)应经常对管、壳程介质的温度及压降进行检查,分析换热器的泄漏和结垢情况。在压降增大和传热系数降低超过一定数值时,应根据介质和换热器的结构,选择有效的方法进行清洗。

(7)应经常检查换热器的振动情况。

(8)在操作运行时,有防腐涂层的冷换设备应严格控制温度,避免涂层损坏。

(9)保持保温层完好。

(四)换热器事故案例

1. 某石油炼厂发生氢气和润滑油泄漏事故

1994 年 8 月 18 日,某石油炼厂加氢脱硫装置换热器发生氢气和润滑油泄漏事故,泄漏点为该换热器入口管线上端的排气孔法兰,这次事故没有造成人员伤亡。

(1)事故发生经过:该装置刚刚完成定期检修任务,两天前试开工,当天处理量增加 2 倍进入正常运转,在正常运转 70 分钟以后,现场巡查人员发现上述泄漏点上部出现白烟,立即紧急停工,在随后的 3 个小时内,共有 3000m^3 约 90%的氢气和 2%的硫化氢泄漏。

(2)事故原因:在检修作业中为了清扫装置,公司的职工卸掉排气孔的法兰和环形密封,使用橡胶垫片临时安装了一条管线。在清扫装置结束,卸掉临时管线的时候,橡胶垫片没有按规定取下。该公司的职工在重新安装管线时没有换原来的金属环形密封,而是凑合使用橡胶垫片,结果经过气密试验、热试验,进入正常运转时,密封渐渐承受不住出现泄漏。

2. 某企业净化车间发生闪爆事故

2015 年 6 月 28 日 10 时 04 分,鄂尔多斯市某企业净化车间发生闪爆事故,如图 2-48 所示。致使 3 人死亡、6 人受伤,其中 2 人受重伤。

事故原因是该企业净化车间换热器发生氢气泄漏,造成闪爆。

图 2-48　内蒙古鄂尔多斯市某企业“6·28”事故

五、分离设备操作与安全

（一）分离设备概述

分离过程就是通过一定手段，将混合物分成互不相同的几种产品的操作过程，它包括提取和除杂两个部分。分离过程运用的手段可以是物理的，化学的，或者是物理和化学手段的互相结合。而过滤是现代化工生产中广泛应用的一种必不可少的重要物理处理过程。普通过滤装置如钛棒过滤器（见图 2-49）、加压过滤设备如板框过滤器（见图 2-50）、离心分离机如三足式离心机（见图 2-51）和高速管式离心机（见图 2-52）等。

图 2-49　钛棒过滤器

图 2-50　板框过滤器

图 2-51　上部卸料三足式离心机

图 2-52　高速管式离心机

（二）分离设备操作与安全

下面以板框式过滤器和离心式过滤器为例，说明其安全操作要求。

1. 板框过滤机安全操作规程

（1）工作前必须检查机械设备、仪器仪表、工器具的完好情况，检查安全防护设施的完好情况，确认安全可靠后方可使用，如发现异常立即向上级汇报，待检修结束并验收合格后方可使用。

（2）工作前必须检查电器设备接地线是否牢固可靠，确认牢固可靠后方可使用。如发现异常立即向上级汇报，待检修结束并验收合格后方可使用。

（3）手潮湿时不准操作电器开关，电器开关等电器部件要保证良好的密封性。

（4）经常检查机械设备，润滑油保证在正常范围内，及时清理油污。

(5)禁止检查和擦拭旋转的机械设备。

(6)压力表、温度表等工艺附件应定期检验。

(7)操作前应正确佩戴劳动防护用品。在板框过滤机周围工作和拆卸过滤器时,要正确佩戴防护眼镜,避免液体溅出伤人。

(8)工作人员不要正对着蒸汽等中低压阀门,避免阀门损坏给工作人员造成伤害。

(9)洗板框过滤机时,催化剂应及时回收,禁止暴露在空气中,禁止倒入下水道。

(10)向容器内打料时必须固定好输出管,避免输出管弹出容器外伤人;观察容器内物料时,必须停止进料10秒钟后再观察;搬运时必须将容器密封后再搬运,避免物料溅出容器外伤人。

(11)遵守蒸汽安全使用操作规程,脱水打料泵的过滤器蒸汽伴热管保护罩的绑扎要保证牢固。

2.卧式离心机的安全操作

(1)卧式离心机的安全操作规程

①开机前,确保润滑脂已加注,控制柜电器设施正常。

②开机前应安装上所有的安全防护设施。

③开机前应检查转鼓的旋转方向,从差速器输入轴端看,转鼓必须是逆时针方向旋转,而差速器输入轴的转向必须与转鼓转向一致。

④开机前首先应点动检查,确保无异常的碰擦声响和过大的振动和噪音。

⑤如果机器有异常振动和噪音,应立即停车,并检查原因。

⑥停机之前,应仔细清洗转鼓,以防止再次启动时因机内仍有残余物料而破坏平衡或导致差速器零件损坏,同时检查进料阀是否完全关闭,停机后,绝对不允许向机内泄漏物料。

⑦机器未完全停止之前,不允许拆卸任何零件。

⑧在没有切断电源的情况下,不允许拆卸或调整机器。

⑨负载运转时,主机轴承温度≤75℃,温升≤40℃;差速器润滑脂温度≤70℃,温升≤40℃。

(2)启动与停机

启动:

①启动离心机;在启动过程中,操作者必须仔细观察离心机速度的变化,如发生异常情况,应立即停机。只有待机器达到工作速度才能逐渐加料。

②打开进料阀,供给待处理的料浆,进料量逐渐增大到要求。

停机与清洗:

①关闭进料阀。

②在全速下用水冲洗离心机内部5～15分钟,冲洗时按流量10～20m^3/h调整

洗水阀开口大小。

③待离心机排出的液相变清澈时，关闭洗水阀，然后断开主机电源；

注意：

①停机时，当转鼓转速降至与减振器的共振频率一致时，机器将产生几秒钟的强烈低频共振，这是正常现象。

②当转速低于100r/min时，转鼓内的空心液环将垮塌下来，这些液体的大部分将从出渣口溢出。

③当遇到特殊情况需紧急停机时，按下紧急停机按钮。注意：紧急停机并查明原因后，若需再次启动机器，应首先对机器内部进行清洗，如果转鼓内固相堆积太多，用洗涤水不能清除时，可卸轴，将固体排出机外，若手工无法排出固体时，应卸拆螺旋将固体清除干净，并装配后再开车。

3. 离心设备常见安全隐患

(1)甩滤溶剂，未充氮气或氮气管道堵塞或现场无流量计可显示；

(2)精烘包内需用离心机甩滤溶剂时，未装测氧仪及报警装置；

(3)快速刹车或用辅助工具(如铁棒等)刹车；

(4)离心机未有效接地；

(5)防爆区内未使用防静电皮带；

(6)离心机运行时，震动异常；

若存在以上隐患，必须及时排除，以防止事故发生。

(三)分离设备事故案例

1995年3月4日下午14:20，南京某公司化工分厂磺酸车间离心机突然失速致使离心机解体，零件飞出，造成3人死亡，直接经济损失10余万元。

1. 事故经过

该厂磺酸车间于1992年10月竣工投产，产品为对甲苯磺酸。工艺上布设离心工段，共四台离心机，离心机的作用为磺酸脱酸(硫酸)用。

1号离心机是从原溧水县城郊麻纺厂购回，该离心机属SS型三足离心机，是用于麻纺产品脱胶用，在该厂使用时间较短，购回时经认定为九成新，当时，配套电机为普通电机，转速为960转/分，后经厂方改造为初速为零最高速为960转/分的调速电机。该离心机于1994年8月更换了一只转鼓。至事故发生时已使用两年并历次修理，该离心机其他部件都不同程度地进行过修理或更换部件。

2. 事故直接原因

(1)根据对事故的调查分析和专家组的“技术鉴定报告”，调查组认为这起事故是由于设备老化，腐蚀严重且设备的完好性尤其是安全性(安全系数几乎为零)不能承受离心机工作时突然增大的离心力，因而最终解体造成3人死亡。

(2)因调速电机及电气线路等原因，离心机经常处于较高的转速并有突然增速的情况。

①控制电机的调速器所示的转速与实际不符，电机实际转速高于调速器所指示转速 20%左右，并带动离心机增速 20%以上。离心机的增速使得离心机的离心力得到增加。

②插座短路或断路打火使调速电机转速突然增速，使得离心机的离心力突然增大。

由于以上两方面的原因，导致在下午上班后的离心机运行过程中，线路发生短路或断路打火，控制器失控，电机增速带动离心机的转速增大，离心力成倍增加（速度是影响离心力最突出的因素）。

3. 事故间接原因

公司设备管理职能部门监管力度弱，缺乏专门的技术人员及必要的管理手段，公司对新增设备及配件没有严格的入厂检验制度与技术审批制度，对离心机的技术性能和危险性认识不足，也没有充分考虑到磺酸车间离心机的维修、改造能力。

六、精馏设备操作与安全

（一）精馏概述

精馏是一种利用回流使液体混合物得到高纯度分离的蒸馏方法，是工业上应用最广的液体混合物分离操作，广泛用于石油、化工、轻工、食品、冶金等部门。精馏操作按不同方法进行分类。根据操作方式，可分为连续精馏和间歇精馏；根据混合物的组分数，可分为二元精馏和多元精馏；根据是否在混合物中加入影响气液平衡的添加剂，可分为普通精馏和特殊精馏（包括萃取精馏、恒沸精馏和加盐精馏）。若精馏过程伴有化学反应，则称为反应精馏。

典型的精馏设备是连续精馏装置，包括精馏塔、再沸器、冷凝器等。如图 2-53 所示。

图 2-53 工业精馏设备

(二)精馏操作与安全

1. 操作注意事项

(1)开车前：对所有设备、阀门、仪表、电气、管道等按工艺流程图要求和专业技术要求进行检查。

(2)开车时：确认各阀门是否正常开启关闭，观察生产过程中各工艺操作指标是否在正常范围内。

(3)停车时：系统停止加料，原料预热器停止加热，关闭原料液泵进出口阀，停原料泵。根据塔内物料情况再沸器停止加热，塔顶温度下降时无冷凝液流出后，关闭塔顶冷凝器冷却水进水阀，停冷却水，停回流泵，关泵进出口阀。在物料冷却后开再沸器和预热器排污阀，放出预热器及再沸器内物料。开塔底冷凝器排污阀，塔底产品槽排污阀，放出塔底冷凝器内物料、塔底产品槽内物料。

2. 正常工作时注意事项

(1)试漏检验时，系统加水速度应缓慢，系统高点排气阀应打开，密切监视系统压力，严禁超压。

(2)液位高度一定要超过一定高度，才可以启动再沸器电加热器进行系统加热，严防干烧损坏设备。

(3)原料预热器启动时应保持液位满贯，严防干烧损坏设备。

(4)精馏塔釜加热应逐步增加加热电压，使塔釜温度缓慢上升，升温速度过快，易造成塔视镜破裂，大量轻、重组分同时蒸发至塔釜内，延长塔系统达到平衡时间。

(5)精馏塔塔釜初始进料时进料速度不宜过快，防止塔系统进料速度太快造成满塔。

(6)系统全回流时应控制回流流量和冷凝流量基本相等，保持回流液槽液位稳定，防止回流泵抽空。

(7)系统全回流量控制在一定流量，保证系统气液接触效果良好，塔内鼓泡明显。

(8)减压精馏时系统真空度不宜过高，控制在0.02～0.04MPa。

(9)减压精馏采样为双阀采样。

(10)在系统进行连续精馏时，应保证进料流量和采出流量基本相等，各处流量计操作应互相配合，相互协作，保持整个精馏过程的操作稳定。

3. 安全技术

(1)上岗前必须了解室内总电源开关与分电源开关的位置，以便出现用电事故时及时切断电源，在启动仪表柜电源前，必须清楚每个开关的作用。

(2)设备配有压力、温度等测量仪表，一旦出现异常及时对相关设备停车进行集中监视并作合适的处理。

(3)不使用有缺陷的梯子，等梯前必须确保梯子支撑稳固，面向梯子上下并双手扶梯，一人等梯时，要有同伴监护。

(4)工业企业生产车间和作业场所的工作地噪声很大，应注意自我防护。

(三)精馏塔事故案例

1991 年 6 月 26 日，日本某表面活性剂工厂的甲醇精馏塔发生爆炸事故，塔的上部被摧毁。该塔的塔盘数为 65 层，根据事故调查证实，爆炸发生在自上数第 5 层至 26 层之间(约 7m)，塔顶至第 4 层塔盘滚落至地下，塔壁碎片最大飞至 1300m，大部分散落半径 900m。这次事故造成 2 人死亡，1 人重伤，1 人中度受伤，11 人轻伤。精馏塔完全被破坏。塔周围 50m 内的窗户玻璃全部损坏，爆炸碎片和冲击波使工厂内 319 个场所遭到破坏。

1. 事故发生经过

当日上午该装置正在进行停工作业，10 时 5 分甲醇精馏塔停止运转，开始将精制的甲醇馏分抽出。10 时 15 分磺化生产装置第三系列所附带的甲醇精馏塔上部发生爆炸，随后该塔底部燃起大火。爆炸的碎片大多散落在半径 900m 的范围内，人员伤亡的原因多为被碎片击中和被冲击波击倒。据推算，爆炸当量 10～50kgTNT。

2. 爆炸原因

根据推断，爆炸是由于供给精馏塔的甲醇中含有有机过氧化物(过氧甲醇)，在精馏塔的局部浓缩，从而形成热爆炸。

正常运转时，塔内约积蓄 10～20kg 的过氧甲醇。事故当天，由于中和工段的 PH 检测仪出现故障，有段时间中和料浆的阳值比正常情况要低，因此过氧甲醇没有被分解就被送到精馏塔内，当时精馏塔约积蓄 30～40kg 的过氧甲醇。

七、其他塔类设备案例分析

(一)吸收塔事故案例

2004 年 3 月 5 日，某生产硝酸企业氨吸收塔发生爆炸，所幸没有造成人员伤亡。

1. 生产情况简介

某厂二期工程 1997 年 6 月建成投入生产。采用半焦气化、半水煤气生产合成氨，通过氨的氧化、吸收生产硝酸。为达到环保要求，采用碱吸收法，对硝酸尾气进行处理。2001 年 9 月，为了降低成本，合理利用该厂氨储罐气和氨气，将碱吸收法改为氨吸收法。

硝酸尾气由酸吸收塔出来后，进入氨吸收塔底部，经 1#、2#、3# 三个串联吸收塔对尾气进行吸收后，排向空中。氨储罐气和氨气由氨吸收塔的尾气进口管线进入管道，与尾气同时进入 1# 氨吸收塔；循环液由顶部进入氨吸收塔，从下部排出，通过循环泵打向氨吸收塔顶部进行循环。如图 2-54 所示。

图 2-54 工业吸收塔

2. 事故经过

自 2003 年 10 月起，由于电力紧张，工厂生产经常处于停停开开的状态，有时 1 天之内会出现 2 次开车与停车，生产工艺无法稳定，很难维持最基本的安全生产条件。2004 年，由于限电原因，开停车更为频繁。3 月 4 日小夜班 19 时至 23 时限电，全厂生产系统处于降温保温状态。23 时恢复送电，全线开车，生产恢复正常后，所有工艺指标正常。据操作工反映，事故发生前，未发现任何异常现象。从事故发生前的操作记录看，各项生产工艺指标基本正常，生产运行稳定。

2004 年 3 月 5 日 10 时 10 分，硝酸尾气 1# 氨吸收塔发生爆炸。

3. 爆炸点的确定

经现场勘查，1# 氨吸收塔材料为一般不锈钢，高 15m，直径 2.6m，塔体壁厚 6mm，塔内瓷环填料高度 11m。爆炸发生后，塔体分裂为形状不规则的 5 大块，不锈钢塔体断裂面没有逐渐变薄、拉伸迹象，由此从断裂面判断塔体断裂属于脆性断裂（不是因为压力逐渐升高引起的，是一种突然爆发的力量摧毁了塔体）。塔底部北侧固定螺栓被拔起，塔体向南倾斜，约 1.6m 高；中间被炸成 3 块，1 块约 2.5m×3.3m，位于现场西北侧，被厂房挡住；1 块约 2.6m×4.2m，位于西南侧，距现场约 35m，落在一车间厂房处；1 块约 1.8m×4m，位于东南方向约 200m 的厂外；塔体顶部向北，落在塔体底部的上方，约 3m 高。硝酸车间所有玻璃全部破碎，现场南边约 20m 厂房玻璃全部破碎。厂内还有多个车间厂房玻璃严重破碎。

4. 事故原因

这次爆炸事故是由于干塔现象和频繁的停车、开车加剧了亚硝酸铵及硝酸铵的沉积，局部温度升高，引起亚硝酸铵的瞬间分解，使部分硝酸铵参与了爆炸。所以，这次爆炸事故是一起由亚硝酸铵引起的化学爆炸事故。

(二)干燥塔设备事故案例

1997 年 11 月 5 日，江西某厂氯磺酸分厂硫酸工段在检修硫酸干燥塔过程中，因指挥协调不当及违章作业，发生一起急性 SO_2 中毒死亡事故。图 2-55 为该厂工业干燥塔。

图 2-55 工业干燥塔

1. 事故经过

1997 年 11 月 5 日，因硫酸生产不正常，该厂分析认为系统有堵塞，讨论决定停车检修。上午 8 时，分厂副厂长在班前会上布置工作，由硫酸工段长蔡某负责组织干燥塔内分酸管堵漏工作(此前已于 4 日下午 3 时开始，对干燥塔用水进行不间断喷淋冲洗)。会后，蔡某安排副工段长刘某带操作工彭某做好各项准备工作，准备进干燥塔内堵漏。9 时许，分厂安全员通知总厂安环科分管安全员和监测站人员到现场办理"高处作业票"、"罐内安全作业票"等手续作取样分析，约 9 时 30 分办理好各种安全作业手续。

10 时，冲洗停止，蔡某、刘某、彭某拿着堵漏工具、安全帽、防酸雨衣、安全带和一具过滤式防毒面具(配 7# 滤毒罐)，爬上干燥塔后，由刘某从人孔进入塔内堵漏，彭某在塔外平台上协助并监护。工段长蔡某也在塔上监护。工作中，因安全帽前端带子丢失，刘某不慎将安全帽掉落到塔内分酸管的下一层(离人孔高度约 1.2m)，徒手难以捡取。约 10 时 30 分左右，堵漏工作完毕，刘某出塔休息。

此时，因焙烧炉温已降至 560℃以下，焙烧炉工把蔡某叫到焙烧岗位，要求空烧升温。蔡某叫炉工做了准备，并问刘某、彭某二人(空间对话)：搞好了吗？刘某答："搞好了。"11 时 45 分左右，蔡某指挥炉工启动风机，空烧升温。

11 时左右，仍在干燥平台上休息的刘某再次穿上雨衣，戴上防毒面具爬进人孔，彭某用小钢筋弯了一个小钩递给刘某勾取安全帽。彭某抓住人孔内壁，感到气味很重，呛了一口，立即意识到情况不对，赶紧呼叫"刘某"，没有听到回声，此时隐约听到一声倒地的声音，彭某试图冲进塔内救人，但因 SO_2 气味很重，无法呼吸，只好向塔下其他人员呼救。待氧气呼吸器送到，分厂安全员佩戴好后进塔将刘某背出，立即在现场对刘某开展“口对口人工呼吸”和“胸外心脏按压”抢救，并使用强心剂和呼吸兴奋剂等。但终因毒物浓度过高，中毒时间过长，刘某抢救无效死亡。

2. 事故原因

(1)违章指挥，违章操作。焙烧炉空烧时，大量 SO_2 有毒气体进入干燥塔内，使原作业环境完全改变。指挥者在人员尚未撤离检修现场、有害气体不能严密隔绝的情况下，同意并指挥空烧；操作者也在明知已开始空烧的情况下，未重新办理任何手续，再次进入干燥塔内勾取安全帽，冒险交叉作业，导致急性 SO_2 中毒窒息。严重违反《化工安全生产禁令》、《进入容器、设备的八个必须》，是造成死亡事故发生的直接原因。

(2)组织不严密，安全管理不到位。分厂领导把此次检修只看成一般日常小项目检修来处理，除在晨会上布置工作外，无详细的全面计划，未指定项目检修总指挥和安全负责人，入塔检修与空烧交叉进行。安全意识淡薄，组织协调不力，是造成事故发生的主要原因。

(3)隔离不严密。检修前由于未按规定加装盲板与焙烧炉安全隔绝，而只是用插板隔离，致 SO_2 气体从缝隙泄漏入干燥塔内，也是造成事故的主要原因之一。

(4)防护不当。据事故发生后采样分析，干燥塔内 SO_2 含量达 $13000mg/m^3$，远远超出了过滤式防毒面具的适用范围，过滤式吸毒面具起不到安全防护作用；同时，安全帽平时保管不善，前绳带丢失，造成工作中安全帽掉落，为事故的发生留下了隐患。

第三节　化工设备检修与安全

“4·23”爆炸事故

2011 年 4 月 23 日 11 时 40 分左右，南充市高坪区某公司造气车间甲烷化炉进口管线发生氢氮气泄漏，形成爆炸性混合气体，企业在未停车的情况下，派人员进行现场处理，因处置不当，发生爆炸，造成 4 人死亡、2 人受伤的较大生产安全事故。

事故原因：

(1)有章不循、违章作业现象突出。南充“4·23”爆炸事故是在有章不循、违章冒险作业的情况下发生的。

(2)安全培训不到位,从业人员安全意识差。在此次事故中,企业管理人员和作业人员对作业场所存在的危险性认识不足,安全意识差,违章作业。

(3)企业没有处理好效益与安全的关系,重效益轻安全的思想严重。南充"4·23"爆炸事故就是企业未及时停车,违章处置导致的事故。

图 2-56 南充"4·23"爆炸事故现场

化工企业多使用易燃、易爆、有毒、腐蚀性强的物料,设备或生产装置需要经常或定期进行检修,而发生在化工行业的事故有部分是发生在检修作业中。下面就化工企业设备检修事故及防范措施做一下分析。

一、设备检修安全事故原因与对策

有毒、有害、易燃、易爆、易中毒的化工生产特点决定了化工设备检修作业具有纷繁复杂、技术性强、风险大的特点,只有在检修前对化工装置进行科学、合理的安全技术处理;加强检修前装置检修过程的安全管理,在对装置的检修过程中严格地遵照前人血泪换来的宝贵经验去做,消除可能存在的各种危险因素,才能确保检修作业的安全高效,减少人身伤害事故的发生,为企业连续稳定安全生产打下坚实的基础。

(一)化工企业设备检修事故原因分析

1. 检修作业不明确

化工企业设备检修大多都涉及动火、入罐,这就必须先清空设备内物料后才能进行清洗置换。然而有的企业检修作业不明确,对检修工序没有提前做好计划,对涉及的设备心中没底,停产前未对设备内物料进行处理,给检修作业带来被动局面,甚至引发事故。

2. 没有按检修规程执行

原化学工业部颁布的《动火作业六大禁令》和《进入容器、设备的八个必须》对动火、入罐作业都做出了明确规定,而相当一部分企业没有按照规定执行,没有办理特殊作业审批手续,尤其是清洗置换不彻底,没有对可燃气体、有毒气体和氧含量进行分析，动火、入罐时引起火灾爆炸、中毒事故发生。

3.没有进行安全技术交底

有的企业检修技术力量薄弱，检修大型设备时要聘请有资质的外来单位承担，但由于外来单位对化工企业的特点不了解，对化工物料的性质及危险性缺乏安全知识，而企业又没有对施工单位进行安全技术交底，导致施工单位检修时引发生产安全事故。

4.没有使用劳动防护用品或使用不当

防护用品是防止事故发生的屏障，是保护职工生命安全的一道防线。在检修作业中，有的企业员工忽视防护器材、劳保用品的使用。如入罐不戴安全带和防毒面具，或防毒面具的型号使用不当。更有甚者，当职工在罐内发生中毒时，救护人员在未采取任何防护措施的情况下，冒险施救，扩大事故伤亡人员。

5.冒险蛮干

由于设备故障而被迫停产，对企业的生产经营会产生负面影响。而企业没有真正树立起安全就是效益的理念，特别是在产品供不应求的环境下，为了尽快恢复生产，赶工期，忽视安全生产条件，在检修时没有落实安全措施而冒险蛮干，引发安全事故。

（二）化工企业设备检修作业的对策

1.兵马未动，安全先行

为使检修作业有计划有步骤地顺利进行，检修作业前，应先制定检修方案，办理《检修任务书》。检修方案包括检修项目、设备，采取的安全防范措施，检修人员及负责人，检修工期，资金来源、应急预案等。检修方案要报安全管理部门审查，审查其安全措施是否有针对性和可操作性。这样有助于停产前对检修设备进行安全处理，如卸空设备内物料，为清洗置换创造良好条件。

2.设备与系统进行可靠隔绝

无论是动火还是入罐，必须把需要检修的设备与生产系统可靠隔绝，这里所说的可靠隔绝，必须是拆除与生产工艺管道相连通的管道、设备，或插入盲板进行隔绝，以保证系统内的可燃物、有毒物无法扩散到检修设备内。禁止使用水封或关闭阀门等代替盲板或拆除管道，原因是设备长时间使用，许多与该设备连接的管道阀门关闭不到位，出现内漏现象，尤其是气体阀门。这里需要强调的是使用的盲板的材料、规格等技术条件一定要符合国家标准，要有足够的强度，能承受管道的工作压力，而且密闭不漏，不受物料腐蚀。

3.置换设备内可燃有毒气体

凡进入受限空间（原称进塔入罐）作业，必须用氮气进行置换，置换结束后还应当强制通风 24 小时后方可作业。在清洗设备前，要把设备内的可燃物或有毒介质彻底置换。常用的置换介质主要是惰性物质，如氮气、二氧化碳、水等。置换的方法视被置换介质与置换介质的比重而定，如果设备内可燃有毒气体的比重大于氮气的比重，氮气应从设备上方入口进，从设备下方出口排出，置换气体用量一般为被置换介质容积的3倍以上。以水为置换介质时，水从设备底部进入，从设备最高点溢出。

4. 对设备进行彻底清洗

容器长时间盛装易燃易爆、有毒有害物质，这些物质被吸附在设备内壁，如不彻底清洗，由于温度和压力变化的影响，这些物质会逐渐释放出来，导致发生火灾爆炸、中毒事故。清洗方法可根据设备盛装物料的性质采用水洗、蒸汽蒸煮、化学清洗等，多数物料需使用化学清洗方可彻底清洗干净。化学清洗主要采用碱洗和酸洗，清洗方法是在设备中注入配制好的氢氧化钠水溶液或盐酸，开启搅拌通入水蒸气煮沸，目的是除去设备内的氧化铁积存物和酸碱及油类物质。注意蒸汽管的末端必须伸至液体的底部，且要固定好蒸汽管，以防酸碱液溅出或蒸汽管脱落喷伤他人。

5. 进行安全分析

对设备内的可燃气体和有毒气体进行安全分析，是检验清洗置换是否彻底的重要依据。分析环节重点是要掌握好检测的时间和取样点。

检修人员进入设备前的30分钟内，必须对设备内氧含量和有害气体含量进行分析，当氧含量小于18%或大于23%时禁止进入设备；当有害气体浓度超出正常值时同样不允许进入装置。在人员进入设备开始作业后，应当每2小时对设备内气体进行分析一次。

取样点要有代表性，以使数据准确可靠。在较大的设备内作业，应采取上、中、下取样。气体分析的合格标准是：可燃气体或可燃蒸汽的含量，爆炸下限大于等于4%的，浓度应小于0.5%；爆炸下限小于4%的，浓度则应小于0.2%；有毒有害气体的含量应符合《工业企业设计卫生标准》的规定；设备内氧气含量应为18%～21%。需要强调的是，可燃气体有毒有害气体检测仪要经标准气体样品标定合格方可使用，并经常进行维护、校正，确保检测数据安全可靠。

6. 进行安全技术交底

在检修作业前，企业要对检修人员进行安全教育，对检修的任务及安全技术措施进行交底，提高检修人员的安全素质和安全知识水平。如果检修项目承包给外来单位，一定要将安全技术措施、维修设备所盛装的物料性质及危害性告知施工单位，防止盲目施工引发安全事故。同时企业要与外来施工单位签订安全施工措施保证书，明确施工单位的安全生产职责，接受所在单位安全管理部门的监督检查。

7. 办理特殊作业审批手续

办理《动火作业证》、《入罐作业证》等特殊作业审批手续是确保动火入罐作业安全的重要环节，是对各项安全措施落实情况的确认。按照作业等级及审批权限，审批人员要亲临作业现场对作业时间、作业设备、作业人员、检测分析结果、安全措施、监护人员等进行全面的核查，缺一不可。审批人员不能过于信任检修项目负责人，碍于情面，未经核实现场作业安全条件就予以审批。

8. 现场检查安全措施

办理特殊作业审批手续后，在作业前和作业中，安全管理人员要检查安全措施的落实情况，及时纠正违章作业。安全措施至少包括以下内容：

(1)切断设备动力电源，并在电闸上挂上“有人工作，严禁合闸”的警告牌；

(2)进入设备内要使用防爆型低压灯具，照明电压应小于等于36V，在潮湿容器、狭小容器内作业电压应小于等于12V，照明使用防爆灯具；

(3)正确佩戴规定的防护用具，包括防毒面具、安全带、防静电工作服等。

9. 专人监护

装置内作业，必须在可以观察到作业人员情况的入孔处设置专人进行监护，监护人员不得安排其他作业，监护人员必须了解、掌握必要的安全知识和应急救护知识，发现异常立刻采取有效措施防止作业人员发生事故。

10. 必须有应急抢救措施

进入装置作业前，有效的应急抢救措施必须清楚地写在检修命令书上。应急抢救措施应当简单、可行，事先必须经过演练证明有效。

总之，在化工企业设备检修作业中，必须严格遵守相关安全管理规定，落实各项安全措施，杜绝“三违”，消除可能存在的各种危险，确保检修作业按质按时完成，为安全生产创造良好条件。

11. 正确使用防护用品

在易燃、易爆的设备内，应穿防静电工作服，要穿着整齐，扣子要扣紧，防止起静电火花或有腐蚀性物质接触皮肤，工作服的兜内不能携带尖角或金属工具，一些小的工具，如角度尺等应装入专用的工具袋。安全帽必须保证帽带扣索紧，帽子与头佩戴合适。正确穿戴劳保手套，在一些酸、碱等腐蚀性较强的设备内作业要穿戴防酸、碱等防腐手套，手套坏了要及时更换，尤其是夏季作业手出汗多，会降低手套的绝缘性能和出现打滑现象，所以最好多备几副手套。劳保鞋要采用抗静电和防砸专用鞋。所穿的大头皮鞋，鞋底应采用缝制，不要用钉制，同时要考虑防滑性能，鞋带要系紧，保证行走方便。在有条件的塔内工作时，尽量在作业范围的塔底铺设一些石棉板或胶皮，这样即防滑又隔断了人与设备的直接接触。如图2-57所示。

图2-57 化工设备安全及检修

(三)化工设备检修的验收

检修结束时,必须进行全面的检查验收,达到保质、保量、按期完成检修任务,确保一次开车成功。

1. 验收的准备工作

(1)清理现场。检修完毕时,检修工要清理现场,将油渍、垃圾、边角废料全部清除;栏杆、安全防护罩、设备盖板、接地、接零等安全设施全部恢复原状。清点人员、工具、器材等,防止其遗留在设备或管道内。

(2)全面检查。验收交工前,要对检修情况进行全面检查。除按工艺顺序对整个生产系统进行普遍检查外,还应重点检查以下内容:

①有无漏掉的检修项目;

②检修质量是否符合要求;

③核查所有该抽、堵的盲板,是否已抽、堵;

④设备、部件、仪表、阀门等有无装错,是否符合试车要求;

⑤安全装置、控制装置是否灵敏;

⑥电机接线是否正确,转动设备盘车是否正常;

⑦冷却系统、润滑系统是否正常;

⑧DCS(分散控制系统)、SIS(安全仪表系统)、ESD(紧急停车系统)以及可燃和有毒气体检测报警仪、火灾探测报警系统等安全设施是否已恢复投用。

2. 试车与验收

试车是对检修后的设备或系统进行验证。必须经上述检查确定无误方可进行。

试车分为:单机试车、分段试车和化工联动试车。内容包括:试温、试压、试漏、试安全装置及仪表的灵敏度等。试车合格后,按规定办理验收手续,应按照检修任务书或检修施工方案中规定的项目、要求、试车记录以及验收质量标准逐项复查验收。对试车合格的设备,按规定办理交接手续。不合格的设备由检修施工单位无条件地返修。全部合格后,由检修工单位和使用单位负责人共同在检修任务书或竣工验收单上签字,正式移交生产并存档备查,同时还应移交修理记录等技术资料。以上所述的定期的中修、大修的一般安全要求,原则上也适用于小修和计划外检修。

二、典型化工设备检修与安全

(一)塔的检修

通常每年要定期停车检修一、二次,将塔设备打开,检修其内部部件。如图2-58所示。注意在拆卸塔板时,每层塔板要作出标记,以便重新装配时不致出现差错。此外,在停车检查前预先准备好备品备件,如密封件、连接件等,以更换或补充。停车检查的项目如下:

图 2-58　蒸馏塔塔隔板检修与安装

(1)取出塔板或填料,检查、清洗污垢或杂质;

(2)检测塔壁厚度,作出减薄预测曲线,评价腐蚀情况,判断塔设备使用寿命;

(3)检查塔板或填料的磨损破坏情况;

(4)检查液面计、压力表、安全阀是否发生堵塞和在规定压力下操作,必要时重新调整和校正。

(5)如果在运行中发现有异常震动,停车检查时要查明原因。

(二)压缩机的检修

1. 事故案例

1996 年 12 月 6 日,山东省某集团化工厂合成车间压缩机发生爆炸事故,造成 2 人死亡、1 人重伤。

(1)事故经过和危害

1996 年 12 月 6 日,山东省某化工集团化肥厂合成车间压缩工段检修 8 号压缩机一段和二段,更换缸头和活塞环。操作工在处理时,使一段入口管处于常压状态。检修人员先更换二段缸头和活塞环,然后更换一段。首先把封头和连杆螺母拆除。为了便于顶出活塞,便卸下里边最右侧的进气活门,活塞顶出后,再装上进气活门,更换完活塞环后往气缸里装时很费力。这时下班铃声已响过,为迅速完成任务尽快下班,工人们找来一根∅57mm 的钢管,4 人一起用钢管捣击活塞,约 30 次后,"嗵"的一声响,伴随着一团白烟,活塞从缸内崩出,击中 3 人,造成 2 人死亡、1 人重伤。

(2)事故原因分析

①此次检修是用关阀门的办法隔绝半水煤气,没有采用加载盲板的方式隔绝,致使阀门内漏,部分半水煤气进入一段缸内,在往内推活塞时半水煤气和空气的混合气受到压缩,捣击活塞时在钢管与活塞间以及活塞环处产生火花,引爆混合气是事故发生的直接原因。

②安装程序有误。在活塞装入前，不应装上气缸前部曾卸下的进气活门，致使气缸里的气体不能从活门处排出。

③检修工安全及技术素质不高，检修没有使用防爆工具，且违章操作，厂里又没进行针对性的教育。

④检修没有制定具体安全措施和施工方案，制度、规程在企业基本得不到落实，尤其是安全制度得不到落实。

2. 压缩机的检修注意事项

(1)常用的压缩机如图 2-59 和图 2-60 所示，大、中修时，必须对主轴、连杆、活塞杆等主要部件进行探伤检查。其附属的压力容器应按照国家有关压力容器和压力管道检测检验规范的规定进行检验，发现问题及时处理，确保安全运行。

(2)压缩机大、中修时，必须对可能产生积炭的部位进行全面、彻底检查，将积炭清除后方可用空气试车。严防积炭高温下发生爆炸。有条件的企业可用氮气、贫气试车。

(3)检修设备时，生产工段和检修工段应严格交接手续，并认真执行检修许可证和有关安全检修的规定，确保检修安全。

(4)添加或更换润滑油时，要检查油的标号是否符合规定。应选用闪点高、氧化和碳析出量少的高级润滑脂；注油量要适当，并经过三级过滤。禁止用闪点低于规定的润滑油代用。

(5)特殊性气体(如氧气)压缩机，对其设备、管道、阀门及附件，严禁用含油纱布擦拭，不得被油类污染。检修后应进行脱脂处理，还应设置可燃性气体泄漏监视仪器。

(6)压缩机房内禁止任意堆放易燃物品，如破油布、棉纱及木屑等。

(7)移动式空气压缩机应远离排放可燃性气体的地点设置，其电器线路必须完整、绝缘良好，接地装置安全可靠。

(8)安全装置、各种仪表、联锁系统等必须按期校验和检修。

(9)压缩机的试运转、无负荷试车、负荷试车和可燃性气体、有毒气体、氧气压缩机机组、附属设备及管路系统的吹除和置换，应按有关规定进行。

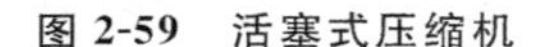

图 2-59 活塞式压缩机

图 2-60 螺杆压缩机

(三)换热器的检修

换热器的检查和清洗分两个阶段进行。如图 2-61 所示。

图 2-61　换热器检修与安装

1. 操作运行中的检查和清洗

操作运行中检查和清洗是一种积极的维护方法,它既能早期发现异常并采取相应的措施,又可保持管束表面清洁,保证传热效果和防止腐蚀。

(1)定期检查流量、压力和温度等操作记录

①如果发现压力损失增加,说明管束内外有结垢和堵塞现象发生;

②如果换热温度达不到设计工艺参数要求,说明管内外壁产生污垢,传热系数下降,传热速率恶化;

③通过低温流体出口取样,分析其颜色、比重、黏度来检查管束的破坏、泄漏情况,如果冷却水的出口黏度高,可能是因管壁结垢、腐蚀速度加快和管束胀口泄漏所致。

(2)定期检查壳体内外表面的腐蚀和磨损情况,通常采用超声波测厚仪或其他非破坏性测厚仪器,从外部测定估计会产生腐蚀、减薄的壳体部位。

(3)清洗。清洗主要分为高压水力清洗和化学清洗两种,水力清洗一般是指管内侧的用高压水枪清洗,对于管束内结垢进行清洗,清除管内壁的污垢;化学清洗是用配制的化学清洗液在管束内,循环加压流动,将管束内的污垢溶解去除。

2. 停车时检查和清洗

(1)检查换热器管内外表面的结垢情况、有无异物堵塞和污染的程度。

(2)测定壁厚,检查管壁减薄和腐蚀情况。

(3)检查焊接部位的腐蚀和裂纹情况。因焊接部位较母材更易腐蚀,故应仔细检查。管子与管板焊接处的非贯穿性裂纹可用着色法检查。对发生破坏前正在减薄的黑色及有色金属管壁和点蚀情况的检查,国外采用涡流(电磁)测试技术。检查的部位有侧面入口管的管子表面、换热管管端入口部位、折流板、换热管接触部位和流体拐弯部位。管束内部检查,可利用管内检查器或利用光照进行肉眼检查。

对管束装配部位的松动情况，可使用试验环进行泄漏试验检查，根据漏水情况可检查出管子穿孔、破裂及管子与管板接头泄漏的位置。如果发现泄漏，应再进行胀管或焊接装配。

(4)清洗。换热器解体后，可根据换热器的形状、污垢的种类和使用厂的现有设备情况，选用下述的清洗方法：

①水力清洗即利用高压泵(输出压力 $100\sim200\times10^2$ kPa)喷出高压水以除去换热器管外侧污垢。

②化学清洗即采用化学药液、油品在换热器内部循环，将污垢溶解除去。此方法的特点：一是可不使换热器解体而除污，有利于大型换热设备的除垢；二是可以清洗其他方法难以清除的污垢；三是在清洗过程中，不损伤金属和有色金属衬里。

常用的化学清洗是酸洗法，即用盐酸作为酸洗溶液。由于酸能腐蚀钢铁基体，因此，在酸洗溶液中须加入一定量的缓蚀剂，以抑制基体的腐蚀。

③机械清洗。该法用于管子内部清洗，在一根圆棒或管子的前端装上与管子内径相同的刷子、钻头、刀具，插入到管子，一边旋转一边向前(或向下)推进以除去污垢。此法不仅适用于直管也可用于弯管，对于不锈钢管则可用尼龙刷代替钢丝刷。

(四)化工安全检修项目

1. 实行检修许可证制度

化工生产装置停车检修，尽管经过全面吹扫、蒸煮水洗、置换、抽加盲板等工作，但检修前仍须对装置系统内部进行取样分析、测爆，进一步核实空气中可燃或有毒物质是否符合安全标准，认真执行安全检修票证制度。

2. 检修作业安全要求

为保证检修安全工作顺利进行，应做好以下几个方面的工作：

(1)参加检修的一切人员都应严格遵守检修指挥部颁布的《检修安全规定》；

(2)开好检修班前会，向参加检修的人员进行“五交”，即交待施工任务、交待安全措施、交待安全检修方法、交待安全注意事项、交待遵守有关安全规定，认真检查施工现场，落实安全技术措施；

(3)严禁使用汽油等易挥发性物质擦洗设备或零部件；

(4)进入检修现场人员必须按要求着装，佩戴安全帽和安全带；

(5)认真检查各种检修工器具，发现缺陷，立即消除，不能凑合使用，避免发生事故；

(6)消防井、栓周围 5 米以内禁止堆放废旧设备、管线、材料等物件，确保消防、救护车辆的通行；

(7)检修施工现场，不许存放可燃、易燃物品；

(8)严格贯彻谁主管谁负责检修原则和安全监察制度。

3. 检修动火

化工装置检修动火量大，危险性也较大。因为装置在生产过程中，盛装多种有毒有害、易燃易爆物料，虽经过一系列的处理工作，但是由于设备管线较多，加之结构复杂，难以达到理想条件，很可能留有死角，因此凡检修动火部位和地区，必须按动火要求，采取措施，办理审批手续。

审批动火应考虑两个问题：一是动火设备本身，二是动火的周围环境。动火施工，必须经过生产单位负责人检查，落实措施，办好动火证，签字认可后方可动火。要做到"三不动火"，即：没有动火证不动火，防火措施不落实不动火，监管人不在现场不动火。动火人接到批准的动火证后，应检查动火部位和防火措施是否都已落实。如未落实，动火执行人有权拒绝动火；切不能接到动火证后不闻不问，盲目动火。由生产单位指派的动火监护人，应熟悉工艺流程，了解介质的化学物理性能，会使用消防器材、防毒器材，会急救。动火前应按动火证要求检查防火措施落实情况，动火和监火过程中应随时注意环境变化，发现异常情况，立即停止动火。收工时要检查现场，不得留有余火。动火监护人一定要自始至终在现场监护，不能擅离岗位或玩忽职守。

(1)电焊作业的安全措施

为防止触电，电焊工所用的工具必须绝缘；电焊机壳接地必须良好；电线必须完整不破皮，防止受外界高温烘烤或压轧而破坏；在闭合或拉开电源闸刀时，应带干燥的绝缘手套，防止触电或保险丝熔断时产生弧光烧伤皮肤；在金属容器设备内或潮湿环境作业，应采用绝缘衬垫以保证焊工与焊件绝缘；电焊工不得携带电焊把钳进出设备，带电的把钳应由外面的配合人递进递出；工作间断时，应把钳放在干燥的木板上或绝缘良好处。焊工施焊应穿绝缘胶鞋，戴绝缘手套；电焊与气焊在同地点作业时，电焊设备与气焊设备以及把线和气焊胶管，都应该分离开，相互间不小于 5 米的距离，防止热辐射。如图 2-62 所示。

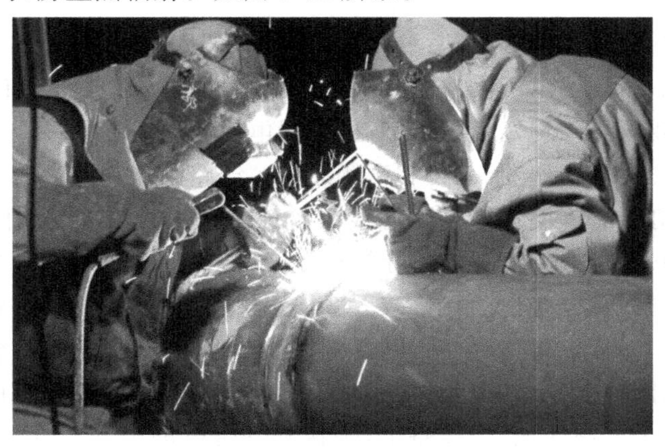

图 2-62　电焊作业

(2)气焊及气割安全措施

目前气焊作业，已陆续淘汰浮筒式乙炔发生器，使用操作简便的溶解乙炔瓶。乙炔瓶是用低合金钢焊接而成，瓶内充满硅酸钙多孔填料，并加入丙酮 14.1kg，充装乙炔 7.3kg，适合于 40℃以下的工作环境。在钢瓶肩部和瓶阀上各设置易熔塞一个，其熔化动作温度100±5℃，瓶阀外设有保护瓶帽，瓶体上下有防震胶圈两个，以防止运输中碰撞，破坏瓶体、瓶阀。钢瓶里的丙酮均匀分布在多孔的固体硅酸钙填料里，然后注入的乙炔就溶解在丙酮里，由于乙炔气分子为丙酮液体分子所隔离，产生连锁爆炸反应受到限制，因此，不易产生爆炸。

乙炔瓶在使用时必须垂直放置，严禁倒放使用，防止液体丙酮随乙炔流出，遇明火造成火灾事故。乙炔瓶不应受剧烈震动和撞击，以防瓶内硅酸钙多孔填料震碎下沉而形成空洞，影响乙炔储存，同时禁止横卧滚动。如发现滚动，必须垂直放置1小时后方可使用。乙炔瓶表面温度不应超过40℃，因为温度过高会降低丙酮对乙炔的溶解度，而使瓶内压力增高，因此夏季要避开炽热的阳光曝晒，露天作业最好用掩体遮盖，瓶体禁止与热源接触。冬季使用时，如发现瓶阀冻结，严禁用明火烘烤，必要时可用40℃以下的热水解冻。乙炔瓶距明火、热源不能小于10米，与氧气瓶之间的距离不小于5米。乙炔减压器与瓶连接必须牢固可靠，减压阀后应安装阻火器，严禁在漏气情况下使用。如发现瓶阀、减压器、易熔塞着火时，用干粉灭火器或二氧化碳灭火器扑救，禁用四氯化碳灭火器扑救。遇孔隙率低的乙炔瓶，使用时丙酮外流，经稳定处理后，可将瓶阀稍打开一点（约半扣），将乙炔减压器调节到所需最低工作压力。如还不能奏效，立即停用，将瓶退回乙炔站。乙炔瓶在使用过程中，其低压工作压力不宜超过0.098MPa，一般以0.0294～0.0687MPa为宜。

乙炔瓶和氧气瓶应尽量避开同车运输，迫不得已同车装运时，瓶嘴不应对面放，应相互平行和相背放置，防止震动阀漏，发生事故。

4.检修用电

检修使用的电气设施有两种：一是照明电源，二是检修施工机具电源（卷扬机、空压机、电焊机）。上述电气设施的接线工作，须由电工操作，其他工种不得私自接线。电气设施要求绝缘良好，线路没有破损漏电现象。线路敷设应整齐，埋地或架高敷设均不能影响施工作业、人行和车辆通过。线路不能与热源、火源接近。移动或局部式照明灯要有铁网罩保护。光线阴暗处、设备内以及夜间作业要有足够的照明，临时照明灯具悬吊时，不能使导线承受张力，必须用附属的吊具来悬吊。

行灯应用导线预先接地。检修装置现场禁用闸刀开关板。正确选用熔断丝，不准超载使用。电器设备，如电钻、电焊机等手持电动机具，在正常情况下，外壳没有电，当内部线圈年久失修，受到腐蚀或机械损伤，其绝缘遭到破坏时，它的金属外壳就会带电，如果人站在地上、设备上，手接触到带电的电气工具外壳或人体接触到带电导体上，人体与脚之间产生了电位差，并超过40V，就会发生触电事故。因此使用电气工具，其外壳应可靠接地，并安装漏电保护器，避免触电事故发生。国外某工厂检修一台直径1m的溶解锅时，检修人员在锅内作业使用220V电源，功率仅0.37kW的电动砂轮机打磨焊缝表面，因砂轮机绝缘层破损漏电，背脊碰到锅壁，触电死亡。

电气设备着火、触电，应首先切断电源。不能用水灭电气火灾，应使用二氧化碳灭火器，也可用干粉器扑救；如触电，可用木棍将电线挑开，当触电人停止呼吸时，应对其进行人工呼吸和心肺复苏术，并紧急送医院急救。电气设备检修时，应先切断电源，并挂上“有人工作，严禁合闸”的警告牌。停电作业应履行停、复用电手续。停用电源时，应在开关箱上加锁或取下熔断器。在生产装置运行过程中，应先办理用火安全许可证，然后申请临时用电票。电源开关要采用防爆型，电线绝缘要良好，宜空中架设，远离传动设备、热源、酸碱等。抢修现场使用临时照明灯具宜为防爆型，进入受限空间作业，使用安全电压或使用不大于 15mA 的漏电保护器，严禁使用无防护罩的行灯。

5. 高处作业

凡在坠落高度基准面 2 米以上（含 2 米）有可能发生坠落危险的作业，均称为高处作业。作业高度在 2～5 米时，称为一级高处作业；作业高度在 5～15 米时，称为二级高处作业；作业高度在 15～30 米时，称为三级高处作业；作业高度在 30 米以上时，称为特级高处作业。

发生高处坠落事故的原因主要是：洞、坑无盖板或检修中移去盖板；平台、扶梯的栏杆不符合安全要求，临时拆除栏杆后没有防护措施，不设警告标志；高处作业不挂安全带、不挂安全网；梯子使用不当或梯子不符合安全要求；不采取任何安全措施，在石棉瓦之类不坚固的结构上作业；脚手架有缺陷；高处作业用力不当、重心失稳；工器具失灵，配合不好，危险物料伤害坠落；作业附近对电网设防不妥触电坠落等。如图 2-63 所示。

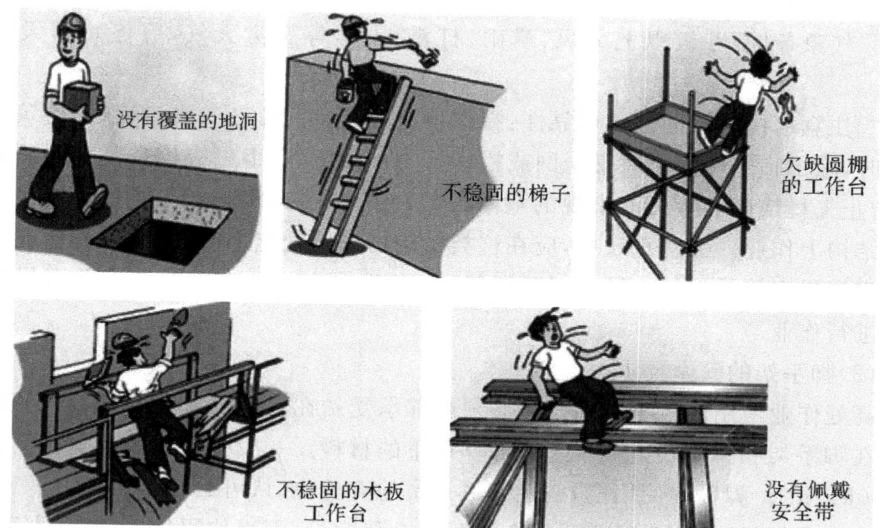

图 2-63　不规范的高空作业

一名体重为 60kg 的工人，从 5 米高处滑下坠落地面，经计算可产生 300kg 冲击力，会致人死亡。

(1)高处作业的一般安全要求

①作业人员:患有精神病、高血压、心脏病等职业禁忌证的人员不准参与高处作业。检修人员饮酒、精神不振时禁止登高作业。作业人员必须持有作业票。

②作业条件:高处作业必须戴安全帽、系安全带。作业高度 2 米以上应设置安全网,并根据位置的升高随时调整。高度超 15 米时,应在作业位置垂直下方 4 米处,架设一层安全网,且安全网数不得少于 3 层。

③现场管理:高处作业现场应设有围栏或其他明显的安全界标,除有关人员外,不准其他人在作业点的下面通行或逗留。

④防止工具材料坠落:高处作业应一律使用工具袋。较粗、重工具用绳拴牢在坚固的构件上,不准随便乱放;在格栅式平台上工作,为防止物件坠落,应铺设木板;递送工具、材料不准上下投掷,应用绳系牢后上下吊送;上下层同时进行作业时,中间必须搭设严密牢固的防护隔板、罩棚或其他隔离设施;工作过程中除指定的、已采取防护围栏处或落料管槽可以倾倒废料外,任何作业人员严禁向下抛掷物料。

⑤防止触电和中毒:脚手架搭设时应避开高压电线,无法避开时,作业人员在脚手架上活动范围及其所携带的工具、材料等与带电导线的最短距离要大于安全距离(电压等级≤110kV,安全距离为 2.5m;220kV,4m;330kV,5m)。高处作业地点靠近放空管时,事先与生产车间联系,保证高处作业期间生产装置不向外排放有毒有害物质,并事先向高处作业的全体人员交代明白,万一有毒有害物质排放时,应迅速采取撤离现场等安全措施。

⑥气象条件:五级以上大风、暴雨、打雷、大雾等恶劣天气,应停止露天高处作业。

⑦注意结构的牢固性和可靠性:在槽顶、罐顶、屋顶等设备或建筑物、构筑物上作业时,除了临空一面应装安全网或栏杆等防护措施外,事先应检查其牢固可靠程度,防止失稳或破裂等可能出现的危险;严禁直接站在油毛毡、石棉瓦等易碎裂材料的结构上作业。为防止误登,应在这类结构的醒目处挂上警告牌;登高作业人员不准穿塑料底等易滑的或硬性厚底的鞋子;冬季严寒作业应采取防冻防滑措施或轮流进行作业。

(2)脚手架的安全要求

高处作业使用的脚手架和吊架必须能够承受站在上面的人员、材料等的重量。禁止在脚手架和脚手板上放置超过计算荷重的材料。一般脚手架的荷重量不得超过 $270kg/m^2$。脚手架使用前,应经有关人员检查验收、认可后方可使用。

①脚手架材料:脚手架应采用金属管和金属挑板,不得使用竹、木搭设脚手架。

②脚手架的连接与固定:脚手架要与建筑物连接牢固。禁止将脚手架直接搭靠在楼板的木楞上及未经计算荷重的构件上,也不得将脚手架和脚手架板固定在栏杆、管子等不十分牢固的结构上;金属管脚手架的立竿应垂直地稳放在垫板上,

垫板安置前需把地面夯实、整平。立竿应套上由支柱底板及焊在底板上的管子组成的柱座，连接各个构件间的铰链螺栓一定要拧紧。

③脚手板、斜道板和梯子：脚手板和脚手架应连接牢固；脚手板的两头都应放在横杆上，固定牢固，不准在跨度间有接头；脚手板与金属脚手架则应固定在其横梁上。斜道板要满铺在架子的横杆上；斜道两边、斜道拐弯处和脚手架工作面的外侧应设 1.2 米高的栏杆，并在其下部加设 18 厘米高的挡脚板；通行手推车的斜道坡度不应＞1∶7，其宽度单方向通行应＞1 米，双方向通行＞1.5 米；斜道板厚度应＞5 厘米。脚手架一般应装有牢固的梯子，以便作业人员上下和运送材料。使用起重装置吊重物时，不准将起重装置和脚手架的结构相连接。

④临时照明：脚手架上禁止乱拉电线。必须装设临时照明时，金属脚手架应另设横担，并加绝缘子。

⑤冬季、雨季防滑：冬季、雨季施工应及时清除脚手架上的冰雪、积水，并要撒上砂子、锯末、炉灰或铺上草垫。

⑥拆除：脚手架拆除前，应在其周围设围栏，在通向拆除区域的路段挂警告牌；大型脚手架拆除时应有专人负责监护；敷设在脚手架上的电线和水管先切断电源、水源，然后拆除，电线拆除由电工承担；拆除工作应由上而下分层进行，拆下来的配件用绳索捆牢，并用起重设备或绳子吊下，不准随手抛掷；不准用整个推倒的办法或先拆下层主柱的方法来拆除；栏杆和扶梯不应先拆掉，而要与脚手架的拆除工作同时配合进行；在电力线附近拆除时应停电作业，若不能停电应采取防触电和防碰坏电路的措施。

⑦悬吊式脚手架和吊篮：悬吊式脚手架和吊篮应经过设计和验收，所用的钢丝绳及大绳的直径要由计算决定。计算时安全系数：吊物用不小于 6、吊人用不小于 14；钢丝绳和其他绳索事前应作 1.5 倍静荷重试验，吊篮还需作动荷重试验。动荷重试验的荷重为 1.1 倍工作荷重，作等速升降，记录试验结果；每天使用前应由作业负责人进行挂钩，并对所有绳索进行检查；悬吊式脚手架之间严禁用跳板跨接使用；拉吊篮的钢丝绳和大绳，应不与吊篮边沿、房檐等棱角相摩擦；升降吊篮的人力卷扬机应有安全制动装置，以防止因操作人员失误使吊篮落下；卷扬机应固定在牢固的地锚或建筑物上，固定处的耐拉力必须大于吊篮设计荷重的 5 倍；升降吊篮由专人负责指挥。使用吊篮作业时，应系安全带，安全带拴在建筑物的可靠处。有些企业已将高处作业列入危险作业，要求事前制定作业方案，经过有关部门审批。

6.起重吊装作业

(1)起重吊装作业分级。重量大于 100 吨，为一级吊装作业；重量大于 40 吨小于 100 吨，为二级吊装作业；重量小于 40 吨，为三级吊装作业。重大吊装作业，必须设计施工方案，施工单位技术负责人审批后送生产单位批准：对吊装人员进行技术交底，学习讨论吊装方案。

(2)吊装作业前准备。起重工应对所有起重机具进行检查，对设备性能、新旧程度、最大负荷要了解清楚。使用旧工具、设备时，应按新旧程度折扣计算最大荷重。起重设备应严格根据核定负荷使用，严禁超载，吊运重物时应先进行试吊，离地20～30厘米，停下来检查设备、钢丝绳、滑轮等，经确认安全可靠后再继续起吊。二次起吊上升速度不超 8m/min，平行速度不超过 5m/min。

(3)吊装作业时注意事项。起吊中应保持平稳，禁止猛走猛停，避免引起冲击、碰撞、脱落等事故。起吊物在空中不应长时间滞留，并严格禁止在重物下方行人或停留。长大物件起吊时，应设有"溜绳"，控制被吊物件平稳上升，以防物件在空中摇摆。起吊现场应设置警戒线，并有"禁止入内"等标志牌。起重吊运不应随意使用厂房梁架、管线、设备基础，条件不允许时，一定要正确估计荷重，防止损坏基础和建筑物，并要征得有关单位的同意。

(4)大雪、暴雨、大雾和六级风以上大风等恶劣天气，禁止露天吊装作业。

(5)起重作业必须做到"十不吊"，即无人指挥或者信号不明不吊；斜吊和斜拉不吊；物件有尖锐棱角与钢绳未垫好不吊；重量不明或超负荷不吊；起重机械有缺陷或安全装置失灵不吊；吊杆下方及其转动范围内站人不吊；光线阴暗，视物不清不吊；吊杆与高压电线没有保持应有的安全距离不吊；吊挂不当不吊；人站在起吊物上或起吊物下方有人不吊，如图 2-64 所示。

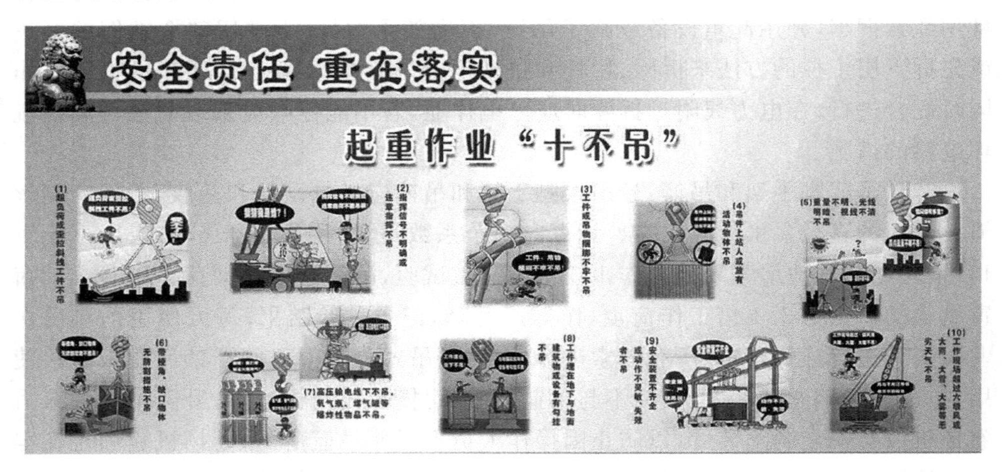

图 2-64 "十不吊"

试验表明，线接触钢丝绳比点接触钢丝绳寿命长。选用的钢丝绳应具有合格证，没有合格证的，使用前可截取 1～1.5m 长的钢丝绳进行强度试验。未经过试验的钢丝绳不应使用。

第四节　防火防爆安全技术

昆山"8·2"特别重大爆炸事故

2014年8月2日7时34分,位于江苏省苏州市昆山市某公司抛光二车间(即4号厂房,以下简称事故车间)发生特别重大铝粉尘爆炸事故,当天造成75人死亡、185人受伤。依照《生产安全事故报告和调查处理条例》(国务院令第493号)规定的事故发生后30日报告期,共有97人死亡、163人受伤(事故报告期后,经全力抢救医治无效陆续死亡49人,95名伤员在医院治疗,病情基本稳定),直接经济损失3.51亿元。

图2-65　江苏昆山某公司铝粉爆炸

1.事故发生经过

2014年8月2日7时,事故车间员工上班。7时10分,除尘风机开启,员工开始作业。7时34分,1号除尘器发生爆炸。爆炸冲击波沿除尘管道向车间传播,除尘系统内和车间集聚的扬起的铝粉尘发生系列爆炸。当场造成47人死亡、当天经送医院抢救无效死亡28人,185人受伤,事故车间和车间内的生产设备被损毁。

2.事故原因分析

(1)直接原因

事故车间除尘系统较长时间未按规定清理,铝粉尘集聚。除尘系统风机开启后，打磨过程产生的高温颗粒在集尘桶上方形成粉尘云。1号除尘器集尘桶锈蚀破损，桶内铝粉受潮，发生氧化放热反应，达到粉尘云的引燃温度，引发除尘系统及车间的系列爆炸。

因没有泄爆装置，爆炸产生的高温气体和燃烧物瞬间经除尘管道从各吸尘口喷出，导致全车间所有工位操作人员直接受到爆炸冲击，造成群死群伤。

原因分析：

由于一系列违法违规行为，整个环境具备了粉尘爆炸的五要素，引发爆炸。粉尘爆炸的五要素包括：可燃粉尘、粉尘云、引火源、助燃物、空间受限。

①可燃粉尘。事故车间抛光轮毂产生的抛光铝粉，主要成分为88.3%的铝和10.2%的硅，抛光铝粉的粒径中位值为19微米，经实验测试，该粉尘为爆炸性粉尘，粉尘云引燃温度为500℃。事故车间、除尘系统未按规定清理，铝粉尘沉积。

②粉尘云。除尘系统风机启动后，每套除尘系统负责的4条生产线共48个工位抛光粉尘通过一条管道进入除尘器内，由滤袋捕集落入到集尘桶内，在除尘器灰斗和集尘桶上部空间形成爆炸性粉尘云。

③引火源。集尘桶内超细的抛光铝粉，在抛光过程中具有一定的初始温度，比表面积大，吸湿受潮，与水及铁锈发生放热反应。除尘风机开启后，在集尘桶上方形成一定的负压，加速了桶内铝粉的放热反应，温度升高达到粉尘云引燃温度。

●铝粉沉积：1号除尘器集尘桶未及时清理，估算沉积铝粉约20kg。

●吸湿受潮：事发前两天当地连续降雨；平均气温31℃，最高气温34℃，空气湿度最高达到97%；1号除尘器集尘桶底部锈蚀破损，桶内铝粉吸湿受潮。

●反应放热：根据现场条件，利用化学反应热力学理论，模拟计算集尘桶内抛光铝粉与水发生的放热反应，在抛光铝粉呈絮状堆积、散热条件差的条件下，可使集尘桶内的铝粉表层温度达到粉尘云引燃温度500℃。

桶底锈蚀产生的氧化铁和铝粉在前期放热反应触发下，可发生“铝热反应”，释放大量热量使体系的温度进一步增加。

放热反应方程式：

$$2Al+6H_2O \xlongequal{} 2Al(OH)_3+3H_2$$

$$4Al+3O_2 \xlongequal{} 2Al_2O_3$$

$$2Al+Fe_2O_3 \xlongequal{} Al_2O_3+2Fe$$

④助燃物。在除尘器风机作用下，大量新鲜空气进入除尘器内，支持了爆炸发生。

⑤空间受限。除尘器本体为倒锥体钢壳结构，内部是有限空间，容积约8立方米。

(2)管理原因

①该公司无视国家法律，违法违规组织项目建设和生产，是事故发生的主要原因。

●厂房设计与生产工艺布局违法违规。

●除尘系统设计、制造、安装、改造违规。

●车间铝粉尘集聚严重。

●安全生产管理混乱。

●安全防护措施不落实。

②有关部门安全生产红线意识不强、对安全生产工作重视不够，是事故发生的重要原因。

一、火灾爆炸概述

化工生产中所使用的原材料、中间产品以及成品多数都具有易燃易爆的性质，工艺装置比较集中且连续，生产在高温、高压或低温、化学腐蚀等条件下进行，并且具有复杂的化学反应。发生火灾后因其燃烧速度快、爆炸威力强，故而波及面积大，生产装置破坏严重，造成操作人员受到伤害和给企业带来经济损失。化工生产过程中始终存在着火灾爆炸危险因素，分析事故可能发生的原因，采取安全防范措施，从多方面设防，杜绝危险危害发生所必要的条件，降低事故率。一方面采用合理的工艺和安全操作，另一方面建筑采取安全防护措施，利用防爆墙将易发生爆炸的部位进行隔离，一旦发生火灾爆炸可以减少破坏面积，利用门窗、轻质屋面、轻质墙体泄压减少破坏程度。

火灾和爆炸事故，大多是由危险性物质的物性造成的。而化学工业需要处理多种大量的危险性物质，这类事故的多发性是化学工业的一个显著特征。火灾和爆炸的危险性取决于处理物料的种类、性质和用量，危险化学反应的发生，装置破损泄漏以及误操作的可能性等。化学工业中的火灾和爆炸事故，形式多种多样，但究其原因和背景，便可发现有共同的特点，即人的行为起着重要作用。实际上，装置的结构和性能、操作条件以及有关的人员是一个统一体，对装置没有进行正确的安全评价和综合的安全管理是事故发生的重要原因。

二、物料的火灾爆炸危险

(一)气体火灾爆炸危险性指标

爆炸极限和自燃点是评价气体火灾爆炸危险性的主要指标。气体的爆炸极限越宽，爆炸下限越低，火灾爆炸的危险性越大。气体的自燃点越低，越容易起火，火灾爆炸的危险性就越大。此外，气体温度升高，爆炸下限降低；气体压力增加，爆炸极限变宽。所以气体的温度、压力等状态参数对火灾爆炸危险性也有一定影响。

气体的扩散性能对火灾爆炸危险性也有重要影响。可燃气体或蒸气在空气中的扩散速度越快，火焰蔓延得越快，火灾爆炸的危险性就越大。密度比空气小的可燃气体在空气中随风漂移，扩散速度比较快，火灾爆炸危险性比较大。密度比空气大的可燃气体泄漏出来，往往沉积于地表死角或低洼处，不易扩散，火灾爆炸危险性比密度较小的气体小。

(二)液体火灾爆炸危险性指标

闪点和爆炸极限是液体火灾爆炸危险性的主要指标。闪点越低,液体越容易起火燃烧,燃烧爆炸危险性越大。液体的爆炸极限与气体的类似,可以用液体蒸气在空气中爆炸的浓度范围表示。液体蒸气在空气中的浓度与液体的蒸气压有关,而蒸气压的大小是由液体的温度决定的。所以,液体爆炸极限也可以用温度极限来表示。液体爆炸的温度极限越宽,温度下限越低,火灾爆炸的危险性越大。

液体的沸点对火灾爆炸危险性也有重要的影响。液体的挥发度越大,越容易起火燃烧。而液体的沸点是液体挥发度的重要表征。液体的沸点越低,挥发度越大,火灾爆炸的危险性就越大。

液体的化学结构和相对分子质量对火灾爆炸危险性也有一定的影响。在有机化合物中,醚、醛、酮、酯、醇、羧酸等的火灾危险性依次降低。不饱和有机化合物比饱和有机化合物的火灾危险性大。有机化合物的异构体比正构体的闪点低,火灾危险性大。氯、羟基、氨基等芳烃苯环上的氢取代衍生物,火灾危险性比芳烃本身低,取代基越多,火灾危险性越低。但硝基衍生物恰恰相反,取代基越多,爆炸危险性越大。同系有机化合物,如烃或烃的含氧化合物,相对分子质量越大,沸点越高,闪点也越高,火灾危险性越小。但是相对分子质量大的液体,一般发热量高,蓄热条件好,自燃点低,受热容易自燃。

图 2-66　液体火灾爆炸

(三)固体火灾爆炸危险性指标

固体的火灾爆炸危险性主要取决于固体的熔点、着火点、自燃点、比表面积及热分解性能等。固体燃烧一般要在气化状态下进行。熔点低的固体物质容易蒸发或气化,着火点低的固体则容易起火。许多低熔点的金属有闪燃现象,其闪点大都在100℃以下。固体的自燃点越低,越容易着火。固体物质中分子间隔小,密度大,受热时蓄热条件好,所以它们的自燃点一般都低于可燃液体和可燃气体。粉状固体的自燃点比块状固体低一些，其受热自燃的危险性要大一些。

固体物质的氧化燃烧是从固体表面开始的，所以固体的比表面积越大，和空气中氧的接触机会越多，燃烧的危险性越大。许多固体化合物含有容易游离的氧原子或不稳定的单体，受热后极易分解释放出大量的气体和热量，从而引发燃烧和爆炸，如硝基化合物、硝酸酯、高氯酸盐、过氧化物等。物质的热分解温度越低，其火灾爆炸危险性就越大。

三、化学反应的火灾爆炸危险

（一）氧化反应

所有含有碳和氢的有机物质都是可燃的，特别是沸点较低的液体被认为有严重的火险。如汽油类、石蜡油类、醚类、醇类、酮类等有机化合物，都是具有火险的液体。许多燃烧性物质在常温下与空气接触就能反应释放出热量，如果热量的释放速率大于消耗速率，就会引发燃烧。

在通常工业条件下易于起火的物质被认为具有严重的火险，如粉状金属、硼化氢、磷化氢等自燃性物质，闪点等于或低于28℃的液体，以及易燃气体。这些物质在加工或储存时，必须与空气隔绝，或是在较低的温度条件下。

在燃烧和爆炸条件下，所有燃烧性物质都是危险的，这不仅是由于存在足够多的将其点燃并释放出危险烟雾的热量，而且由于小的爆炸有可能扩展为易燃粉尘云，引发更大的爆炸。

（二）水敏性反应

许多物质与水、水蒸气或水溶液发生放热反应，释放出易燃或爆炸性气体。这些物质包括锂、钠、钾、钙、铷、铯以上金属的合金或汞齐、氢化物、氮化物、硫化物、碳化物、硼化物、硅化物、碲化物、硒化物、砷化物、磷化物、酸酐、浓酸或浓碱。

在上述物质中，截至氢化物的八种物质，与潮气会发生程度不同的放热反应，并释放出氢气。从氮化物到磷化物的九种物质，与潮气会发生程度不同的迅速反应，并生成挥发性的、易燃的，有时是自燃或爆炸性的氢化物。酸酐、浓酸或浓碱与潮气作用只是释放出热量。

（三）酸敏性反应

许多物质与酸和酸蒸气发生放热反应，释放出氢气和其他易燃或爆炸性气体。这些物质包括前述的除酸酐和浓酸以外的水敏性物质，金属和结构合金，以及砷、硒、碲和氰化物等。

四、防火防爆措施

把人员伤亡和财产损失降至最低限度是防火防爆的基本目的。预防发生、限制扩大、灭火熄爆是防火防爆的基本原则。对于易燃易爆物质的安全处理，以及对于引发火灾和爆炸的点火源的安全控制是防火防爆的基本内容。

图 2-67 造成安全事故的原因分析(漫画)

(一)易燃易爆物质安全防护

对于易燃易爆气体混合物,应该避免在爆炸范围之内加工。可采取下列措施:

(1)限制易燃气体组分的浓度在爆炸下限以下或爆炸上限以上;

(2)用惰性气体取代空气;

(3)把氧气浓度降至极限值以下。

对于易燃易爆液体,加工时应该避免使其蒸气的浓度达到爆炸下限。可采取下列措施:

(1)在液面之上施加惰性气体保护;

(2)降低加工温度,保持较低的蒸气压,使其无法达到爆炸浓度。

对于易燃易爆固体,加工时应该避免暴热使其蒸气达到爆炸浓度,应该避免形成爆炸性粉尘。可采取下列措施:

(1)粉碎、研磨、筛分时,施加惰性气体保护;

(2)加工设备配置充分的降温设施,迅速移除摩擦热、撞击热;

(3)加工场所配置良好的通风设施,使易燃粉尘迅速排除,不至于达到爆炸浓度。

(二)点火源的安全控制

对于点火源的控制,本书不做重点介绍,这里仅对引发火灾爆炸事故较多的几种火源加以说明。

1.明火

明火主要是指生产过程中的加热用火、维修用火及其他火源。加热易燃液体时，应尽量避免采用明火，而应采用蒸汽、过热水或其他热载体加热。如果必须采用明火，设备应该严格密闭，燃烧室与设备应该隔离设置。凡是用明火加热的装置，必须与有火灾爆炸危险的装置相隔一定的安全距离，防止装置泄漏引起火灾。在有火灾爆炸危险的场所，应采用防爆照明电器。

在有易燃易爆物质的工艺加工区，应该严格控制切割和焊接等动火作业，将需要动火的设备和管段拆卸至安全地点维修。进行切割和焊接作业时，应严格执行动火作业安全规定。在可能积存有易燃液体或易燃气体的管沟、下水道、渗坑内及其附近，在危险消除之前不得进行动火作业。

2.摩擦与撞击

在化工行业中，摩擦与撞击是许多火灾和爆炸的重要原因。如机器上的轴承等转动部分摩擦发热起火；金属零件、螺钉等落入粉碎机、提升机、反应器等设备内，由于铁器和机件撞击起火；铁器工具与混凝土地面撞击产生火花等。

机器轴承要及时加油，保持润滑，并经常清除附着的可燃污垢。可能摩擦或撞击的两部分应采用不同的金属制造，摩擦或撞击时便不会产生火花。铅、铜和铝都不发生火花，而铍青铜的硬度不逊于钢。为避免撞击起火，应该使用铍青铜或镀铜钢的工具，设备或管道容易遭受撞击的部位应该用不产生火花的材料覆盖起来。

搬运盛装易燃液体或气体的金属容器时，不要抛掷、拖拉、震动，防止互相撞击，以免产生火花。防火区严禁穿带钉子的鞋，地面应铺设不发生火花的软质材料。

3.高温热表面

加热装置、高温物料输送管道和机泵等，其表面温度都比较高，应防止可燃物落于其上而着火。可燃物的排放口应远离高温热表面。如果高温设备和管道与可燃物装置比较接近，高温热表面应该有隔热措施。加热温度高于物料自燃点的工艺过程，应严防物料外泄或空气进入系统。

4.电气火花

电气设备所引起的火灾爆炸事故，多由电弧、电火花、电热或漏电造成。在火灾爆炸危险场所，根据实际情况，在不至于引起运行上特殊困难的条件下，应该首先考虑把电气设备安装在危险场所以外区域或另设正压通风隔离。在火灾爆炸危险场所，应尽量少用携带式电气设备。

根据电气设备产生火花、电弧的情况以及电气设备表面的发热温度，对电气设备本身采取各种防爆措施，以供在火灾爆炸危险场所使用。火灾爆炸危险场所在选用电气设备时，应该根据危险场所的类别、等级和电火花形成的条件，并结合物料的危险性，选择相应的电气设备，所选择防爆电气设备必须与爆炸性混合物的危险程度相适应。一般是根据爆炸混合物的等级选用电气设备的。防爆电器设备所适用的级别和组别应不低于场所内爆炸性混合物的级别和组别。当场所内存在两种或两种以上的爆炸性混合物时，应按危险程度较高的级别和组别选用电气设备。

五、防火防爆基本方法

为了防火防爆安全，对火灾爆炸危险性比较大的物料，应该采取安全措施。首先应考虑通过优化工艺设计，用火灾爆炸危险性较小的物料代替火灾爆炸危险性较大的物料。如果不具备上述条件，则应该根据物料的燃烧爆炸性能采取相应的措施，如密闭或通风、惰性介质保护、降低物料蒸气浓度、减压操作以及其他能提高安全性的措施。

（一）用难燃溶剂代替可燃溶剂

在萃取、吸收等单元操作中，采用的多为易燃有机溶剂。用燃烧性能较差的溶剂代替易燃溶剂，会显著改善操作的安全性。选择燃烧危险性较小的液体溶剂，沸点和蒸气压数据是重要依据。对于沸点高于110℃的液体溶剂，常温（约20℃）时蒸气压较低，其蒸气不足以达到爆炸浓度。如醋酸戊酯在20℃的蒸气压为800Pa，其蒸气浓度 $c=44\mathrm{g}\cdot\mathrm{m}^{-3}$，而醋酸戊酯的爆炸浓度范围为 $119\sim541\mathrm{g}\cdot\mathrm{m}^{-3}$，常温浓度只是比爆炸下限的三分之一略高一些。除醋酸戊酯以外，丁醇、戊醇、乙二醇、氯苯、二甲苯等都是沸点在110℃以上燃烧危险性较小的液体。

在许多情况下，可以用不燃液体代替可燃液体，这类液体有氯的甲烷及乙烯衍生物，如二氯甲烷、三氯甲烷、四氯化碳、三氯乙烯等。例如，为了溶解脂肪、油脂、树脂、沥青、橡胶以及油漆，可以用四氯化碳代替有燃烧危险的液体溶剂。

使用氯代烃时必须考虑其蒸气的毒性，以及发生火灾时可能分解释放出光气。为了防止中毒，设备必须密闭，室内浓度不应超过规定浓度，并在发生事故时工作人员要戴防毒面具。

（二）根据燃烧性物质特性处理

遇空气或遇水燃烧的物质，应该隔绝空气或采取防水、防潮措施，以免燃烧或爆炸事故发生。燃烧性物质不能与性质相抵触的物质混存、混用；遇酸、碱有分解爆炸危险的物质应该防止与酸碱接触；对机械作用比较敏感的物质要轻拿轻放。燃烧性液体或气体，应该根据它们的密度考虑适宜的排污方法；根据它们的闪点、爆炸范围、扩散性等采取相应的防火防爆措施。

对于自燃性物质，在加工或储存时应该采取通风、散热、降温等措施，以防其达到自燃点，引发燃烧或爆炸。多数气体、蒸气或粉尘的自燃点都在400℃以上，在很多场合要有明火或火花才能起火，必须严格控制火源，才能实现防火的目的。有些气体、蒸气或固体易燃物的自燃点很低，只有采取充分的降温措施，才能有效地避免自燃。有些液体如乙醚，受阳光作用能生成危险的过氧化物，对于这些液体，应采取避光措施，盛放于金属桶或深色玻璃瓶中。

有些物质能够提高易燃液体的自燃点，如在汽油中添加四乙基铅，就是为了增加汽油的易燃性。而另外一些物质，如钒、铁、钴、镍的氧化物，则可以降低易燃液体的自燃点，对于这些情况应予以注意。

（三）密闭和通风措施

为了防止易燃气体、蒸气或可燃粉尘泄漏与空气混合形成爆炸性混合物，设备应该密闭，特别是带压设备更需要保持密闭性。如果设备或管道密封不良，正压操作时会因可燃物泄漏使附近空气达到爆炸下限；负压操作时会因空气进入设备内部而达到可燃物的爆炸上限。开口容器、破损的铁桶、没有防护措施的玻璃瓶不得盛贮易燃液体。不耐压的容器不得盛贮压缩气体或加压液体，以防容器破裂造成事故。

为了保证设备的密闭性，对于危险设备和系统，应尽量少用法兰连接。输送危险液体或气体，应采用无缝管。负压操作可防止爆炸性气体往外泄漏，但在负压下操作，要特别注意清理设备打开排空阀时，不要让大量空气吸入。

加压或减压设备，在投产或定期检验时，应检查其密闭性和耐压程度。所有压缩机、机泵、导管、阀门、法兰、接头等容易漏油、漏气的机件和部位应该经常检查。填料如有损坏应立即更换，以防渗漏。操作压力必须控制在设计压力内，不得超压，压力过高，轻则密闭性遭破坏，渗漏加剧；重则设备破裂，造成事故。

氧化剂如高锰酸钾、氯酸钾、铬酸钠、硝酸铵、漂白粉等粉尘加工的传动装置，密闭性能必须良好，要定期清洗传动装置，及时更换润滑剂，防止粉尘渗进变速箱与润滑油相混，由于蜗轮、蜗杆摩擦生热而引发爆炸。

即使设备密封很严，但总会有部分气体、蒸气或粉尘外逸，必须采取措施使可燃物的浓度降至最低。同时还要考虑到爆炸物的量虽然极微，但也有局部浓度达到爆炸范围的可能。完全依靠设备密闭，消除可燃物在厂房内的存在是不可能的。往往借助于通风来降低车间内空气中可燃物的浓度。通风可分为机械通风和自然通风；按换气方式也可分为排风和送风。

对于有火灾爆炸危险的厂房的通风，由于空气中含有易燃气体，所以不能循环使用。排除或输送温度超过 80℃ 的空气、燃烧性气体或粉尘的设备，应该用非燃烧材料制成。空气中含有易燃气体或粉尘的厂房，应选用不产生火花的通风机械和调节设备。含有爆炸性粉尘的空气，在进入排风机前应进行净化，防止粉尘进入排风机。排风管道应直接通往室外安全处，排风管道不宜穿过防火墙或非燃烧材料的楼板等防火分隔物，以免发生火灾时，火势顺管道通过防火分隔物。

（四）惰性气体保护作用

惰性气体反应活性较差，常用作保护气体。惰性气体保护是指用惰性气体稀释可燃气体、蒸气或粉尘的爆炸性混合物，以抑制其燃烧或爆炸。常用的惰性气体有氮气、二氧化碳、水蒸气以及卤代烃等燃烧阻滞剂。

易燃固体物料在粉碎、研磨、筛分、混合以及粉状物料输送时，应施加惰性气体保护。输送易燃液体物料的压缩气体应选用惰性气体。易燃气体在加工过程中，应该用惰性气体作稀释剂。对于有火灾爆炸危险的工艺装置、贮罐、管道等，应该配备惰性气体，以备发生危险时使用。

(五)减压操作

化工物料的干燥，许多是从湿物料中蒸发出其中的易燃溶剂。如果易燃溶剂蒸气在爆炸下限以下的浓度范围，便不会引发燃烧或爆炸。为了满足上述条件，这类物料的干燥，一般是在负压下操作。文献中的爆炸极限数据多为20℃、标准大气压下的体积分数。所以由爆炸下限不难计算出溶剂蒸气的分压，如果干燥压力在此分压以下，便不会发生燃烧或爆炸。比如，乙醚的爆炸下限为1.7%，在爆炸下限的条件下，乙醚蒸气的分压为0.101325×1.7%，即0.0017MPa(13mmHg)。爆炸下限下的易燃蒸气的分压即为减压操作的安全压力。

实际上在减压条件下，干燥箱中的空气完全被溶剂蒸气排除，从而消除了爆炸条件。此时溶剂蒸气与空气比较，相对浓度很大，但单位体积的质量数却很小。减压操作应用的实质是将质量浓度控制在爆炸下限以下。

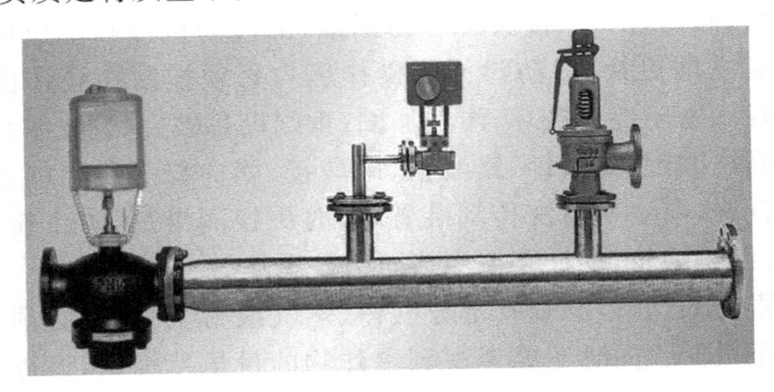

图 2-68 减压装置

六、燃烧爆炸敏感性工艺参数的控制

在化学工业生产中，工艺参数主要是指温度、压力、流量、物料配比等。严格控制工艺参数在安全限度以内，是实现安全生产的基本保证。

(一)反应温度的控制

温度是化学工业生产的主要控制参数之一。各种化学反应都有其最适宜的温度范围，正确控制反应温度不但可以保证产品的质量，而且也是防火防爆必须做到的。如果超温，反应物有可能分解起火，造成压力升高，甚至导致爆炸；也可能因温度过高而产生副反应，生成危险的副产物或过反应物。升温过快、温度过高或冷却设施发生故障，可能会引起剧烈反应，乃至冲料或爆炸。温度过低会造成反应速度减慢或反应停滞，温度一旦恢复正常，往往会因为未反应物料过多而使反应加剧，有可能引起爆炸。温度过低还会使某些物料冻结，造成管道堵塞或破裂，致使易燃物料泄漏引发火灾或爆炸。

1.移出反应热

化学反应总是伴随着热效应，会放出或吸收一定的热量。大多数反应，如各种有机物质的氧化反应、卤化反应、水合反应、缩合反应等都是放热反应。为了使反应在一定的温度下进行，必须从反应系统移出一定的热量，以免因过热而引发爆炸。例如，乙烯氧化制取环氧乙烷是典型的放热反应。环氧乙烷沸点低，只有10.7℃，而爆炸范围极宽，达到3%～100%，没有氧气也能分解爆炸。此外，杂质存在则易引发自聚放热，使温度升高；遇水发生水合反应，也释放出热量。如果反应热不及时移出，温度不断升高会使乙烯燃烧放出更多的热量，从而引发爆炸。

温度的控制可以靠传热介质的流动移走反应热来实现。移走反应热的方法有夹套冷却、内蛇管冷却或两者兼用，还有稀释剂回流冷却、惰性气体循环冷却等。还可以采用一些特殊结构的反应器或在工艺上采取一些措施，达到移走反应热控制温度的目的。例如，合成甲醇是强放热反应，必须及时移走反应热以控制反应温度，同时对废热应加以利用。可在反应器内装配热交换器，混合合成气分两路，其中一路控制流量以控制反应温度。目前，强放热反应的大型反应器，其中普遍装有废热锅炉，靠废热蒸汽带走反应热，同时废热蒸汽作为加热源可以加以利用。

加入其他介质，如通入水蒸气带走部分反应热，也是常用的方法。乙醇氧化制取乙醛就是采用乙醇蒸气、空气和水蒸气的混合气体，将其送入氧化炉，在催化剂作用下生成乙醛。利用水蒸气的吸热作用将多余的反应热带走。

2.传热介质选择

传热介质，即热载体，常用的有水、水蒸气、碳氢化合物、熔盐、汞和熔融金属、烟道气等。充分了解传热介质的性质，进行正确选择，对传热过程安全十分重要。

(1)避免使用性质与反应物料相抵触的介质

应尽量避免使用性质与反应物料相抵触的物质作冷却介质。例如，金属钠遇水会发生剧烈反应而爆炸。所以在加工过程中，物料的冷却介质不得用水，一般采用液状石蜡。

(2)防止传热面结垢

在化学工业中，设备传热面结垢是普遍现象。传热面结垢不仅会影响传热效率，更危险的是在结垢处易形成局部过热点，造成物料分解而引发爆炸。结垢的原因有，由于水质不好而结成水垢；物料黏结在传热面上；特别是因物料聚合、缩合、凝聚、炭化而引起结垢，这极具危险性。换热器内传热流体宜采用较高流速，这样既可以提高传热效率，又可以减少污垢在传热表面的沉积。

(3)传热介质使用安全

传热介质在使用过程中处于高温状态，安全问题十分重要。高温传热介质，如联苯混合物(73.5%联苯醚和26.5%联苯)在使用过程中要防止低沸点液体(如水或其他液体)进入，低沸点液体进入高温系统，会立即气化超压而引起爆炸。传热介质运行系统不得有死角，以免容器试压时积存水或其他低沸点液体。传热介质运行系统在水压试验后，一定要有可靠的脱水措施，在运行前应进行干燥吹扫处理。

3. 热不稳定物质的处理

在化工生产过程中，对热不稳定物质的温度控制十分重要。对于热不稳定物质，要特别注意降温和隔热措施。对能生成过氧化物的物质，在加热之前应该除去。热不稳定物质的储存温度应该控制在安全限度之内。对于这些热不稳定物质，在使用时应该注意同其他热源隔绝。受热后易发生分解爆炸的危险物质，如偶氮染料及其半成品重氮盐等，在反应过程中要严格控制温度，反应后必须清除反应釜壁上的剩余物。

(二)物料配比和投料速率控制

1. 物料配比控制

在化工生产中，物料配比极为重要，这不仅决定着反应进程和产品质量，而且对安全也有着重要影响。例如，松香钙皂的生产，是把松香投入反应釜内，加热至240℃，缓慢加入氢氧化钙，生成目的产物和水。反应生成的水在高温下变成蒸汽。投入的氢氧化钙如果过量，水的生成量也相应增加，生成的水蒸气量过多则容易造成跑锅，与火源接触有可能引发燃烧。对于危险性较大的化学反应，应该特别注意物料配比关系。比如，环氧乙烷生产中乙烯和氧在氧混站混合反应，其浓度接近爆炸范围，尤其是在开车时催化剂活性较低，容易造成反应器出口氧浓度过高，为保证安全，应设置联锁装置，经常核查循环气的组成。

催化剂对化学反应速率影响很大，如果催化剂过量，就有可能发生危险。可燃或易燃物料与氧化剂的反应，要严格控制氧化剂的投料速率和投料量。对于能形成爆炸性混合物的生产，物料配比应严格控制在爆炸极限以外。如果工艺条件允许，可以添加水蒸气和氮气等惰性气体稀释。

2. 投料速率控制

对于放热反应，投料速率不能超过设备的传热能力，否则，物料温度将会急剧升高，引起物料的分解、突沸，造成事故。加料时如果温度过低，往往造成物料的积累、过量，温度一旦适宜就会反应加剧，加之热量不能及时导出，温度和压力都会超过正常指标，导致事故。如某农药厂"保棉丰"反应釜，按工艺要求，应在不低于75℃的温度下，4 小时内加完 100kg 双氧水。但由于投料温度为 70℃，开始反应速率慢加之投入冷的双氧水使温度降至 52℃，因此将投料速度加快，在 80 分钟投入双氧水 80kg，造成双氧水与原油剧烈反应，反应热来不及导出而温度骤升，仅在 6 秒内温度就升至 200℃以上，使釜内物料气化引起爆炸。

投料速度太快，除影响反应速度外，也可能造成尾气吸收不完全，引起毒性或可燃性气体外逸。如某农药厂乐果生产硫化岗位，由于投料速度太快，硫化氢尾气来不及吸收而外逸，引起中毒事故。当反应温度不正常时，首先要判明原因，不能随意采用补加反应物的办法提高反应温度，更不能采用先增加投料量而后补热的办法。

在投料过程中，值得注意的是投料顺序的问题。例如，氯化氢合成应先加氢后加氯；三氯化磷合成应先投磷后加氯；磷酸酯与甲胺反应时，应先投磷酸酯，再滴加甲胺等。反之就有可能发生爆炸。投料过少也可能引起事故。加料过少，使温度计接触不到料面，温度计显示出的就不是物料的真实温度，导致判断错误，引起事故。

（三）物料成分和过反应的控制

对许多化学反应，由于反应物料中危险杂质的增加会导致副反应或过反应，引发燃烧或爆炸事故。对于化工原料和产品，纯度和成分是质量要求的重要指标，对生产和管理安全也有着重要影响。比如，乙炔和氯化氢合成氯乙烯，氯化氢中游离氯不允许超过0.005%，因为过量的游离氯与乙炔反应生成四氯乙烷会立即起火爆炸。又如在乙炔生产中，电石中含磷量不得超过0.08%，因为磷在电石中主要是以磷化钙的形式存在，磷化钙遇水生成磷化氢，遇空气燃烧，导致乙炔和空气混合物的爆炸。

反应原料气中，如果其中含有的有害气体不清除干净，在物料循环过程中会不断积累，最终会导致燃烧或爆炸等事故的发生。清除有害气体，可以采用吸收的方法，也可以在工艺上采取措施，使之无法积累。例如高压法合成甲醇，在甲醇分离器之后的气体管道上设置放空管，通过控制放空量以保证系统中有用气体的比例。这种将部分反应气体放空或进行处理的方法也可以用来防止其他爆炸性介质的积累。有时有害杂质来自未清除干净的设备。例如在六六六生产中，合成塔可能留有少量的水，通氯后水与氯反应生成次氯酸，次氯酸受光照射产生氧气，与苯混合发生爆炸。所以这类设备一定要清理干净，符合要求后才能投料。

有时在物料的储存和处理中加入一定量的稳定剂，以防止某些杂质引起事故。如氰化氢在常温下呈液态，储存时水分含量必须低于1%，置于低温密闭容器中。如果有水存在，可生成氨，作为催化剂引起聚合反应，聚合热使蒸气压力上升，导致爆炸事故的发生。为了提高氰化氢的稳定性，常加入浓度为0.001%～0.5%的硫酸、磷酸或甲酸等酸性物质作为稳定剂或吸附在活性炭上加以保存。丙烯腈具有氰基和双键，有很强的反应活性，容易发生聚合、共聚或其他反应，在有氧或氧化剂存在或接受光照的条件下，迅速聚合并放热，压力升高，引发爆炸。在储存时一般添加对苯二酚作稳定剂。

许多过反应的生成物是不稳定的，容易造成事故。所以在反应过程中要防止过反应的发生。如三氯化磷的合成是把氯气通入黄磷中，产物三氯化磷沸点为75℃，很容易从反应釜中移出。但如果反应过头，则生成固体五氯化磷，100℃时才升华。五氯化磷比三氯化磷的反应活性高得多，由于黄磷的过氧化而发生爆炸的事故时有发生。苯、甲苯硝化生成硝基苯和硝基甲苯，如果发生过反应，则生成二硝基苯和二硝基甲苯，二硝基化合物不如硝基化合物稳定，在精馏时容易发生爆炸。所以，对于这一类反应，往往保留一部分未反应物，使过反应不至于发生。在某些化工过程中，要防止物料与空气中的氧反应生成不稳定的过氧化物。有些物料，如乙醚、异丙醚、四氢呋喃等，如果在蒸馏时有过氧化物存在，则极易发生爆炸。

(四)燃烧爆炸性物料的处理

在化学工业污水中,往往混有易燃物质或可燃物质,为了防止下水系统发生燃烧爆炸事故,对易燃或可燃物质排放必须严格控制。如果苯、汽油等有机溶剂的废液进入下水道,因为这类溶剂在水中的溶解度很小,而且密度比水小,浮于水面之上,因此在水面上形成一层易燃蒸气。遇火引发燃烧或爆炸,随波逐流,火势会很快蔓延。

性质互相抵触的不同废水排入同一下水道,容易发生化学反应,导致事故的发生。如硫化碱废液与酸性废水排入同一下水道,会产生硫化氢,造成中毒或爆炸事故。对于输送易燃液体的管道沟,如果管理不善,易燃液外溢造成大量易燃液的积存,一旦触发火灾,后果严重。

七、火灾和爆炸的局限化措施

(一)安全装置和局限化设施

1. 安全装置

一般安全装置有温度控制装置、成分控制装置和火源切断装置。温度控制装置则包括防止火焰传播的装置,如冷却器、安全罩、填充环、阻火器、隔离设施等;成分控制装置主要是控制聚合或分解的装置,主要用于添加反应抑制剂,提供冷却作用等;火源切断装置主要是预防着火的装置,如蒸汽幕、惰性气体幕、水幕等。

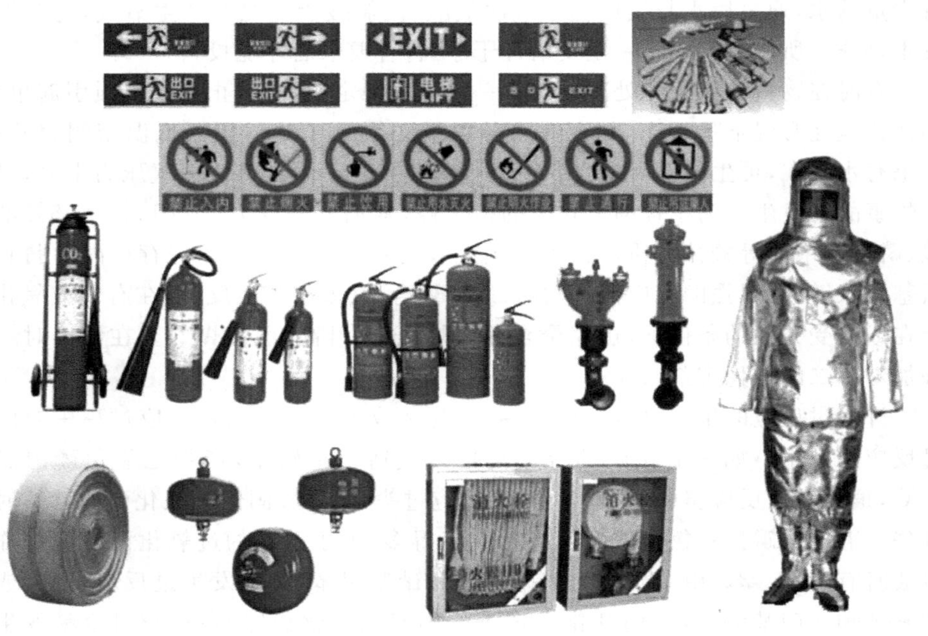

图 2-69　危险化学品企业常用的安全设施和标识

2. 局限化设施

局限化设施包括泄压设施、截流设施和应急设施等。高压泄压设施有安全阀、回流阀、泄料阀、放空阀等;低压泄压设施有密封装置、排气装置、吸收装置、安全板等。截流设施则有紧急截断阀、防止过流阀、止逆阀等。应急设施有紧急切断电源、紧急停车、紧急断流、紧急分流、紧急排放、紧急冷却、紧急通入惰性气体、紧急加入反应抑制剂的装置和设施等。

有警示作用的测量仪表有液面计、压力计、温度计、流量计、浓度计、密度计、pH 值测量仪、气体检测器等。警示装置则有蜂鸣器、警铃、指示灯等。

局限化的防护设施有防火堤、燃烧池、隔断墙、防火墙、防爆墙等。避难设施则有电话、警笛、扩音器等信号装置,指示撤离方向的标志以及安全通道、安全梯等。

3. 阻火防爆设施

阻火设施包括安全液封、阻火器和单向阀等,其作用是防止外部火焰窜入有燃烧爆炸危险的设备、容器和管道,或阻止火焰在设备和管道间蔓延和扩散。各种气体发生器或气柜多用液封阻火。高热设备、燃烧室和高温反应器与输送易燃蒸气或气体的管道之间,以及易燃液体或气体的容器和设备的排气管中,多用阻火器阻火。对于只允许流体单向流动,防止高压窜入低压以及防止回火的情形,应采用单向阀。为了防止火焰沿通风管道或生产管道蔓延,宜采用阻火闸门。

防爆泄压设施,包括安全阀、爆破片、防爆门和放空管等。安全阀主要用于防止物理性爆炸;爆破片主要用于防止化学爆炸;防爆门、防爆球阀主要用在加热炉上;放空阀用来紧急排泄有超温、超压、爆聚和分解爆炸的物料。有些化学反应设备,除有紧急放空管外,还设置安全阀、爆破片、事故槽等几种中的一种或多种设施。

(二)可燃物泄漏的预防措施

工艺过程中排污或取样时的误操作;泵压盖或密封发生故障;设备腐蚀或结合处损坏;装置准备维修或维修后试运转时出现故障;机械损坏或材料缺陷等,都可能造成可燃物的大量泄漏。大量可燃物的泄漏对化工安全威胁极大,许多重大事故都是从泄漏开始的。

泄漏可以分为从设备向大气泄漏、设备内部泄漏以及由设备外部吸入三种类型。按照压力划分则有高压喷出、常压流出和真空吸入。防止泄漏应根据泄漏的类型、泄漏压力和泄漏时间选择适当的方法。在装置设计和安装时,应该同时着手防止泄漏方案的设计;在装置运行和维护时,应该实行操作检查的预防措施;在紧急情况下,要有制止突然泄漏的应急措施。

为了防止可燃物大量泄漏引起燃烧爆炸事故,必须设置完善的检测报警系统,并尽可能与生产调节系统和处理装置联锁,尽量减少损失。装置区应设置可燃和有毒有害气体泄漏检测仪,一旦物料泄漏,立即发出声光报警。在紧急情况下,中央控制室可以自动实行停车处理,开启灭火喷淋设施,把蒸气冷凝,液态烃用事故处理槽回收,并施加惰性介质保护。大量喷水系统可以在起火装置周围和内部布成水幕,冷却有机介质,同时防止其泄漏到其他装置中。自动喷淋系统可以由火焰或温度引发动作;也可以采用蒸汽幕进行灭火。

第五节 电气安全技术

一、预防人身触电

电力是生产和人民生活必不可少的能源，由于电力生产和使用的特殊性，在生产和使用过程中，如果不注意安全，就会造成人身伤亡事故，给企业财产带来损失，特别是石油化工生产的连续性以及化工生产的原材料多为易燃、易爆、腐蚀严重和有毒的物质。因此，提高对安全用电的认识和安全用电技术的水平，落实保证安全工作的技术措施和组织措施，防止各种电气设备事故和人身触电事故的发生就显得非常重要。

统计资料表明，在工伤事故中，电气事故占有不少的比例，例如，触电死亡人数占全部事故死亡人数的5%左右。世界上每年电气事故伤亡人数不下几十万人。我国约每用1.5亿度电就触电死亡1人，而美、日等国约每用20～40亿度电才触电死亡1人。

（一）人身触电的原因

1. 人身触电的原因

人身触电的原因主要有以下几点：

（1）没有遵守安全工作规程，人体直接接触或过于靠近电气设备的带电部分；

（2）电气设备安装不符合规程的要求，带电体的对地距离不够；

（3）人体触及因绝缘损坏而带电的电气设备外壳和与之相连接的金属构架；

（4）靠近电气设备的绝缘损坏处或其他带电部分的接地短路处，遭到较高电位所引起的伤害；

（5）对电气常识不懂，乱拉电线、电灯，乱动电气用具造成触电。

不同电流强度对人体的影响见表2-12。

表2-12 不同电流强度对人体的影响

电流强度/mA	对人体的影响	
	交流电(50Hz)	直流电
0.6～1.5	开始有感觉，手指麻刺	无感觉
2～3	手指强烈麻刺，颤抖	无感觉
5～7	手指痉挛	热感
8～10	手部剧痛，勉强可以摆脱电流	热感增多
20～25	手迅速麻痹，不能自理，呼吸困难	手部轻微痉挛
50～80	呼吸麻痹，心室开始颤动	手部轻微痉挛，呼吸困难
90～100	呼吸麻痹，心室经3秒钟及以上颤动即发生麻痹，停止跳动	呼吸麻痹

根据电流通过人体所引起的感觉和反应不同可将电流分为：

(1)感知电流。会引起人的感觉的最小电流称为感知电流。实验资料表明，对于不同的人，感知电流也不相同，成年男性平均感知电流约为1.1mA；成年女性约为0.7mA。

(2)摆脱电流。人触电以后能自主摆脱电源的最大电流称为摆脱电流。实验资料表明，对于不同的人，摆脱电流也不相同：成年男性的平均摆脱电流约为16mA；成年女性平均摆脱电流约为10.5mA。成年男性最小摆脱电流约为9mA；成年女性的最小摆脱电流约为6mA。在装有防止触电的保护装置的场合，人体允许的工频电流约30mA。

(3)致命电流。在较短时间内危及生命的最小电流称为致命电流。在电流不超过数百毫安的情况下，电击致死的主要原因是电流引起的心室颤动或窒息。因此，可以认为引起心室颤动的电流即为致命电流。

2.电流通过人体的持续时间对人体的影响

随着电流通过人体时间的延长，由于人体发热出汗和电流对人体的电解作用，使人体电阻逐渐降低，在电源电压一定的情况下，会使电流增大，对人体组织的破坏更加厉害，后果更为严重；另一方面，人的心脏每收缩扩张一次，中间约有0.1秒的间隙，在这0.1秒过程中，心脏对电流最敏感，若电流在这一瞬间通过心脏，即使电流很小(只有几十毫安)，也会引起心脏颤动。因此，通电时间越长，重合这段时间的可能性越大，危险性就越大。

3.作用于人体的电压对人体的影响

当人体电阻一定时，作用于人体的电压越高，则通过人体的电流越大。实际上，通过人体的电流强度，并不与作用在人体的电压成正比。这是因为随着人体电压的升高，人体电阻急剧下降，致使电流迅速增加，而对人体的危害更为严重。

当220～1000V工频电压(50Hz)作用于人体时，通过人体的电流可同时影响心脏和呼吸中枢，引起呼吸中枢麻痹，使呼吸和心脏跳动停止。更高的电压还可能引起心肌纤维透明性变，甚至引起心肌纤维断裂和凝固性变。

4.电源频率对人体的影响

常用的50～60Hz工频交流电对人体的伤害最为严重，频率偏离工频越远，交流电对人体伤害越轻。在直流和高频情况下，人体可以耐受更大的电流值，但高压高频电流对人体依然是十分危险的，各种电源频率下的死亡率如表2-13所示。

表2-13 各种电源频率下的死亡率

频率/Hz	10	25	50	60	80	100	120	200	500	1000
死亡率/%	21	70	95	91	43	34	31	22	14	11

5.人体电阻的影响

人体触电时，流过人体的电流(当接触电压一定时)由人体的电阻值决定。人体电阻越小，流过人体的电流越大，也就越危险。

人体电阻主要包括人体内部电阻和皮肤电阻，而人体内部电阻是固定不变的，并与接触电压和外界条件无关，约为500Ω左右。皮肤电阻一般指手和脚的表面电阻，它随皮肤表面干湿程度及接触电压的不同而变化。

不同类型的人，皮肤电阻差异很大，因而使人体电阻差别很大。一般认为，人体电阻在1000～2000Ω。

影响人体电阻的因素很多，除皮肤厚薄的影响外，皮肤潮湿、多汗、有损伤或带有导电性粉尘等，都会降低人体电阻；接触面积加大、接触压力增加也会降低人体电阻。不同条件下的人体电阻如表2-14所示。

表2-14　不同条件下的人体电阻

接触电压/V	人体电阻/Ω			
	皮肤干燥①	皮肤潮湿②	皮肤湿润③	皮肤浸入水中④
10	7000	3500	1200	600
25	5000	2500	1000	500
50	4000	2000	875	440
100	3000	1500	770	375
250	1500	1000	650	325

注：①干燥场所的皮肤，电流途径为单手至双脚。

②潮湿场所的皮肤，电流途径为单手至双脚。

③有水蒸气，特别潮湿场所的皮肤，电流途径为双手至双脚。

④游泳池或浴池中的情况，基本为体内电阻。

6. 电流通过不同途径的影响

电流通过人体的头部会使人立即昏迷，甚至醒不过来而死亡；电流通过脊髓，会使人半截肢体瘫痪；电流通过中枢神经或有关部位，会引起中枢神经系统强烈失调而导致死亡；电流通过心脏会引起心室颤动，致使心脏停止跳动，造成死亡。因此，电流通过心脏呼吸系统和中枢神经时，危险性最大。实践证明，从左手到脚是最危险的电流途径，因为在这种情况下，心脏直接处在电路内，电流通过心脏、肺部、脊髓等重要器官；从右手到脚的途径其危险性较小，但一般也容易引起剧烈痉挛而摔倒，导致电流通过全身或摔伤。电流途径与通过心脏电流的百分数如表2-15所示。

表2-15　电流途径与通过人体心脏电流的百分数

电流的途径	左手至双脚	右手至双脚	右手至左手	左脚至右脚
通过心脏电流的百分数/%	6.7	3.7	3.3	0.1

7. 人体健康状况的影响

试验和分析表明电击危害与人体状况有关。女性对电流较男性敏感，女性的感知电流和摆脱电流均约为男性的三分之二；儿童对于电流较成人敏感；体重小的人对于电流较体重大的人敏感；人体患有心脏病等疾病时遭受电击时的危险性较大，而健壮的人遭受电击的危险性较小。

(二)电流对人体伤害

电流对人体伤害主要分为电击伤和电伤两种。

图 2-70　电击

1. 电击伤

人体触电后由于电流通过人体的各部位而造成的内部器官在生理上的变化,如呼吸中枢麻痹、肌肉痉挛、心室颤动、呼吸停止等。

2. 电伤

当人体触电时,电流对人体外部造成的伤害,称为电伤。如电灼伤、电烙印、皮肤金属化等。

(1)电灼伤。一般有接触灼伤和电弧灼伤两种,接触灼伤多发生在高压触电事故时电流通过人体皮肤的进出口处,灼伤处呈黄色或褐黑色并又累及皮下组织、肌腱、肌肉、神经和血管,甚至使骨骼显碳化状态,一般治疗期较长,电弧灼伤多是由带负荷拉、合刀闸,带地线合闸时产生的强烈电弧引起的,其情况与火焰烧伤相似,会使皮肤发红、起泡烧焦组织,并使其坏死。如图 2-71 所示。

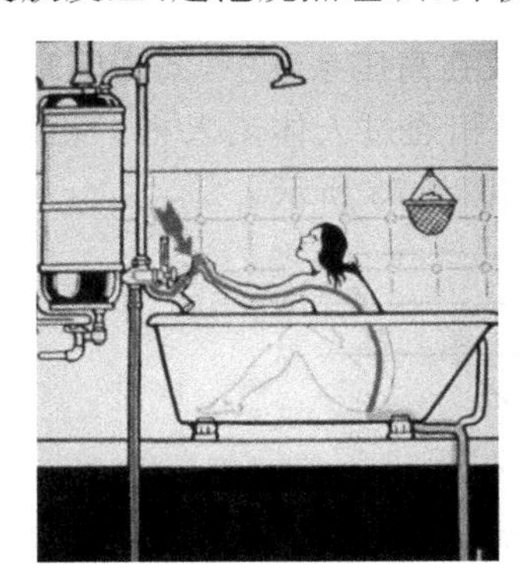

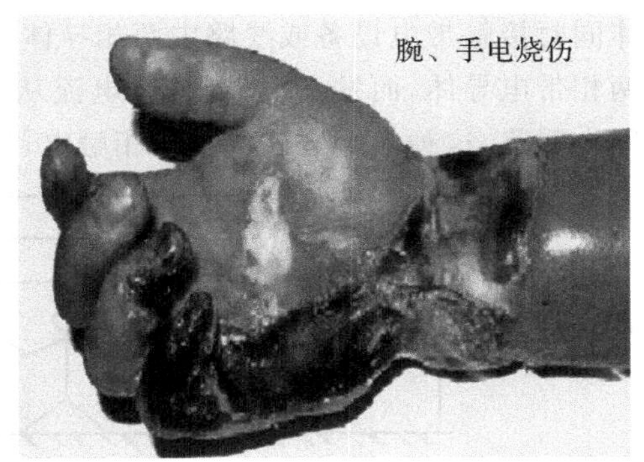

图 2-71　电灼伤

(2)电烙印。它发生在人体与带电体有良好的接触，但人体不被电击的情况下，在皮肤表面留下和接触带电体形状相似的肿块痕迹，一般不发炎或化脓，但往往造成局部麻木和失去知觉。

(3)皮肤金属化。由于高温电弧使周围金属熔化、蒸发并飞溅渗透到皮肤表层所形成。皮肤金属化后，表面粗糙、坚硬。根据熔化的金属不同，呈现特殊颜色，一般铅呈现灰黄色，紫铜呈现绿色，黄铜呈现蓝绿色，金属化后的皮肤经过一段时间能自行脱离，不会有不良的后果。

此外，发生触电事故时，常常伴随高空摔跌，或由于其他原因所造成的纯机械性创伤，这虽与触电有关，但不属于电流对人体的直接伤害。

(三)人体触电方式

人体触电一般分为人体与带电体直接接触触电、跨步电压触电、接触电压触电等几种形式。

1. 人体与带电体直接接触触电

人体与带电体直接接触触电又分为单相触电和两相触电。

(1)单相触电

当人体直接接触带电设备的其中一相时，电流通过人体流入大地，这种触电现象称为单相触电。对于高压带电体，在人体虽然未直接接触，但小于安全距离时，高电压对人体放电，造成单相接地引起触电的，也属于单相触电，如图 2-72 所示。

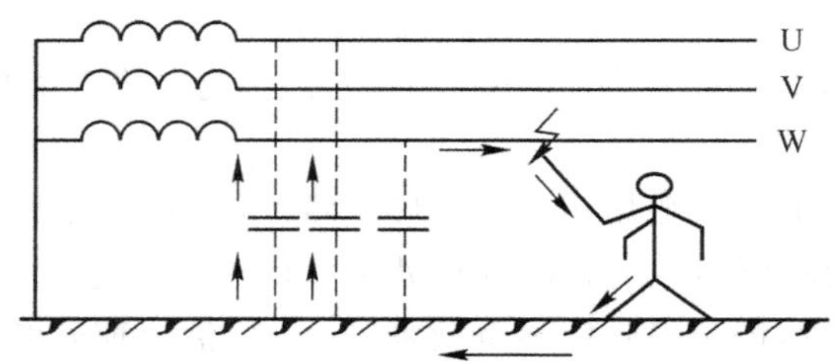

图 2-72　单相触电

(2)两相触电

人体同时接触带电设备或线路中两相导体，或在高压系统中，人体同时接近不同相的两相带电导体，而发生电弧放电、电流从一相通过人体流入另一相导体，构成一个闭合回路，这种触电方式称为两相触电，如图 2-73 所示。

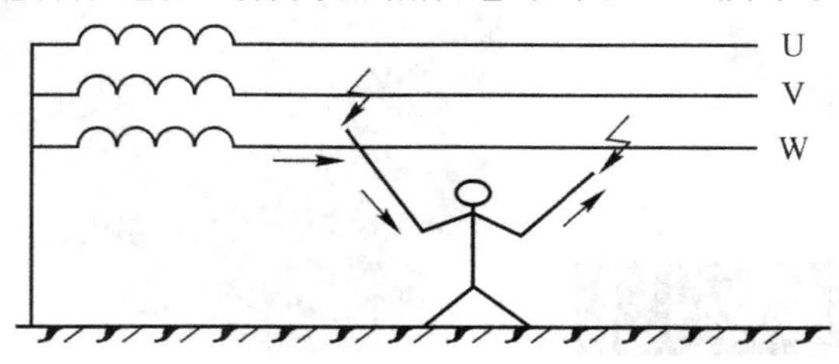

图 2-73　两相触电

2. 跨步电压触电

当电器设备发生接地故障时，接地电流通过接地体向大地流散，在地面上形成分布电位。这时，若人在接地故障点周围行走，其两脚之间（人的跨步一般按 0.8m 考虑）的电位差，就是跨步电压。由跨步电压引起的人体触电，叫跨步电压触电，如图 2-74 所示。

图 2-74　跨步电压触电

人体在跨步电压的作用下，虽然没有与带电体接触，也没有放弧现象，但电流沿着人的下肢，从脚经胯部又到脚与大地形成通路。触电时先是脚发麻，后跌倒。当受到较高的跨步电压时，双脚会抽搐，并立即跌倒在地。由于头脚之间距离大，故作用于人身体上的电压增高，电流相应增大，而且有可能使电流经过人体的路径改变为经过人体的重要器官，如从头到手和脚。经验证明，人倒地后，即使电压只持续 2 秒，也会有致命危险。

跨步电压的大小取决于人体与接地点的距离，距离越近，跨步电压越大。当一脚踩在接地点上时，跨步电压将达到最大值。

3. 接触电压触电

如果人体同时接触具有不同电压的两点，则在人体内有电流通过，此时加在人体两点之间的电压差称为接触电压。如图 2-75 中的人，站在地上，手脚触及已漏电的电动机，他的手足之间出现的电压差 U_j，就是人们所承受的接触电压。

4. 案例分析

2006 年 2 月 2 日上午 7:05 左右，某厂环氧氯丙烷分厂冻水车间循环水岗位发生一起触电事故，循环水岗位操作工马某触电受伤，被紧急送往汉沽医院进行抢救，次日转至天津天河医院进行救治。最终医治无效于 2 月 13 日凌晨 0 点 40 分去世。

（1）事故经过

当事人马某 1，是冻水车间循环水岗位职工。事故发生时该职工当班，另一名当班职工为马某 2。事故发生时间为 2006 年 2 月 2 日上午 7 点左右，事故发生地点为泵房地坑排水泵开关处。

当日早晨 6 时多，马某 1 巡检时发现泵房地坑内积水较多后，即开泵排水，随

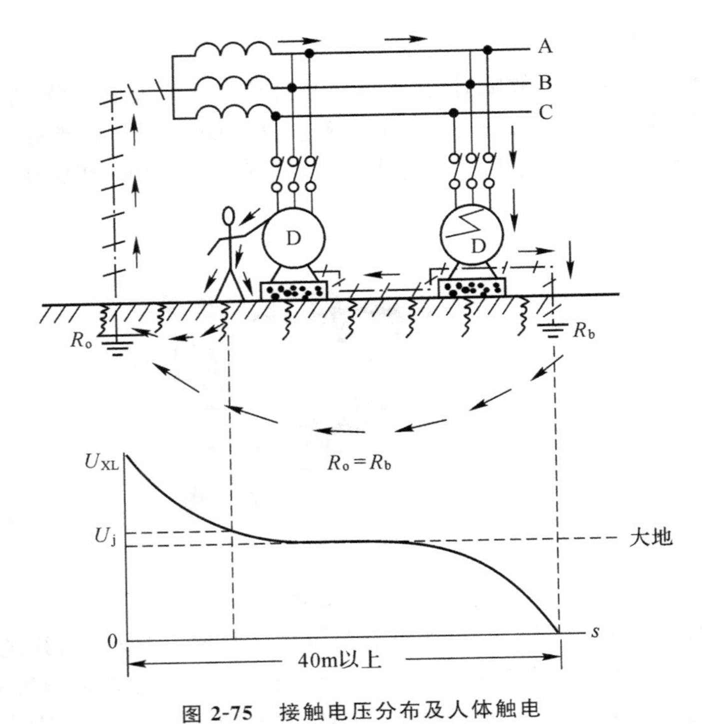

图 2-75　接触电压分布及人体触电

U_{XL}—相电压；R_0—变压器中性点接地电阻；U_j—作用于人体电压；

R_b—电动机保护接地电阻；s—距离

后继续巡检其他设备。6 时 40 分左右，马某 1 返回操作室时，发现泵房内地坑积水仍较多，检查发现排水泵不出水，于是 7 点左右给电工岗位打电话，要求电工检查电气设备，之后马某 1 告诉马某 2 他再去地坑排水泵看一看。

电工吴某接电话 5～6 分钟后到达循环水操作室，操作工马某 2 告诉吴某，马某 1 在地坑现场等他。吴某到达地坑上方楼梯通道，发现马某 1 躺在地坑附近地面上，身上有电线，身边有积水，吴某判断马某 1 可能触电，马上回电工值班室换绝缘靴，同时告诉操作工马某 2 不要到事故现场，以防触电。马某 2 立即通知班长拨打 120 报警。

吴某返回电工岗位换完绝缘靴后迅速到达现场，用木棍将马某 1 身上电线挑开，电线裸线头在空中产生火花，他立即将检修电源箱断电，然后将马某 1 拖到无水的地方，与另一名电工李某对马某 1 采取人工呼吸和胸外按压等措施进行抢救，直至 120 急救车到达现场。

(2)事故原因分析

①直接原因。排水泵未按规定安装漏电保护器；设备存在一定问题。排水泵烧毁后其中一相电源线与外壳相连。而保护零线意外烧断致使开关不能及时跳闸，从而导致排水泵的外壳带电；备用泵未能及时从地坑中移出。备用泵与排水泵直接接触，导致备用泵的保护零线带电；马某 1 自我保护意识不强，在整理备用泵

电源线时碰到带电的保护零线线头，从而导致触电事故的发生。

②间接原因。专业安全检查存在死角，电气、设备、安全等管理制度落实不彻底，专业技术及安全培训教育工作落实不到位是导致此次事故发生的间接原因。

③主要原因。电气设备管理规章制度不完善，排水泵未按规定加装漏电保护器；备用泵没有及时从地坑中移出，未能落实设备包机责任制；专业技术及安全培训教育不到位，职工自我保护意识不强，对现场危险、有害因素认识不清，是导致此次事故发生的主要原因。

图 2-76 某厂环氧触电事故现场

（四）防止人身触电的措施

人身触电事故的发生，一般不外乎以下两种情况：一是人体直接触及或过分靠近电气设备的带电部分；二是人体碰触平时不带电，但因绝缘损坏而带电的金属外壳或金属构架。针对这两种人身触电情况，必须在电气设备本身采取措施以及在从事电气工作时采取妥善的保证人身安全的技术措施和组织措施。

1. 保护接地和保护接零

电气设备的保护接地和保护接零是为防止人体触及绝缘损坏的电气设备所引起的触电事故而采取的有效措施。保护接地是将电气设备的金属外壳与接地体相连接，应用于中性点不接地的三相三线制系统中；保护接零是将电气设备的金属外壳与变压器的中性线相连接，应用于中性点不接地的三相四线制和三相五线制的保护接零系统中。保护接地和保护接零是电气安全技术中的重要内容。

2. 安全电压

（1）安全电压的定义

根据我国颁布的《安全电压标准》（GB 3805-1983）的规定，所谓安全电压是指为了防止触电事故而采用的由特定电源供电的电压系列。这个电压系列的上限值，在正常和故障情况下，任何两导体间或任意导体与地之间均不得超过交流（50～500Hz）有效值 50V。一般情况下，人体允许电流可按摆脱电流考虑。在装有防止触电速断保护装置的场合，人体允许电流可按 30mA 考虑。在容易发生严重二次事故的场合，应按不引起强烈反应的 5mA 考虑。安全电压 50V 的限制是根据人体允许电流 30mA、人体电阻 1700Ω 的条件确定的。国际电工委员会规定安全电压(即接触电压限定值)为 50V,并规定 25V 以下者不需考虑防止直接电击的安全措施。

(2)安全电压的等级及选用举例

我国安全电压额定值的等级分别为 42V、36V、24V、12V、6V。安全电压选用举例如表 2-16 所示。

表 2-16　安全电压选用举例

安全电压(交流有效值)/V		选用举例
额定值	空载上限值	
42 36	50 43	没有触电危险的场所使用的手提式电动工具等; 在矿井、多导电粉尘等场所使用的行灯等
24 12 6	29 15 8	在金属容器内、隧道内、矿井内等工作地点狭窄、行动不便以及周围的大面积接地导体环境中,供某些手持照明灯使用

3. 漏电保护装置

漏电保护装置的作用主要是为了防止因漏电引起触电事故和防止单相触电事故,其次是为了防止由漏电引起的火灾事故以及监视或切除一相接地故障。此外,有的漏电保护器还能切除三相电动机单相运行(即缺一相运行)故障。适用于 1000V 以下的低压系统,凡有可能触及带电部件或在潮湿场所装有电气设备时,均应装设漏电保护装置,以保障人身安全。

目前我国漏电保护装置有电压型和电流型两大类,分别用于中性点不直接接地和中性点直接接地的低压供电系统中。漏电保护装置在对人身安全的保护作用方面远比接地、接零保护优越,并且效果显著,已逐步得到广泛应用。

(1)通常情况下使用的漏电保护器动作电流:30mA,动作时间不大于 0.1 秒。

(2)在金属容器或特别潮湿场所漏电保护器动作电流:15mA,动作时间不大于 0.1 秒。

(3)在涉水作业或浸泡水中漏电保护器动作电流:4mA,动作时间不大于 0.1秒。

4. 保证安全的组织措施

(1)凡电气工作人员必须精神正常,身体无妨碍工作的禁忌证,熟悉本职业务,并经考试合格。另外,还要学会紧急救护法,特别是心肺复苏法等人工呼吸操作。

(2)在电气设备上工作,应严格遵守工作票制度,操作票制度,工作许可制度,工作监护制度,工作间断、转移和终结制度。

(3)把好电气工程项目的设计关、施工关,规范设计,正确选型,电气设备质量应符合国家标准和有关规定,施工安装质量应符合规程要求。

5. 保证安全的技术措施

(1)在全部停电或部分停电的电气设备或线路上工作,必须完成停电、验电、装设接地线、挂标示牌和装设遮拦等技术措施。

(2)工作人员在进行工作时,正常活动范围与带电设备的距离应不小于表2-17的规定。

表2-17　工作人员工作中正常活动范围与带电设备的安全距离

设备电压/kV	≤10	10～35	44	60～110	154	220	330	500
人与带电部分的距离/m	0.35	0.60	0.9	1.50	2.0	3.0	4.0	5.0

(3)电气安全用具。为了防止电气人员在工作中发生触电、电弧灼伤、高空摔跌等事故,必须使用经试验合格的电气安全工具,如绝缘棒、绝缘夹钳、绝缘挡板、绝缘手套、绝缘靴、绝缘鞋、绝缘台、绝缘垫、验电器、高压核相器、高低压型电流表等;还应使用一般防护安全工具,如携带型接地线、临时遮拦、警告牌、护目镜、安全带等。

二、触电后的紧急救护

人体触电后会出现肌肉收缩,神经麻痹,呼吸中断、心跳停止等征象,表面上呈现昏迷不醒状态,此时并不一定是死亡,而是“假死”,如果立即急救,绝大多数的触电者可以苏醒。关键在于能否迅速使触电者脱离电源,并及时、正确地施行救护。

(一)脱离电源

通常采用下列方法:如果触电者离电源开关或插销较近,可将开关拉开或把插销拔掉;也可以用干燥的衣服、绳索、木棒、木板等绝缘物做工具,拨开触电者身上的电线或移动触电者脱离电源,切不可直接用手或其他金属及潮湿物件作为急救工具;如果触电者所在的地方较高,需要注意停电后从高处摔下的危险,应预先采取保证触电者安全的措施。

(二)紧急救护

救护触电者所采用的紧急救护方法,应根据触电者下列三种情况来决定:

(1)如果触电者还没有失去知觉,只是在触电过程中曾一度昏迷,或因触电时间较长而感到不适,必须使触电者保持安静,严密观察,并请医生前来诊治,或送往医院。

(2)如果触电者已失去知觉,但心脏跳动和呼吸尚存在,应当使触电者舒适、平坦、安静地平卧在空气流通场所,解开衣服,以利呼吸,摩擦全身,使之发热,如天气寒冷还要注意保温,并迅速请医生诊治。如果触电者呼吸困难,呼吸稀少,不时发生痉挛现象,应准备施行心脏停止跳动或呼吸停止时的人工呼吸。

(3)如发现脉搏及心脏跳动停止,仍然不可认为已经死亡(触电人常有假死现象)。在这种情况下应立即施行人工呼吸,进行紧急救护。这种救护最好就地进行。如果现场威胁着触电人和救护人员的安全,不可能就地紧急救护时,应速将触电人抬到就近地方抢救,切忌不经抢救而长距离运输,以免失去救活的时机。

三、静电危害与防护

静电是由物体间的相互摩擦或感应而产生的。石油化工生产过程中，气体、液体、粉体的输送、排出，液体的混合、搅拌、过滤、喷涂，固体的粉碎、研磨，粉尘的混合、筛分等，都会产生静电，有时静电电压高达数万伏，对静电防护稍有疏忽，就可能导致火灾、爆炸和人身触电，有时则干扰正常生产和影响产品质量，因此，我们有必要了解静电产生的原因及可能造成的危害，并采取切实可行的防护措施。

浙江某丙烯酸爆炸事故

1. 事故经过

2009 年 10 月 19 日上午，浙江某丙烯酸制造有限公司成品罐区发生爆炸火灾事故。该公司是一家专业从事丙烯酸及丙烯酸酯类产品的开发、生产、销售的企业，公司现有职工 122 余人，年产丙烯酸酯 4 万吨。该起事故首先是成品罐区的 V0104 号储罐(该储罐有效容积为 3000 立方米，当时储存有 151.57 吨丙烯酸乙酯)突然发生爆炸，罐顶被冲开掀翻落地，并引发大火，导致围堰内相同大小的 V0101(装有丙烯酸甲酯 75 吨)、V0102(装有丙烯酸丁酯 345 吨)两个储罐相继发生了爆炸。事故大火持续将近 4 个小时，造成了重大的经济损失(仅原料一项初步估算就在 600 万以上)。

图 2-77　2009 年 10 月 19 日浙江某丙烯酸爆炸事故现场

2. 事故原因

经事故联合调查组和化工专家组初步认定，19 日浙江某化工有限公司储罐区 V0104 号储罐爆炸的直接原因是：在用泵向该罐内输送丙烯酸乙酯过程中产生并积聚静电，引爆罐内混合性气体，并形成火灾。

(一)静电的产生

当两种不同性质的物体相互摩擦或紧密接触后迅速剥离时，由于它们对电子的吸引力大小各不相同，就会发生电子转移。一物失去部分电子而带正电，另一物获得部分电子而带负电。如果该物体与大地绝缘，则电荷无法泄漏，停留在物体的内部或表面呈相对静止状态，这种电荷就称静电。

静电产生的原因很多，但主要可以从物质内部特性和外界条件的影响两个方面来说明。

1. 内部特性

(1)物质的逸出功不同

由于不同物质使电子脱离原来物体表面所需的外界做的功(称为逸出功)不同，因此，当它们两者紧密接触时，在接触面上就会发生电子转移，逸出功小的物质失去电子而带正电荷，逸出功大的物质则得到电子而带负电荷。各种物质电子逸出功的不同是产生静电的基础。

(2)物质的电阻率不同

静电的产生和物质的导电性能有很大关系，它以电阻率来表示。电阻率越小，导电性能越好。根据大量实验得出的结论，物质的电阻率小于 $10^6 \Omega \cdot cm$ 时，因其本身具有较好的导电性能，静电将很快泄漏。电阻率在 $10^6 \sim 10^{10} \Omega \cdot cm$ 的物质，通常带电量是不大的，不易产生静电。电阻率在 $10^{10} \sim 10^{15} \Omega \cdot cm$ 的物质，最易带静电，是防静电工作的重点对象。如汽油、苯、乙醚等，它们的电阻率在 $10^{11} \sim 10^{15} \Omega \cdot cm$ 时，静电很容易产生并积聚。但当电阻率大于 $10^{15} \Omega \cdot cm$ 时，物质就不易产生静电，可一旦产生静电，就难以消除。因此，电阻率的大小是静电能否积聚的条件。

必须指出，水是静电的良导体，但当少量水夹在绝缘油品中，因为水滴与油品相对流动时要产生静电，反而会使油品静电量增加。金属是良导体，但当它与大地绝缘时，就和绝缘体一样，也会带有静电。

(3)介电常数不同

介电常数也称电容率，是决定电容的一个主要因素。在具体配置条件下，物体的电容与电阻结合起来，决定了静电的消散规律，是影响电荷积聚的另一因素。对于液体，介电常数大的一般电阻率低。如果液体相对介电常数大于20，并以“连续相”存在及接地，一般来说，不管是输送还是储运，都不大可能积聚静电。

2. 外部作用条件

(1)紧密接触与迅速分离。两种不同的物质通过紧密接触与迅速分离的过程，将外部能量转变为静电能量，并储存于物质之中。其主要表现形式除摩擦外，还有撕裂、剥离、拉伸、加捻、撞击、挤压、过滤及粉碎等。

(2)附着带电。某种极性离子或自由电子附着在与大地绝缘的物体上，也能使该物体呈带静电的现象。人在有带电微粒的场合活动后，由于带电微粒吸附于人体，因而也会带电。

(3)感应起电。带电物体能使附近与它并不相连接的另一导体表面的不同部位也出现极性相反的电荷，这种现象为感应起电。

(4)极化起电。绝缘体在静电场内，其内部或表面的分子能产生极化而出现电荷的现象，叫静电极化作用。如在绝缘容器内盛装带有静电的物体时，容器的外壁也具有带电性，就是此原因。

(二)静电的危害

生产过程中产生的静电可能会引起爆炸和火灾，也可能会产生电击，还可能会妨碍生产。其中，爆炸或火灾的危害和危险最大。在很多情况下会产生静电，但是产生静电并非危险所在，危险在于静电的积累以及由此产生的静电电荷的放电。

1. 静电火花引起燃烧爆炸

如果在接地良好的导体上产生静电后，静电会很快泄漏到大地中，但如果是绝缘体上产生静电，则电荷会越聚越多，形成很高的电位。当带电体与不带电体或静电电位很低的物体接近时，如电位差达到300V以上，就会发生放电现象，并产生火花。静电放电的火花能量达到或大于周围可燃物的最小点火能量，而且可燃物在空气中的浓度或含量也已在爆炸极限范围以内时，就能立即引起燃烧或爆炸。

2. 电击

人在活动过程中，由于衣着等固体物质的接触和分离及人体接近带电体产生静电感应，均可产生静电。当人体与其他物体之间发生放电时，人即遭到电击。因为这种电击是通过放电造成的，所以电击时人的感觉与放电能量有关，也就是说静电电击严重程度取决于人体电容的大小和人体电压的高低。人体对地电容多为数十至数百皮法(PF)，当人体电容为100PF时，人体静电放电电击强度见表2-18。

表2-18 人体带电与电击强度的关系

人体带电电位/kV	电击强度	备注
1.0	完全无感觉	
2.0	手指外侧有感觉，但不疼	
2.5	有针触的感觉，有哆嗦感，但不疼	
3.0	有被针刺的感觉，微疼	
4.0	有被针深刺的感觉，手指微疼	
5.0	从手掌到前腕感到疼	发出微弱的放电声
6.0	手指感到剧疼，后腕感到沉重	看见放电的晕光
7.0	手指和手掌感到剧疼，有微麻木感觉	从指尖延展放电，发光
8.0	从手掌到前腕有麻木的感觉	
9.0	手腕子感到剧疼，手感到麻木沉重	
10.0	整个手感到疼，有电流过的感觉	
11.0	手指感到剧麻，整个手感到被强烈地电击	
12.0	整个手感到被强烈地打击	

由于静电能量较小，所以生产过程中产生的静电所引起的电击不会对人体产生直接危害，但人体可能因电击坠落或摔倒而造成所谓的二次事故。电击还可能使工作人员精神紧张，妨碍工作。

3. 妨碍生产

在某些生产过程中，如不消除静电，将会妨碍生产或降低产品质量。

随着涤纶、腈纶和锦纶等合成纤维的应用，静电问题变得十分突出。例如，在抽丝过程中，每根丝都要从直径百分之几毫米的小孔挤出，产生较多静电，由于静电电场力的作用，使丝飘动、黏合、纠结等，妨碍工作。在粉体加工行业，生产过程中产生的静电除会发生粉尘爆炸事故外，还会降低生产效率，影响产品质量。例如，粉体筛分时，由于静电电场力的作用而吸附细微的粉末，使筛目变小，降低生产效率。在塑料和橡胶行业，由于制品和辊轴的摩擦及制品的挤压和拉伸，会产生较多静电，如果不能迅速消除会吸附大量灰尘。

（三）静电防护基本方法

防止静电危害有两条主要途径：一是创造条件，加速工艺过程中静电的泄漏或中和，限制静电的积累，使其不超过安全限度；二是控制工艺过程，限制静电的产生，使之不超过安全限度。第一条途径包括两种方法，即泄漏法和中和法。接地、增湿、添加抗静电剂、涂导电涂料等具体措施均属于泄漏法。第二条途径包括材料选择、工艺设计、设备结构等方面所采取的相应措施。

1. 控制静电场合的危险程度

在静电放电时，周围有可燃物存在是酿成静电火灾和爆炸事故的最基本条件。因此控制或排除放电场合的可燃物，成为防静电的重要措施。

（1）用非可燃物取代易燃介质

在许多石油化工行业的生产过程中，都要大量地使用有机溶剂和易燃液体（如煤油、汽油和甲苯等），而这些燃点很低的液体很容易在常温常压下形成爆炸混合物，导致发生火灾或爆炸事故。如果在清洗设备和在精密加工去油过程中，用非燃烧性洗涤剂取代上面的液体（非可燃性洗涤剂如苛性钠、磷酸三钠、碳酸钠、水玻璃、水溶液等），可减少爆炸事故的发生。

（2）降低爆炸性混合物在空气中的浓度

当可燃性液体的蒸汽与空气混合，达到爆炸极限浓度范围时，如遇上火源就会发生火灾和爆炸事故。因为爆炸温度存在着上限和下限，在此范围内，可燃物产生的蒸汽与空气混合的浓度也在爆炸极限的范围内，所以可以利用控制爆炸温度来限制可燃物的爆炸浓度。

（3）减少氧含量或采取强制通风措施

限制或减少空气中的氧含量，能使可燃物达不到爆炸极限浓度。可使用惰性气体来减少空气中的氧含量，通常氧含量在不超过8%时就不会使可燃物引起燃烧和爆炸。一旦可燃物接近爆炸浓度时采用强制通风的办法，使可燃物被抽走，让新鲜空气得到补充，则不会引起事故。

2. 减少静电荷的产生

静电事故的基础条件是静电荷的大量产生，所以可以人为地控制和减少静电荷的产生，同时不让点火源存在。

(1)正确选择材料

①在材料的制作工艺和生产过程中，可选择电阻率在 109Ω · m 以下的固体材料，以减少摩擦起电。尽量采用金属或导电塑料以避免静电荷的产生和积累。

②按带电序列选用不同材料。因为不同物体之间相互摩擦，物体上所带电荷的极性与其在带电序列中的位置有关。一般在带电序列前面的材料相互摩擦后是带正电，而后面的则带负电。根据这个特性，在材料制作工艺中，可选择两种不同材料与前者摩擦带正电，而与后者摩擦带负电，从而使在物料上形成的静电荷互相抵消，从而消除了静电。

③选用吸湿性材料。在生产工艺中要求必须选用绝缘材料时，可以选用吸湿性塑料，将塑料上的静电荷沿表面泄放掉。

(2)工艺的改进

改进工艺的操作方法和程序也可减少静电的产生。如在搅拌过程中适当地安排加料顺序，便可降低静电的危险性。

(3)降低摩擦速度和流速

①降低摩擦速度。增加物体之间的摩擦速度，使物体产生更多的静电量；反之，降低摩擦速度，使静电大大减小。

②降低流速。在油品运输过程中，包括装车、装罐和管道运输等。由于油品的静电起电与液体流速的 1.75～2 次幂成正比，故一旦增大流速就会形成静电火灾和爆炸事故，因此必须限制燃油在管道内的流动速度。推荐流速可按下式计算：$v^2 D \leqslant 0.64$(其中 v 为允许流速，m/s；D 为管道内径，m)。

(4)减少特殊操作中的静电

①控制注油和调油方式。在顶部注油时，由于油品在空气中喷射或飞溅，将在空气中形成电荷云。经过喷射后的液滴将带有大量气泡、杂质和水分注入油中，发生搅拌、沉浮和流动带电，这样在油品中会产生大量的静电并积累成引火源。例如在进行顶部装油时，如果有空气呈小泡混入油品，在开始流动的一瞬间，与油品在管道内流动相比，起电效应约增大 100 倍。所以，调和方式应以采用泵循环、机械搅拌和管道调和为好；进油方式以底部进油为宜。

②采用密封装车。一是顶部飞溅式装车，由于液滴分离，油滴中易含有大量气泡以及油流落差大，油面容易产生静电；二是大量的油气外溢，易于产生爆炸性混合物而不安全。密封装车是将金属鹤管(保持良好的导电性)伸到车底，选择较好的分装配头使油流平稳上升，从而减少摩擦和油流在管内的翻腾，并可避免油品的蒸发和损耗。

3. 减少静电积累

(1)静电接地

①接地类型。接地是消除静电灾害最简单、最常用的办法，其类型包括以下3种。

a. 直接接地。即将金属导体与大地进行导电性连接，从而使金属导体的电位接近于大地电位的一种接地类型。

b. 间接接地。即为了使金属导体外部的静电导体和静电压导体进行静电接地，将其表面的全部或局部与接地的金属导体紧密连接，将此金属作为接地电极的一种接地类型。

c. 跨接接地。即通过机械和化学方法把金属物体之间进行结构固定，从而使两个或两个以上相互绝缘的金属导体进行导电性连接，以建立一个提供电流流动的低阻抗通路，然后再接地的一种接地类型。如图 2-78 所示。

图 2-78　输送氢气、氯乙烯、汽油、正己烷、甲苯管道法兰间采用导电垫片

②接地对象。通常的接地对象有下面几种：

凡用来加工、储存、运输各种易燃易爆液体、可燃气体和可燃粉尘的设备和管道，如油罐、储气罐、油品运输管道装置、过滤器、吸附器等均需接地。注油漏斗、浮顶油罐罐顶、工作站台、磅秤、金属检尺等辅助设备均应该接地。大于 $50m^3$、直径 2.5m 以上的立式罐，应在罐体对应两点处接地，接地点沿外层的距离不应大于 30m，接地点不要装在进液口附近。

工厂和车间的氧气、乙炔等管道必须连接成为一个整体并予以接地。其他的有产生静电可能的管道设备，如油料运输设备、空气压缩机、通风装置和空气管道，特别是局部排风的空气管道，都必须连成整体并予以接地。

移动设备，如汽车槽车、火车罐车、油轮、手推车以及移动式容器的停留、停泊处，要在安全场所装设专用的接地接头，如颚式夹钳或螺栓紧固，使移动设备良好接地，防止在移动设备上积聚电荷。当槽车、油罐车到位后，停机刹车、关闭电路。在打开罐盖前先行接地，同时对鹤管等活动部件也应分别单独接地。注油完毕后先拆掉油管，经过一定的时间(一般为3～5min以上)的静置，才能把接地线拆除。汽车槽车上应装设专用的接地软铜线(或导电橡胶拖地带)，牢固地连接在槽车上并垂挂于地面，以便导走汽车行驶中产生的静电。金属采样器、校验尺、测温器应经导电性绳索接地。为了避免快速放电，取样绳索两端之间的电阻应为10^7～10^9Ω。静电接地极电阻要求不大于100Ω，管线法兰连接的接触电阻不大于10Ω。

(2)增湿

随着湿度的增加，绝缘体表面上结成薄薄的水膜，使其表面电阻大为降低。该水膜的厚度只有1×10^{-5}cm，其中含有杂质和溶解物质，有较好的导电性。因此，它使绝缘体的表面电阻大大降低，从而加速静电的泄漏。在产生静电的生产场所，可安装空调设备、喷雾器或挂湿布片，以提高空气的湿度，降低或消除静电的危险。允许增湿与否以及允许增加的湿度范围，需根据生产要求确定。从消除静电危害的角度考虑，在允许增湿的生产场所，保持相对湿度在70%以上较为适宜。当相对湿度低于30%时，产生静电是比较强烈的。此外，增湿还能提高爆炸性混合物的最小引燃能量，这将有利于安全。应当注意的是，空气的相对湿度在很大程度上受温度的影响。增湿的方法不宜用于消除高温环境下绝缘体上的静电。

(3)抗静电剂

抗静电添加剂是一种表面活性剂(化学药剂)，具有良好的导电性或较强的吸湿性。因此，在容易产生静电的高绝缘材料中，加入抗静电添加剂之后，能降低材料的体积电阻率或表面电阻率，加速静电的泄漏，消除静电的危害。使用抗静电添加剂是从根本上消除静电危险的办法，但应注意防止某些抗静电添加剂的毒性和腐蚀性造成的危害。这应从工艺状况、生产成本和产品使用条件等方面考虑使用抗静电添加剂的合理性。在绝缘材料中掺杂少量的抗静电添加剂就会增大该种材料的导电性和亲水性，使导电性能增强，绝缘性能受到破坏，体表电阻率下降。促进绝缘材料上的静电荷被导走的具体方法有以下5种：

①在非导体材料和器具的表面通过喷、涂、镀、敷、印、贴等方式附加上一层物质以增加表面导电率，加速电荷的泄漏与释放；

②在塑料、橡胶、防腐涂料等非导电材料中掺加金属粉末、导电纤维、炭黑粉等物质，以增加其带电性；

③在布匹、地毯等织物中混入导电性合成纤维或金属丝，以改善织物的抗静电性能；

④在易于产生静电的液体(如汽油、航空煤油等)中加入化学药品作为抗静电

添加剂，以改善液体材料的导电率；

⑤在石油行业，可采用油酸盐、环烷酸盐、铬盐、合成脂肪酸盐等作为抗静电添加剂，以提高石油制品的导电性，消除静电危害。在有粉体作业的行业，也可以采用不同类型的抗静电添加剂。应当指出，对于悬浮粉体和蒸汽静电，因其每一微小的颗粒(或小珠)都是互相绝缘的，所以任何抗静电添加剂都不起作用。

(4)静电中和器

静电中和器又叫静电消除器，能产生电子和离子。由于产生了电子和离子，物料上的静电电荷达到相反极性电荷的中和，从而消除了静电的危险。要把带电体上的静电中和掉，可以使用静电中和器，静电中和器主要用来中和非导体上的静电。尽管不一定能把带电体上的静电完全中和掉，但可中和至安全范围以内。与抗静电添加剂相比，静电中和器具有不影响产品质量，使用方便等优点。静电中和器应用很广，种类很多。按照工作原理和结构的不同，大体上可以分为感应式中和器、高压式中和器、发射式中和器和离子风式中和器。在消电要求较高的场所，还可以采用组合性静电中和器，如兼有感应作用和放射线作用的中和器，以及兼有高压作用和放射线作用的中和器等。如图 2-79 所示。

图 2-79 静电消除器

静电火灾和爆炸危害是由于静电放电造成的。因此，只有产生静电放电且放电能量等于可燃物的最小点火能量时，才能引发静电火灾。如果没有放电现象，即使环境中存在的静电电位再高、能量再大也不会形成静电危害。

而产生静电放电的条件是带电体与接地导体或其他接地体之间的电场强度，达到或超过空间的击穿场强时，就会发生放电。对空气而言其被击穿的均匀场强是 33kV/cm，非均匀场强可降至均匀电场的 1/3。于是可使用静电场强或静电电位计，监视周围空间静电电荷的积累情况，以预防静电事故的发生。

第三章　安全生产行为控制与事故预防

第一节　行为控制

随着经济的不断发展和人类文明的不断进步，安全问题得到了越来越广泛的关注和重视，人身安全的重要性已经成为社会共识。但安全事故仍不时发生，造成了巨大的人员伤亡。例如，2012年全国发生各类事故约33.7万起，死亡71983人，平均每天大约发生各类事故950起，平均每天大约200人在事故中丧生；而且，特大事故时有发生，一次死亡10人以上的重特大事故发生了59起，平均每5、6天发生一起。

大量多学科研究一直致力于发现安全事故的前因变量和决定因素，尽管已经付出了如此多的努力，但工作场所事故仍然是一个巨大的问题。随着技术的进步，在企业的安全管理中，尽管规范的企业已经使用了大量先进的工程技术等手段和方法以提高工作场所的安全状况，但安全生产事故仍大量发生。

目前，我国的生产安全形势仍然十分严峻：安全生产基础薄弱、隐患严重的状况尚未根本改变；制约安全生产的深层次矛盾还没有根本解决；生产安全事故总量仍然较大，而且和西方发达国家的差距仍不小，比如，百万吨煤炭死亡率仍然是西方发达国家的数倍甚至数十倍。工作场所安全事故不仅会导致大量的人身伤亡，而且也会带来巨大的经济损失。据统计和测算，我国2009年因安全生产事故造成的直接经济损失超过1000亿元，间接经济损失则高达2000多亿元，两者之和约占当年国民生产总值(GDP)的2.5%。

人的不安全行为在安全事故中占有相当大比重，这一点可以从国内外事故原因的统计分析中得出。美国20世纪50年代约75000件伤亡事故中，可以预防的占98%，只有2%为天灾，而在这98%可以预防和避免的安全事故中，由人的不安全行为导致的事故占88%；澳大利亚1982—1984年间发生的职业安全事故中，包含行为因素的占91%；日本1997年制造业中发生的歇工四天以上的事故中，归根于人的不安全行为的为98910件，占全部事故的94.5%；据中华全国总工会统计，由于未能及时发现和消除设备隐患、违规作业、违章指挥等人为因素造成的事故占全国安全事故的80%以上。因此，对工作场所员工安全行为的研究很有必要，这已经成为安全生产事故预防领域的主要课题之一。

一、不安全行为定义与分类

不安全行为顾名思义是指在生产过程中人员存在潜在的导致人员伤亡事故的错误行为。研究表明不安全行为的发生并不是随机的，而是有着一定规律可循，不同类型的不安全行为其产生原因及影响的因素是不同的，因而对于杜绝或减少不安全行为的控制手段也是不尽相同的。按照行为主体在发生不安全行为时是否认识到了其操作的危险性将不安全行为分为两大类。一类是行为主体在动作前未能识别到其动作的危险性，称之为非故意不安全行为。另一类为行为主体在动作前已经识别到其动作的危险性，但是仍然坚持违章行为，称之为故意不安全行为。

这两类不安全行为按照其发生的原因和频次又可以细分为几小类，如图 3-1 所示。

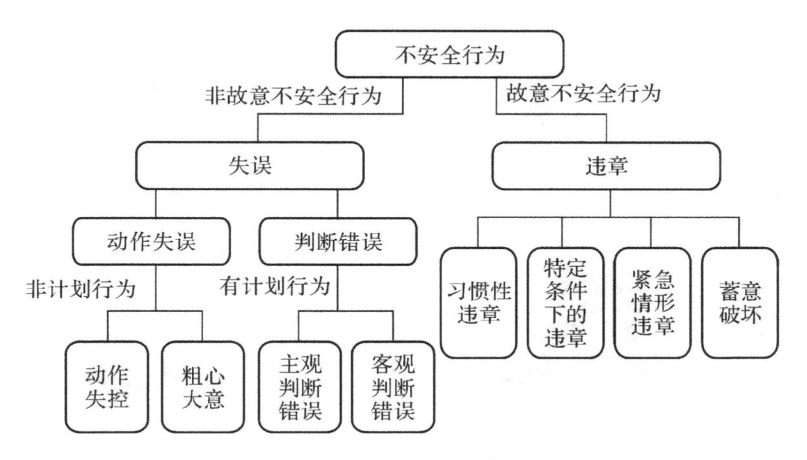

图 3-1　不安全行为分类

(一)非故意不安全行为

1. 动作失误(动作失控/粗心大意)

动作失误是指那些采取的动作并不是计划好的行为，如在工作场合滑倒，工具意外掉落，或是在熟悉的工作过程中忘记或是忽略了其中的一个步骤，常常容易发生在维修、保养、校准、测试过程中。很明显这种失误靠培训是不能有效控制的。

2. 判断错误(主观/客观判断错误)

判断错误是指行为个体由于思维上的判断错误做出了错误的决定。相对于上面的动作失误，其所采取的行动是有计划的也就是说行为个体在进行着自认为是正确的错误操作。

基于对操作程序、安全章程、操作说明的错误理解或是错误估计形势而进行不安全行为称为主观判断错误。例如：驾驶一辆自己不熟悉的、小马力的车，而采取与驾驶高速大马力车相同的习惯进行超车行为；或是在真正警报拉响时认为是演习警报，以演习的心态实施行为。基于安全程序、操作说明本身不完善或是获得的信息不够准确而做出的错误判断导致的不安全行为称之为客观判断失误。

以上不安全行为可以通过制定完善的制度、程序，加强培训进行控制。

(二)故意不安全行为

不同于以上不安全行为，行为主体故意违章，通常出发点是好的，也就是想把工作干好。例如：干工作喜欢走捷径、违背正常的工作制度和程序。这些违章行为通常不是恶意的，都是想把工作完成或做好而忽视了违章操作可能带来的后果。根据发生频率可分为特定条件下的违章、日常习惯性违章、特例违章、蓄意破坏。

1. 习惯性违章

习惯性违章指行为个体经常性的违反已有的规章、安全程序、操作指导，其行为已经成为一种习惯从而代替了正常的操作。例如，不穿个人防护装备，在工作现场不穿个人防护装备的现象十分严重，也为安全埋下隐患。如图 3-2 所示。

图 3-2　习惯性违章

2. 特定条件下的违章

特定条件下的违章指行为个体的违章行为是由于工作现场的一些特定条件或环境下引起的，这些因素诸如：超负荷的工作压力、完成任务的时间紧迫、过度劳累、不合适的工具、天气状况等。此类违章有：为了快速完成任务用手代替工具操作；登高作业不系安全绳；为了方便，拆除机械防护设施等。如图 3-3 所示。

图 3-3　特定条件下的违章

3.紧急情形违章

这类违章很少发生，一般发生在特殊的、非常态的条件环境下，通常是在已经发生了无法预知的事故或出错的情况下采取的更高风险的行为，行为主体主观意愿是采取特殊的、高风险的手段以控制或纠正已经发生的事故或错误。例如事故紧急情况下发生的违章行为。如图 3-4 所示。

图 3-4　紧急情形违章

二、不安全行为的管理与控制

(一)养成主动学习的行为习惯

企业职工应当经常主动学习技术，通过反复练习提高岗位作业技能，培育随作业变化而自我适应的能力，这也是一种必备的安全行为。

(1)认真参加组织安排的各种学习训练，考试考核合格。

(2)积极参加各种比武、练兵、竞赛活动，力求取得较好名次。

(3)主动、自主、自觉地学习安全方面的知识和技能。管理是标，自觉是本，安全离不开标和本。

(4)在现场操作过程中，自觉苦练技能，达到岗位作业标准化水平。

(5)对主要操作动作展开要领分析、动作分析，由作业动作的规范化、标准化，逐步实现作业动作的最优化、精细化。

(二)养成主动了解安全信息的行为习惯

企业的各种作业岗位，常处于复杂的安全环境之中，而且各种安全条件都处于不断变化之中。任何一个岗位作业者，都需要了解掌握大量且随时间变化的安全信息。否则，就有可能陷入闭塞、盲动的状态。因此，主动了解各种安全信息，是企业员工必须具备的基本安全行为习惯。

(1)准时参加班前班后会，认真听，主动想；明白完成当班作业任务的安全条件；清楚作业现场的各种条件变化；了解作业过程中的协作合作者的情况；预测可能发生的各种安全问题，有备无患。

(2)现场交接班时，详细了解作业现场的安全条件变化；认真细致了解设备、动力、工具、材料、通风、水电等作业要件的安全状态；深入了解现场各种危险因素、安全隐患。

(3)认真阅读各种安全信息通报；认真接受各种安全警示、预测预报；认真听取各级干部、车间班组负责人、老工人以及工友对安全情况的介绍、分析和提醒。

(三)养成安全确认的行为习惯

安全确认就是在现场工作之前，对操作程序、现场环境以及其他相关安全因素，经过周详、认真的辨识、认知、判断以后，做出准确严肃的认定。确认的主要作用是：

(1)审慎判断安全条件。在作业操作之前，做出审慎的判断，确保具备安全作业操作的各种充分条件。

(2)避免无确认导致的误操作。误操作发生的原因有两种：一是由于未予确认便盲目操作；二是认知判断失误。

(3)克服无意识状态，强化安全责任。经过确认，集中注意力，使作业者从无意识或低水平意识状态转变为主动注意的积极意识状态。安全确认的安全行为养成，最关键的基本点是，让每个作业者都养成安全确认的习惯；每一次操作，都要首先进行安全确认；不进行安全确认，就不进行操作；坚决避免无意识的误操作，确保每一次操作都准确无误。

安全确认的安全行为养成的确认形式如下：

(1)文字确认。一般采取签字确认形式。

(2)信物确认。如盖章、交换特制牌证等。

(3)语言确认。一般采用面对面言语确认，也大量采用远距离的电话通讯等媒体语言传达。

(4)信号确认。如信号灯、口哨、旗语、手势、点头、摇头等。

(5)警戒确认。由警戒人员按照要求，设置警戒栅栏网线、悬挂警戒标识牌等。

(6)无意外默认。在无异常情况下，不再告知警示，以默认表示确认，但此种确认要在事先约定的情况下才能进行。

(7)模拟操作确认。对于特别重要而且危险性很大的关键性操作，要采用操作票或者模拟操作板，先模拟操作，确认无误后，再实施正式操作。

下面是几种典型安全确认的具体要求：

(1)作业准备的安全确认。从业人员在接班后应进行设备、环境状况的确认。如设备的操作、显示装置、安全装置等是否正常可靠；设备的润滑情况是否良好；原材料、辅助材料的性能状况是否符合要求；工器具摆放是否到位；作业场所是否清洁、整齐；材料、物品的摆放是否妥当；作业通道是否顺畅等。一切确认正常，或确认可能有危险而采取有效的防止措施后方允许开始操作。作业准备的确认可以和作业前的安全检查结合起来，采用安全检查表进行逐项确认。

(2)作业方法的安全确认要求。即按照标准化的作业规程,对作业方法进行确认,确认无误后才允许启动设备、开工作业。特别是在设备安装工程开工前,对起吊方式、操作要求、安装顺序等作业方法的确认尤为重要。

(3)设备运行的安全确认要求。设备开动后,应对设备的运行情况是否正常进行确认,如运转是否平稳,有无异常的振动、噪声或其他任何预示危险的征兆,各种运行参数的显示是否正常等。设备运行确认也可以与作业中的安全检查结合,采用安全检查表进行。有时该种确认应根据现场工作需要在整个作业期间进行若干次。

(4)关闭设备的安全确认要求。与开启设备的情况相同,应按照标准化作业规程对关闭设备的作业方法确认后才允许关闭设备。特别是在停电、停水、停压等情况下尤为重要。

(5)多人作业的安全确认要求。如果是多人协同作业,则在开始作业前,应按照预定的安排对参加作业的人员,人员作业位置、作业方法,指挥联络方式,作业中出现异常情况时的对策等进行确认,确认无误后才允许开始作业。

(四)养成自觉服从的行为习惯

现代化企业特有的安全生产作业条件,决定了企业职工必须具备良好的服从意识和服从习惯,必须实行和实现准军事化的行为养成训练。当然,应该是自觉服从,而不是绝对服从,更不是盲从。职工有权拒绝违章指挥,拒绝执行不具备安全条件的指令。

(1)自觉接受对“三违”的处罚教育。

(2)自觉接受各种安全监督检查和现场指导。

(3)自觉爱护、维护安全设施。

(4)用顺从、服从的姿态执行规章制度。坚决避免因逆反心理和不满情绪抵触规章制度;坚决避免用各种借口理由,为违章行为寻找合理解释。

(5)听从管理者指挥。即使这种指挥主体是联合作业的临时指挥者、维持或协调作业流程的业务管理者,都要服从。

(6)尊重师傅,虚心求教。

(7)行为动作要规范,一切都按规矩办。

(8)不侥幸冒险,不偷懒投机,不麻痹松懈。

(五)养成自我身心调适的行为习惯

艰苦的作业条件和繁重的体力劳动特征,都对企业职工的精力、体能和心理素质提出了很高的要求。坚持足够的休息和高度重视饮食起居,保持健康的心理状态,是企业职工上岗的基本身心要求。而这种精力、身体的“休养生息”和心理情绪的平衡调节,一般又都是依靠个人的自我身心调适。这种身心调适的安全行为习惯,必须经过长期的培育养成。

(1)高度重视休息和饮食起居。戒除所有不良嗜好和不利于身体健康的生活习惯。

(2)尽量参加一些体育锻炼。

(3)妥善处理各种人际关系,解除各种烦恼的干扰冲击。

(4)当疲惫伤病、体力不支或者情绪波动、精神萎靡时,一定要告诉车间班组负责人或者工友,以获得全面关照。

(六)加强培训工作

培训对于提高个人安全意识,改变安全态度,增强经验尤其重要。通过培训可以提高个人技能,保证工作胜任能力。在生产中要重视培训的积极作用,在参加工作之前要进行岗前安全培训、测试、考评。周期性地更新培训,时刻保持安全的意识。同时在培训中尽量避免单调的说教方式,发挥员工的主观能动性,增强互动环节,保证培训的效果。

(七)安全文化宣传

营造安全氛围,突出企业安全文化,充分发挥领导的表率作用,显示出管理层对于安全的积极态度,突出以人为本的管理理念。通过管理层加强安全方针的宣传,组织培训、审计、演习、会议等各种形式的活动,形成良好的安全氛围感染力,使员工养成自觉的安全行为和习惯。把安全生产塑造和培养成一种特有的企业文化,使安全理念成为员工认同和接受的价值观,实现从“要我安全”到“我要安全”再到“我会安全”、“我能安全”的观念转变。

第二节　事故预防

众所周知,企业规章制度中有关安全生产的条文,是用鲜血和生命换来的教训,它反映了生产过程中的客观规律,谁也不能随心所欲地违反,否则,就要受到客观规律的惩罚。然而在实际生产现场,员工的违章现象却屡禁不止。大量事实证明,违章不但制约了企业的生产,而且还危害员工的生命安全。事故统计表明,70%的事故是由于违章指挥或违章作业造成的,因此,杜绝违章现象是企业预防事故发生的重要手段。

一、违章操作行为的主要表现

(一)主观心理因素

1. 自我表现好胜心态

个别员工认为自己技术比较高,喜欢在别人面前“露一手”,表现一下自己的能力,爱虚荣,这样的人往往会发生违章操作。

2. 麻痹侥幸心理

有这种毛病的人往往不接受“不怕一万，就怕万一”的经验教训，是重复事故的思想根源所在。在这种心理状态下，个别员工认为偶尔违章不会产生什么后果，或者认为别人也这样做而没有出事，因此，无视有关的操作规程，麻痹大意、无视警告，不按操作规程办事。

3. 马虎敷衍，固执

有的员工工作不经心，我行我素，将岗位安全责任制、岗位操作规程扔在脑后，把领导的忠告和同事的提醒当作“耳旁风”，一意孤行。

4. 懒惰蛮干，贪图方便

有的员工工作时不愿多出力，耍小聪明，总想走捷径，操作时投机取巧，图一时方便，结果造成违章操作。

5. 玩世不恭，逆反心理

由于社会、家庭等方面的压力，以及管理方法、教育方法欠妥或操作环境不良，使少数员工产生逆反心理，“领导在时我注意，领导不在时我随意”，甚至产生对抗行为。

(二)客观因素影响

1. 安全意识差

有不少员工认为安全工作是安全员的事，与自己无关，漠视安全。这种人安全意识淡薄，自我保护意识差，而且不愿参与各种安全活动。

2. 安全责任心不强，工作不负责任

有些员工接受过安全教育和培训，对自己的工作对象、设备、性能、状况及操作规程都比较熟悉，但在实际工作中，却缺乏对企业财产、对他人生命负责的态度，往往明知故犯，违章操作。

3. 缺乏安全教育意识

多年来，很多企业一直把抓好员工的安全教育作为基础工作来抓，如入厂“三级”安全教育、特种作业人员培训、HSE 培训等。但总的来说活动开展了，而实际收效并不理想。

4. 安全监督不够

对一些习惯性违章现象熟视无睹，有一些安全员遇事总觉得与违章者比较熟，不好意思管，对一些严重违章现象存在漏查或查处力度不够的情况。特别是在生产任务重、时间紧的情况下，一味强调按时完成任务，从而使部分员工滋生了忽视安全的习惯和心态。

二、事故发生的主要原因

发生事故，其原因为多方面的，除自然灾害外，主要有以下几方面原因：

(一)设计上的不足

生产工艺不成熟,从而给生产带来难以克服的先天性的隐患。

(二)设备上的缺陷

如设备上考虑不周,材质选择不当,设备制造、安装质量低劣,缺乏维护及更新等。

(三)操作上的错误

如违反操作规程,操作错误,不遵守安全规章制度等。

(四)管理上的漏洞

如规章制度不健全,人事管理上的不足,工人缺乏培训教育,作业环境不良,领导指挥不当等。

(五)不遵守劳动纪律

对工作不负责任,缺乏主人翁责任感等。

三、事故预防指导思想

(一)强化员工安全意识

1. 思想教育

主要是从正面宣传劳动保护的意义、方针政策。加强法制观念,使员工懂得企业安全生产的各项规章制度是同生产秩序和个人安全密切相关的。从而使广大员工认清自己在安全生产中不单纯是安全管理的对象,更重要的是安全生产的主人,从而提高员工搞好安全生产的自觉性、责任感和积极性。

2. 爱岗敬业教育

让员工深刻理解安全与自己的生活、工作、家庭、幸福息息相关,一次重大生产事故,不仅给本人和家庭带来不幸,也会给企业以及他人带来巨大的损失。企业应教育员工要在工作中热爱自己的岗位,保持心情舒畅,遵章守纪,与企业同呼吸共命运。

3. 安全技能教育

通过安全技术培训,提高员工劳动技能,克服蛮干和习惯违章的不良习惯,使员工熟练掌握一般安全知识和专业安全技术。

4. HSE 教育

要积极推行 HSE 管理体系,认真履行体系中的各项规定,不断提高员工的健康水平、安全生产的保障水平、企业环境保护水平,只有这样才能使企业真正实现无伤害、无事故、无污染、无损失的目标,才能从根本上保证员工的人身安全、杜绝违章。

(二)实行安全考核

(1)把安全管理工作纳入到日常管理工作当中,并通过经济杠杆作用将其量化，把安全生产与员工的切身利益挂钩，从而调动广大员工的安全生产积极性。

(2)实行"安全一票否决"制度，使安全与每个人或每个集体的荣誉、利益紧紧相连，促进全员安全意识的提高。

(三)制定安全管理机制

(1)制定明确的安全管理制度工作规划、目标实施和激励办法，奖罚分明。对及时发现重大隐患、排除事故或事故处理有功的人员，给予表彰和重奖，对违章行为要严肃处理，决不姑息迁就。让员工感受到违章行为触目惊心、损失惨重的后果。

(2)针对不同季节的生产特点和员工队伍状况，组织开展"安全周"、"安全月"、"百日安全无事故竞赛"、"安全知识竞赛"、"消防演习"、"重点部位事故演习"、"每人查找身边一些隐患"、"我为安全生产献一计"等活动，增强员工的安全意识，提高员工的安全技能。

四、事故预防基本方法

大量的工伤事故统计分析资料表明，工伤事故与操作者年龄存在着一定的关系，工伤事故频率的最大值是发生在 18 岁到 30 岁之间，而且发生在入厂工作的前二年，即刚入厂的新工人最容易发生工伤事故。青年工人易发生事故的原因有很多，但是其中最重要的一条是缺乏事故预防知识。下面从人的不安全行为、物的不安全因素、管理三个方面加以分析。

(一)人的过失预防措施

人的过失预防措施主要是"提高人的思想认识，加强主人翁的责任感"。

(1)人们常以我是"一家之主"来表明自己在家庭中的地位。这一方面表明在家中掌管大权，另一方面也表明他对家庭的一切承担着主要责任。这里权利和责任也是相符的。没有一个家庭的"当家人"是只说了算，而不尽任何义务的。今天的工人，已不是资本家和雇工的关系，而是企业的主人，既然是主人，则必须以主人的姿态，以高度的责任感做好工作，才无愧于主人的称号。责任感不是凭空产生的，而是来自于热爱我们的祖国，热爱我们的工厂，热爱本职工作的结果。责任感加强了，就能自觉克服不良习惯，工作时就会有高标准严要求，集中精神把工作做好，失误便会大大减少。

(2)人的性格、理想、追求等各不相同，但愿意搞好安全生产，保证生命安全和建康这一点则是共同的。发生了事故，工人总是直接受害者。事故的责任者有时在事故中当场受到伤害，但也有许多事故其责任者安危无恙，而造成他人的伤亡。由于法律的健全，由于人的过失而造成重大事故的，将要受到法律的制裁。我国《刑法》第 113 第、第 114 条和 115 条等已作了明文规定。

(3)人发生失误事先是意识不到的。因此一起工作的同事应互相提醒，互相督促，及时纠正不安全行为，这是非常可贵的。它体现出对同事的真正关心和爱护，也是对工作和自己负责的表现。

(二)消除物的不安全状态

这里主要指机械设备制造、安装质量低劣,日常检修维护质量不高,造成设备隐患。这个问题看起来是个设备问题,而实际上是由于制造安装部门和维修系统的具体工作人员的过失造成的。如焊接质量不好,仪表调试不当,防爆电机防爆面受到损坏,电气设备接触不良,机泵震动,材料配件选用不当等。一旦发生事故,表面看问题是在生产上,而实际是上道工序遗留的隐患。对此必须加强制造和施工中的质量管理及检查验收工作,把问题消灭在设备投产之前。

(三)执行操作复查制度

事故主要是由于人的过失造成的。供电系统实行二人操作监护制度,已成功防止了许多个人失误造成的电气操作事故。企业生产过程中,每天都要开关许多阀门。过去有许多事故是因阀门开关错误造成的,目前还很少有监控阀门操作错误的手段,因此执行阀门操作复查制度,预防人的失误是十分必要的。所谓阀门操作复查制度,即一人开关阀门后,再由另一人复查一次,其安全系数就增加一倍。在装置开停工过程中,阀门开关频繁,也是最易发生失误的时候,所以要坚持复查制度。对关键部位的操作,也可实行二级制度,从而有效地防止或减少操作失误,保证安全生产。

(四)依靠科学手段防止过失

(1)重要设备或工艺过程,应有程序控制和自保系统,在异常情况下要有紧急停车和放空泄压的安全连锁装置。

(2)为防止可燃性气体泄漏发生爆炸着火和有毒气体泄漏造成中毒事故,应安装固定检测报警装置,或配备便携式检测仪器。

(3)为防止机械过载或超程,要采用限位开关及声光报警信号。

(4)为防止转动设备造成人身伤害,应安装防护罩或自动停车装置。

(5)为防止触电事故,应安装触电保护器和做好设备接地措施。

(6)油、气生产,设备繁多,管道密集,稍不注意就容易发生操作错误。尤其是新工人,由于流程不熟,在紧急情况下就更容易发生误操作事故。因此,应将所有设备、管道进行编号、标注,以不同漆色加以区分,还可以根据需要绘制模拟流程图,用形象直观的方法,时时提醒操作人员,以堵塞安全生产上的漏洞。

五、事故预防具体措施

由于一般生产工人事故预防知识欠缺,下面就油气生产车间、站点、机械伤害、防触电、防起重伤害、防车辆运输伤害、防火、防爆、防中毒窒息等方面的预防措施加以介绍。

(一)油气生产车间、站点事故预防

各化工企业不但大量生产和使用液化石油气体,由于人们缺乏知识,也发生过

不少事故，为此需在设备上采取可靠的安全措施，堵塞漏洞，防止事故发生。

(1)严禁携带火柴、打火机及易燃易爆物质进入车间和站点，各种用火必须办理用火手续，并经批准后方可动火，

(2)不准穿有铁钉的鞋入车间、站点，进入车间、站点工作前不得饮酒。穿好工作服，戴好工作帽等防护劳保用品。

(3)进入车间后不得乱走乱窜，互相打闹，车间、站点内非事故状态严禁大声喧哗吵闹。

(4)禁止用汽油、煤油或溶剂擦洗衣物、工具、机器设备及清洗地板，

(5)进入车间、站点后严禁乱动仪表，阀门及电器设备，非本岗位操作人员不得擅自进行操作。

(6)工作前应检查自己的防护用品和安全用具，生产岗位不准光足，不准将儿童带入工作现场和操作岗位。

(7)禁止用石子或铁器等物件敲击高温压力设备，易燃易爆区域的设备。

(8)进入厂区车辆必须按指定路线行驶，不超过 10 公里、弯道、道口和车辆人员比较密集处应在 5 公里以下。机动车辆未经允许不准随意进入生产装置、罐区、泵区及其他易燃易爆场所。

(9)不准随意登高，从事距地面(包括沉坑、井内)二米以上的高空作业，必须系好安全带，交叉作业或进入施工现场必须戴好安全帽。

(10)无关人员不得进入大型设备起吊现场，起吊重物下不得有人。

(11)工作前进行必要的安全讲话，一切人员必须听从指挥，遵守各项规章制度。

(12)外来参观人员必须有专人陪同。

(13)公司内一切工作人员均应接受安全监察人员、保卫人员、消防人员及门岗警卫人员所提出意见。

(二)机械事故预防

机械伤害事故的发生很普遍，在使用机械设备的场所几乎都能遇到。一旦发生事故，轻则损伤皮肉，重则伤筋动骨，断肢致残，甚至危及生命。

机械伤害的形式主要有：卷入、挤压、碰撞或撞击、夹断、剪切、割伤或擦伤、卡住或缠住。各种不同机械制造成的伤害形式往往是不同的，其安全要求和事故预防措施也不尽相同。下面只对一般的预防机械伤害的方法加以介绍。

(1)机械设备应根据有关的安全要求，装设合理、可靠且不影响操作的安全装置。

(2)机械设备的零、部件的强度、刚度应符合安全要求，安装应牢固。

(3)供电的导线必须正确安装，不得有任何破损和漏电的地方。

(4)电机绝缘应良好，其接线板应有盖板保护。

(5)开关、按钮等应完好无损，其带电部分不能裸露在外。

(6)易接触部位照明应采用安全电压,禁止使用110伏或220伏的电压。

(7)重要的手柄应有可靠的定位及锁紧装置。同轴手柄应有明显的长短差别。

(8)手轮在机动后应能与转轴脱开。

(9)脚踏开关应有防护罩或藏入机身的凹入部分。

(10)操作人员应按规定穿戴好个人防护用品,机械加工严禁戴手套进行作业。

(11)操作前应对机械设备进行安全检查,先空车运转,确认正常后,再投入运行。

(12)机械设备严禁在故障情况下运行。

(13)不准随意拆除机械设备的安全装置。

(14)机械设备使用刀具、工夹具以及加工的零件等时要装卡牢固,不得松动。

(15)在机械运转时,严禁手调;不得用手测量零件或进行润滑时清扫杂物等。

(16)机械设备运转时,操作者不得离开工作岗位。

(17)工作结束后,应关闭开关,把刀具和工件从工作位置退出,并清理好工作场地,将零件、工夹具等摆放整齐,保持好机械设备的清洁卫生。

(三)触电事故预防

触电事故的发生存在一定的规律,主要有:

(1)季节性。根据触电事故的统计表明:二、三季度事故较多,主要是夏秋季天气多雨、潮湿,降低了电气绝缘性能,天气热,人体多汗衣单,降低了人体电阻,这段时间是施工和农忙的好季节,也是事故多发季节。

(2)低电压触电事故多。低压电网、电气设备分布广,人们接触使用500V以下电器较多,由于人们的思想麻痹,缺乏电气安全知识,导致事故多。

(3)单相触电事故多。触电事故中,单相触电要占70%以上,往往是非持证电工或一般人员私拉乱接,不采取安全措施造成事故。

(4)触电者中青年人多。这说明安全与技术是紧密相关的,工龄长、工作经验丰富、技术能力强、对安全工作重视,出事故的可能性就小。

(5)事故多发生在电气设备的连接部位。由于该部位紧固件松动、绝缘老化、环境变化和经常活动,会出现隐患或发生触电事故。

(6)行业特点:冶金行业的高温和粉尘;机械行业的场地金属占有系数高;化工行业的腐蚀、潮湿;建筑行业的露天分散作业;安装行业的高空移动式用电设备等,由于用电环境的恶劣条件,都是容易发生事故的行业。

(7)违章操作容易发生事故:这在拉临时线路、易燃易爆场所、带电作业和高压设备上操作等情况下最明显。

触电事故有以下的预防措施:

(1)电气操作属特种作业,操作人员必须经培训合格,持证上岗。

(2)车间内的电气设备,不得随便乱动。如果电气设备出了故障,应请电工修理,不得擅自修理,更不得带故障运行。

(3)经常接触和使用的配电箱、配电板、闸刀开关、按钮开关、插座、插销以及导线等,必须保持完好、安全,不得有破损或将带电部分裸露出来。

(4)在操作闸刀开关、磁力开关后,必须将盖盖好。

(5)电器设备的外壳应按有关安全规程进行防护性接地或接零;

(6)使用手电钻、电砂轮等手用电动工具时,必须做到以下几点:

①安设漏电保护器,同时工具的金属外壳应防护接地线;

②在使用单相手用电动工具时,其导线、插销、插座应符合单相三眼的要求,使用三相的手动电动工具,其导线、插销、插座应符合三相四眼的要求;

③操作时应戴好绝缘手套和站在绝缘板上;

④不得将工件等重物压在导线上,以防止压断导线发生触电。

(7)使用的行灯要有良好的绝缘手柄和金属护罩。

(8)在进行电气作业时,要严格遵守安全操作规程,遇到不清楚或不懂的事情,切不可不懂装懂,盲目乱动。

(9)一般禁止使用临时线,必须使用时,应经过安技部门批准,并采取安全防范措施,要按规定时间拆除。

(10)进行容易产生静电火灾、爆炸事故的操作时,如使用汽油洗涤零件、擦拭金属板材等,必须有良好的接地装置,及时消除聚积的静电。

(11)移动某些非固定安装的电气设备时,如电风扇、照明灯、电焊机等,必须先切断电源。

(12)在雷雨天,不可走近高压电杆、铁塔、避雷针的接地导线20米以内,以免发生跨步电压触电。

(13)发生电气火灾时,应立即切断电源,用黄沙、二氧化碳、四氯化碳等灭火器材灭火。切不可用水或泡沫灭火器灭火。

(14)打扫卫生、擦拭设备时,严禁用水冲洗或用湿布去擦拭电气设备,以防发生短路和触电事故。

(四)起重伤害事故预防

起重机械在厂矿企业的应用比较广泛,对于实现生产过程的机械化,提高生产效率,降低工人劳动强度等方面起重要作用。但是起重机械若使用不当却很容易造成伤害事故,在有些行业每年都有起重机械引起的事故,所以我们应对起重伤害事故的预防给予高度重视。起重伤害事故的主要类型:

(1)坠落事故:在作业中,人或吊具、吊载的重物从空中坠落造成的人身伤亡或设备损坏事故;

(2)触电事故:从事起重作业或其他作业人员,因违章操作或其他原因遭受的电气伤害事故;

(3)挤伤事故:作业人员被挤压在两个物体之间造成的挤伤、压伤、击伤等人身伤亡事故;

(4)机毁事故:起重机机体因为失去整体稳定性而发生倾覆翻倒,造成起重机机体严重损坏以及人员伤亡事故;

(5)其他事故:包括因误操作、起重机之间的相互碰撞、安全装置失效、野蛮操作、突发事件、偶然事件等引起的事故;

为预防起重伤害事故,必须做到以下几点:

(1)起重作业人员须经有资质的培训单位培训并考试合格,才能持证上岗。

(2)起重机械必须有安全装置:加起重限制器、行程限制器、过卷扬限制器、电气防护性接零装置、端部止挡、缓冲器、联锁装置、夹轨钳、信号灯等。

(3)严格检验和修理起重机机件,如钢丝绳、链条、吊钩、钩环和滚筒等,报废的立即更换。

(4)建立健全维护保养、定期检验、交接班制度和安全操作规程。

(5)起重机运行时,禁止任何人上下;也不能在运行中检修;上下吊车要走专用梯子。

(6)起重机的悬臂能够伸到的区域不得站人;电磁起重机的工作范围内不得有人。

(7)吊运物品时,不得从人头上过;吊物上不准站人;不能对吊挂着的东西进行加工。

(8)起吊的东西不能在空中长时间停留,特殊情况下应采取安全保护措施。

(9)起重机驾驶人员交接班时,应对制动器、吊钩、钢丝绳和安全装置进行检查,发现性能不正常时,应在操作前将故障排除。

(10)开车前必须先打铃或报警,操作中接近人时,也应给予持续铃声或报警。

(11)按指挥信号操作,对紧急停车信号,不论任何人发出,都应立即执行。

(12)确认起重机上无人时,才能闭合主电源进行操作。

(13)工作中突然断电时,应将所有控制器手柄扳回零位;重新工作前应检查起重机是否正常工作。

(14)在轨道上露天作业的起重机,当工作结束时,应将起重机锚定住;当风力大于6级时,一般应停止工作,并将起重机锚定住;对于门座起重机等在沿海工作的起重机,当风力大于7级时,应停止工作,并将起重机锚定好。

(15)当司机维护保养时,应切断主电源,并挂上标志牌或加锁。如果有未消除的故障应通知接班的司机。

(五)车辆运输伤害事故预防

厂内运输车辆虽然只是在厂院内运输作业,但是如果对安全驾驶的重要性认识不足、思想麻痹、违章驾驶以及车辆带病运行,就容易造成车辆伤害事故。据国家有关部门对全国工矿企业伤亡事故的统计表明,发生死亡事故最多的是厂内交通运输事故,约占全部工伤事故的25%。因此,车辆运输事故预防的重要性是不容忽视的,决不能掉以轻心。

厂内车辆伤害事故有以下规律：

(1)与时间有关，每天7点到15点半的事故最多；

(2)和驾驶员的年龄有关，一般18～40岁的人居多，其中18～25岁的占25%，25～40岁的占32.5%；

(3)受伤部位以腿、脚为最多。

车辆事故可分为碰撞、碾轧、乱擦、翻身、坠车、爆炸、失火、出轨和搬运装卸中的坠落及物体打击等。

造成车辆伤害事故的原因主要有：

(1)违章驾车。事故的当事人，由于思想等方面的原因，不按有关规定行驶，扰乱正常的厂内搬运秩序，致使事故发生，如酒后驾车、疲劳驾车、非驾驶员驾车、超速行驶、争道抢行、违章超车、违章装载等。

(2)疏忽大意。当事人由于心理或生理方面的原因，没有及时、正确地观察和判断道路情况而造成失误，如情绪急躁等原因引起操作失误而导致事故。

(3)车况不良。车辆的安全装置等部件失灵或不齐全，带"病"行使。

(4)道路环境差。厂区内的道路因狭窄、曲折、物品占道或天气恶劣等原因使驾驶员操作困难，导致事故增加。

(5)管理不严。由于车辆安全行使制度没有落实、管理规章制度或操作规程不健全、交通信号、标志、设施缺陷等原因导致事故发生。

预防事故的措施主要有以下几条：

(1)车辆驾驶人员必须经有资格的培训单位培训并考试合格后方可持证上岗。

(2)通过路口时，一定要瞭望，在没有危险时才能通过。

(3)车辆的各种机构零件，必须符合技术规范和安全要求，严禁带故障行驶。

(4)汽车的行驶速度在出入厂区大门时，时速不得超过5公里；在厂区道路上行驶，时速不得超过10公里。

(5)装卸货物，不得超载、超高。

(6)装载货物的车辆，随车人员应坐在指定的安全地点，不得站在车门踏板上，也不得坐在车厢侧板上或坐在驾驶室顶上。

(7)电瓶车装载易燃易爆、有毒有害物品时严禁驶入厂房内。

(8)严禁驾驶员酒后驾车、疲劳驾车、争道抢行等违章行为。

(9)在生活区内骑自行车时，严禁带人、双手撒把或速度过快，更不得与机动车辆抢道争快；在厂区内严禁骑自行车、摩托车。

(六)火灾事故预防

防火工作是企业安全生产的一项重要内容，一旦发生火灾事故，往往造成巨大的财物损失或人员伤亡。企业火灾事故有以下一些特点：

(1)爆炸性火灾多。爆炸引起火灾或火灾中产生爆炸是一些生产企业(例如石油、化工、矿山企业)的显著特点。这些企业生产中所采用的原料、生产的中间产品及最终产品多数具有易燃易爆的条件，就会发生爆炸并导致火灾，火灾又能引起爆炸。

(2)大面积流淌性火灾。可燃、易燃液体具有良好的流动特性，当其从设备内泄漏时，便会四处流淌，如果遇到明火，极易发生火灾事故。

(3)立体性火灾多。由于生产企业内存在的易燃易爆物质的流淌扩散性，生产设备密集布置的立体性和企业建筑的互相串通性，一旦初期火灾控制不利，就会使火势上下左右迅速扩展而形成立体火灾。

(4)火势发展速度快。在一些生产和储存可燃物品集中的场所，起火以后由于燃烧强度大、火场温度高、辐射热强、可燃气体液体的扩散流淌性极强、建筑的互通性等诸多条件因素的影响，使得火势蔓延速度较快。

发生火灾必须同时具备以下三个条件：

(1)有可燃物质。不论固体、液体或气体，凡是能与空气中的氧或其他氧化剂发生剧烈反应的物质，均可称为可燃物质。如碳、氢、硫、钾、木材、纸张、汽油、酒精、乙炔、丙酮、苯等。

(2)有氧化剂，即通常所说的助燃物质。如空气、氧气、氯气、氯酸钾以及高锰酸钾等。

(3)有点火源。即能引起可燃物质燃烧的能源。如明火焰、烟火头、电(气)焊火花、炽热物体、自燃发热物等。

所以只要使以上三个条件不具备，就可以预防火灾事故发生。发生事故以后，如果已经采取了限制火灾发展的措施，火灾便会得到控制，人员伤亡和经济损失就会减少。企业防火措施主要包括：

(1)易燃易爆场所如油库、气瓶站、煤气站和锅炉房等工厂要害部位严禁烟火，工厂不得随便进入。

(2)火灾爆炸危险较大的厂房内，应尽量避免明火及焊割作业，最好将检修的设备或管段拆卸到安全地点检修。当必须在原地检修时，必须按照动火的有关规定进行，必要时还需要请消防队进行现场监护。

(3)在积存有可燃气体或蒸汽的管沟、下水道、深坑、死角等处附近动火时，必须经处理和检验，确认无火灾危险时，方可按规定动火。

(4)炉窑、熬炼设备的操作，要坚守岗位，防止烟道蹿火和熬锅破漏。同时熬炼设备必须设置在安全地点作业并有专人值守。

(5)火灾爆炸危险场所应禁止使用明火烘烤结冰管道设备，宜采用蒸汽、热水待化冰解堵。

(6)对于混合接触发生反应而导致自燃的物质，严禁混存混运，对于吸水易引起自燃或自然发热的物质应保持贮存环境干燥，对于容易在空气中剧烈氧化放热的自燃物质，应密闭储存或浸在相适应的中性液体(如水、煤油等)中储存，避免与空气接触。

(7)易燃易爆场所必须使用防爆型电器设备，还应做好电气设备的维护保养工作。

(8)易燃易爆场所的操作人员必须穿戴好防静电服装鞋帽，严禁穿钉子鞋、化纤衣物进入，操作中严防铁器撞击地面。

(9)对于有静电火花产生的火灾爆炸危险场所，提高环境湿度，可以有效减少静电的危害。

(10)可燃物的存放必须与高温器具、设备的表面保持足够的防火间距，高温表面附近不宜堆放可燃物。

(11)熔渣、炉渣等高热物要安全处置，防止落入可燃物中。

(12)应掌握各种灭火器材的使用方法。不能用水扑灭碱金属、金属碳化物、氧化物火灾，因为这些物质遇水后会发生剧烈化学反应，并产生大量可燃气体、释放大量的热，使火灾进一步扩大。

(13)不能用水扑灭电气火灾，因为水可以导电，容易发生触电事故；也不能用水扑灭比水轻的油类火灾，因为油浮在水面上，反而容易使火势蔓延。

(七)爆炸事故预防

工业生产中的爆炸事故有以下特点：

(1)爆炸事故往往不仅单纯地破坏工厂设施、设备或造成人员伤亡，还会由于各种原因，进一步引发火灾等。一般后者的损失是前者的10～30倍。

(2)化学工业的爆炸事故最多，而且爆炸后引发火灾事故所占的比例也最高。

(3)在很多情况下，爆炸事故发生的时间都很短，所以几乎没有初期控制和疏散人员的机会，因而伤亡较多。

爆炸一般分为化学性和物理性爆炸两种类型。前者主要包括炸药、火药、可燃气体、蒸汽或粉尘等爆炸，后者主要包括锅炉、压力容器等。预防爆炸事故的措施主要有以下几点：

(1)采取监测措施，当发现空气中的可燃气体、蒸汽或粉尘浓度达到危险值时，就应采取适当的安全防护措施。

(2)在有火灾、爆炸危险的车间内，应尽量避免焊接作业，进行焊接作业的地点必须要和易燃易爆的生产设备保持一定的安全距离。

(3)如需对生产、盛装易燃物料的设备和管道进行动火作业时，应严格执行隔绝、置换、清洗、动火分析等有关规定，确保动火作业的安全。

(4)在有火灾、爆炸危险的场合，汽车、拖拉机的排气管上要安火星熄火器；为防止烟囱飞火，炉膛内要燃烧充分，烟囱要有足够的高度。

(5)搬运盛有可燃气体或易燃液体的容器、气瓶时要轻拿轻放，严禁抛掷、防止相互撞击。

(6)进入易燃易爆车间应穿防静电的工作服，不准穿带钉子的鞋。

(7)对于物质本身具有自燃能力的油脂、遇空气能自燃的物质以及遇水能燃烧爆炸的物质，应采取隔绝空气、防水、防潮或采取通风、散热、降温等措施，以防止物质自燃和爆炸。

(8)相互接触会引起爆炸的两类物质不能混合存放；遇酸、碱有可能发生分解爆炸的物质应避免与酸碱接触；对机械作用较为敏感的物质要轻拿轻放。

(9)对于不稳定物质，在贮存中应添加稳定剂。

(10)防止生产过程中易燃易爆物质的跑、冒、滴、漏，以防扩散到空间而引起火灾爆炸事故。

(八)中毒窒息事故预防

在工业生产中，常常要接触一些有毒有害的物质，这些物质往往是以气体或蒸汽形态出现，看不见、摸不着，危害人体健康，令人防不胜防。中毒以后，轻则引起头痛、头晕、身体不适等症状，重则使人窒息死亡。工业中常见的有毒物质主要有以下这些：铅、汞、锰、一氧化碳、氮氧化物、氯、氢氰酸和丙烯氰等。

下面就常见的一些有毒物质对人体的危害及预防作一些简单介绍：

1. 铅

铅中毒多为慢性，对人危害较为严重，引发的疾病多为神经系统、消化系统和血液系统疾病。预防措施主要有以下这些：

(1)用无毒或低毒物代替铅。

(2)用改进工艺，加强通风和烟尘的回收等方法降低空气中的铅浓度。

(3)加强个人防护，建立定期检查制度。如作业人员必须穿工作服、带过滤式防尘、烟口罩；严禁在车内吸烟、进食；班中吃东西、喝水必须洗手、洗脸及漱口，下班时必须洗澡、漱口，严禁穿工作服进食堂、出厂。

(4)定期测定车间空气中的铅浓度、检修设备。

2. 汞

当短期内吸入高浓度的汞蒸汽后，数小时后即可发病；慢性患者主要表现为易兴奋、肌肉震颤、口腔炎、自主神经功能紊乱等症状。预防汞中毒的措施主要有：

(1)改进工艺或改用代用品。

(2)在车间内防汞污染，如地面、墙壁、天花板、操作台宜用不吸附汞的光滑材料，操作台和地面应有一定的倾斜度，以便清扫和冲洗，低处应有贮水的汞吸收槽。

(3)加强个人防护。车间内汞浓度较高时，应戴防毒口罩或用2.5%～10%碘处理过的活性炭口罩；上班时穿工作服和带工作帽；班后应洗浴。

(4)应定期监测空气中汞的浓度，及时了解工人接触汞程度和环境状况。

3. 锰

工业生产中吸入多量氧化锰烟雾可导致“金属烟雾热”；慢性中毒早期以神经衰弱综合征和自主神经功能紊乱为主，继而出现明显的锥体外系神经受损症状。预防锰中毒的措施主要有：

(1)接触锰作业应采取防尘措施，必须戴防毒口罩；

(2)焊接锰作业尽量采用无锰焊条,用自动电焊代替手工电焊;

(3)手工电焊时最好使用局部机械抽风吸尘装置;

(4)工作场所禁止吸烟、进食。

4.一氧化碳

一氧化碳是一种剧毒气体,具有无色、无味、易燃、易爆等特性,在很多行业甚至日常生活都能接触到一氧化碳,平时所说的"煤气"中的主要成分就是一氧化碳。一氧化碳经呼吸道侵入人体后,比氧更容易和血液中的血红蛋白结合,导致人体严重缺氧。轻度中毒时常出现剧烈头痛、眩晕、心悸、胸闷、恶心、呕吐、耳鸣、全身无力等,若吸入过量的一氧化碳,则常意识模糊、大小便失禁,乃至昏迷、死亡。预防一氧化碳中毒应注意以下事项:

(1)屋内生煤炉取暖必须使用烟囱,使"煤气"能够顺利排到室外。

(2)应经常测定空气中的一氧化碳浓度或设立一氧化碳警报器和红外线一氧化碳自动记录仪,监测一氧化碳浓度变化。

(3)定期检修煤气发生炉和管道及煤气水封设备,防止一氧化碳泄漏。

(4)生产场所应加强自然通风,产生一氧化碳的生产过程要加强密闭通风;矿井放炮后必须通风20分钟以后,方可进入生产现场。

(5)进入危险区工作时须戴防毒面罩;操作后,应立即离开,并适当休息;作业时最好多人同时工作,便于发生意外时自救、互救。

5.氮氧化物

常见的氮氧化物有一氧化氮、二氧化氮。中毒时,若以二氧化氮为主,主要引起肺伤害;若以一氧化氮为主时,则可引起高铁血红蛋白症和中枢神经严重损害。预防氮氧化物中毒的方法主要有:

(1)酸洗设备及硝化反应锅应尽可能密闭和加强通风排毒;

(2)定期维修设备,防止毒气泄漏;

(3)加强个体防护,进入氮氧化物浓度较高的场所工作时应戴防毒面具。

6.氯

氯为黄绿色气体,有强烈刺激性气味。低浓度时,只侵犯眼和上呼吸道,对局部有灼伤刺激性作用;高浓度吸入后会引起迷走神经反射、心搏骤停而出现"电击样"死亡。预防氯中毒的方法主要有:

(1)严守安全操作规程,防止跑、冒、滴、漏,保持管道负压;

(2)含氯废气须经石灰净化处理再排放;

(3)检修或现场抢救时必须戴防护面具。

7.氢氰酸

常温常压下为无色透明液体,极易蒸发,其蒸气略带苦杏仁味。长期接触低浓度氢氰酸,可引起神经衰弱综合征和自主神经功能紊乱;人在短时间内吸入高浓度的氢氰酸可立即导致呼吸停止而骤死。

(1)改进工艺,以无毒代替有毒。

(2)加强密闭通风。

(3)严格遵守安全操作规程。如氰化物的保管、使用和运输应有专人负责;建立严格的专用制度;用氰化物熏仓库时要防止门窗漏气,并需经充分通风方可进入。

(4)加强个体防护。应配备防护服、手套、防毒口罩(活性炭滤料)或供氧式防毒面具;车间应配备洗手、更衣设备以及急救药品。

8. 丙烯氰

为无色、易燃、易挥发的液体,具特殊杏仁气味。丙烯氰可经呼吸道、皮肤和胃肠道进入人体,属高毒类。在 1000 毫克/立方米浓度中,1～2 小时可致死;在 300～500 毫克/立方米浓度中,5～10 分钟出现上呼吸道黏膜灼痛和流泪;在 35～220 毫克/立方米浓度中,20～40 分钟,除黏膜刺激症状外,还出现头部钝痛、兴奋、恐惧感、皮肤发痒。预防丙烯氰中毒的措施主要有:

(1)生产车间宜尽量采用露天框架式建筑,便于毒物扩散稀释;

(2)进入反应器前,必须充分排风,以排除残留的毒物;

(3)工作时应戴防毒口罩,工作后应用温水和肥皂清洗皮肤。

丙烯氰易透过橡皮,故不能戴橡皮手套进行操作,应使用专用手套。

(九)高空坠落事故预防

(1)凡患有心脏病、高血压等症和酒后神志不清者不得进行登高作业。

(2)从事三米以上高空作业时,必须穿戴好安全帽、安全带、防滑鞋才能工作,安全带应定期检查。

(3)登高作业前,必须仔细检查梯、凳、架等用具是否牢固可靠和摆放稳当,同时还要有专人扶持。

(4)陡滑屋面和施工中的四口(楼梯口、电梯口、预留口、通道口)要有防滑装置或加盖板。

(5)若遇有雷雨、大风天气急需抢修房屋,高空作业应采取可靠措施后才准进行。

第三节　从业人员的权利和义务

一、从业人员安全生产的权利

目前,我国还是一个发展中国家,生产力水平和安全生产水平比较低,有的危化品企业还存在以最低的生产成本和安全投入,追求利润最大化,不惜以牺牲从业人员安全生产权利甚至生命为代价,剥夺、限制、侵犯从业人员安全生产的权利的现象时有发生。有些从业人员的自我保护和维护权利的意识淡漠，根本不了解自己的合法权利，还有的从业人员来自农村，文化水平低，安全素质差，不知道自己应有的权利以及如何行使、维护自己的权益。造成有的企业不进行安全投入，不向从业人员提供劳动保护用品，把从业人员置于作业条件极其简陋恶劣或者极其危险的作业场所中，没有基本的人身保障。有的企业存在违章指挥，强令职工冒险作业，甚至还有“要钱不要命”从业人员。

案例

李立阳（化名）是江宁区一家化工厂的工人。从2006年起，他就经常出现头晕、全身乏力的症状。当年6月，李立阳在工作时突然晕倒。经诊断，李立阳血液中的白细胞、红细胞和血小板数量远远低于正常水平，患上了尿毒症。得知李立阳在化工厂工作，医生表示很可能是职业病。

可当李立阳找到工厂报销医药费时，单位只同意承担一小部分，同时将李立阳安排到实验室工作。2010年7月，李立阳因病情进一步恶化，准备去做职业病鉴定。单位得知后，竟将其解雇。

为讨回公道，李立阳来到江宁区法律援助中心寻求帮助。法援中心工作人员告诉他，在疑似职业病病人诊断或鉴定期间，用人单位不得单方面提出解除劳动合同，并很快帮李立阳申请劳动仲裁。经劳动仲裁委调解，化工厂同意一次性补偿李立阳各项损失3.5万元。

《中华人民共和国安全生产法》（2014年主席令第13号）、《中华人民共和国职业病防治法》（2016年修正）（2016年主席令第48号）、《中华人民共和国劳动法》（2007年主席令第65号）和《中华人民共和国劳动合同法》（2007年主席令第65号）等安全生产相关法律法规确立了生产经营单位从业人员安全生产方面的权利，可以概括为以下几项。

图3-5 《中华人民共和国安全生产法》宣传漫画

(一)获得安全保障、工伤保险的权利

《安全生产法》第四十九条规定，生产经营单位与从业人员订立的劳动合同，应当载明有关保障从业人员劳动安全、防止职业危害的事项，以及依法为从业人员办理工伤保险的事项。生产经营单位不得以任何形式与从业人员订立协议，免除或者减轻其对从业人员因生产安全事故伤亡依法应承担的责任。

图 3-6 《中华人民共和国安全生产法》宣传漫画

劳动合同是生产经营单位与从业人员之间确立劳动关系、明确双方权利和义务的书面协议，也是从业人员与生产经营单位确立劳动关系的基本形式。由于劳动合同的内容直接关系到从业人员的切身利益，为了规范劳动合同的订立，切实保障从业人员的合法权益，《劳动法》、《劳动合同法》等有关法律对劳动合同应当具备的条款作了明确的规定，包括劳动合同期限、工作内容、工作地点、劳动报酬、社会保险以及劳动保护、劳动条件、职业危害防护等。如果生产经营单位提供的劳动合同文本不具备上述必备条款，由劳动行政部门责令改正；给劳动者造成伤害的，依法承担赔偿责任。

为了切实保障从业人员在安全生产方面的权利，劳动合同应当载明有关保障从业人员劳动安全、防止职业危害和依法为从业人员办理工伤保险的事项。

1. 劳动合同应当载明有关保障从业人员劳动安全的事项

为了保障从业人员在劳动中的人身安全，明确责任，在劳动合同中必须对劳动安全条件、劳动防护用品的配备等有关劳动安全的事项予以明确。

2. 劳动合同必须载明有关防止职业危害的事项

职业危害是指从业人员在从事职业活动中，由于接触生产性粉尘、有害化学物质、物理因素、放射性物质而对劳动者身体健康所造成的伤害。一般包括：

(1)在生产过程中的危害。可分为化学因素的危害，如有毒物质和生产性粉尘的侵害；物理因素的危害，如高温高压、低温低压、电离辐射、非电离辐射、噪音、振动等；生物因素的危害，如生产劳动过程中的疫病、细菌、病毒感染等。

(2)与劳动状况有关的危害。包括作业时间过长，劳动负荷过重，从业人员生理状况不适应或个别生理器官或系统过度紧张，长时间采用同一不良体位等。

(3)与生产环境有关的危害。如厂房狭小、通风和照明不合理，缺乏防寒取暖和防暑降温等设施，卫生防护装置不健全等。为防止职业危害，生产经营单位应采取各种有效措施，并将这些措施载明在劳动合同中。此外，还应在劳动合同中载明对从事有职业危害的从业人员按国家规定定期进行监控检查，期间所占用的生产、工作时间，应当按正常出勤处理等内容。

3. 劳动合同应当载明依法为从业人员办理工伤保险的事项

工伤保险是指从业人员在从事生产劳动或者与职业活动有关的工作时所遭受的不良因素的伤害和职业病伤害，有权获得医疗救治和经济补偿。生产经营单位必须参加工伤保险，为从业人员缴纳保险费，这些事项都必须在合同中载明。

现实中，一些生产经营单位为了逃避应当承担的事故赔偿责任，在劳动合同中或以其他方式与从业人员订立协议，约定“工伤、死亡概不负责”等，企业免除或者减轻其对从业人员因安全生产事故伤亡依法承担的责任。从业人员由于缺乏相关法律法规知识或者急于就业，往往在不知情或者被迫的情况下签订此类协议。这种情况在实践中并不少见。

从业人员因安全生产事故受到伤害时的求偿权利，是一项根本性的权利，任何单位和个人都无权剥夺。生产经营单位与从业人员签订的包含类似“工伤概不负责”内容的任何协议，都属于违法的，没有法律效率。即使签订了此类协议，生产经营单位仍应承担责任。

(二)获知危险因素、防范措施和应急措施的权利

《职业病防治法》第二十五条规定，产生职业危害的用人单位，应当在醒目的位置设置公告栏，公布有关职业病防治的规章制度、操作规程，职业病危害事故应急救援措施和工作场所职业病危害因素检测结果。对产生严重职业病危害的作业岗位，应当在其醒目位置，设置警示标识和中文警示说明。警示说明应当载明产生职业病危害的种类、后果、预防以及应急救治措施等内容。第三十四条规定，用人单位与劳动者订立劳动合同(含聘用合同，下同)时，应当将工作过程中可能产生的职业病危害及其后果、职业病防护措施和待遇等如实告知劳动者，并在劳动合同中写明，不得隐瞒或者欺骗。劳动者在已订立劳动合同期间因工作岗位或者工作内容变更，从事所订立劳动合同中未告知的存在职业病危害的作业时，用人单位应当依照前款规定，向劳动者履行如实告知的义务，并协商变更原劳动合同相关条款。用人单位不得因此解除与劳动者所订立的劳动合同。

从事危险化学品作业的岗位，同样存在着对从业人员生命和健康带有危险、有害的因素，如有毒有害、腐蚀性、易燃易爆、噪音、火险、粉尘等，各种场所、工种、岗位、工序、设备、原材料、产品等都有可能引发人身伤害事故。如果作业人员事先知情，就可以加强自我保护，有针对性地采取防范措施，避免事故发生或者减少人身

伤亡，将事故损失降到最低限度。《安全生产法》第五十条规定："生产经营单位的从业人员有权了解其作业场所和工作岗位存在的危险因素、防范措施及事故应急措施，有权对本单位的安全生产工作提出建议。"要保证从业人员这项权利的行使，生产经营单位也有义务事前告知有关危险因素和事故应急措施，否则就侵犯了从业人员的权利，并应承担相应的法律责任。从业人员有权了解作业场所和工作岗位存在的危险因素、危害后果，以及针对危险因素应采取的防范措施和事故应急措施，企业必须向职工如实告知，不得隐瞒和欺骗。如果企业没有如实告知，职工有权拒绝工作，企业不得因此做出对职工不利的处分。国家安全生产监督管理总局第70号令《企业安全生产风险公告第六条规定》对企业向从业人员告知风险的方式和内容做出规定。

1. 告知方式

有关危险因素、防范措施及事故应急措施等可通过签订劳动合同来告知从业人员。如前所述，在劳动合同中，企业应当将工作场所所存在的危害因素及其防范措施、应配备的劳动防护用品和应采取的事故应急救援措施等，如实告知从业人员，不得隐瞒或者欺骗。

此外，企业还应当采取其他措施履行告知责任：

(1)通过在醒目的位置设置公告栏等方式，公布有关劳动安全卫生规章制度、安全操作规程、劳动安全事故应急救援措施、职业危害因素检测结果等。

(2)对职业危害较为严重的岗位和作业特点，应当在醒目位置设置警示标志并附有警示说明。警示说明应当载明职业危害因素的种类、后果、预防以及应急救援措施等内容。

(3)企业提供给从业人员的机器、设备、材料等，如果可能产生职业危害，应当同时向职工提供使用说明书或者安全操作规程。

2. 告知内容

从业人员有权了解的情况有以下两个方面的内容：

(1)作业场所和作业岗位存在的危害因素

主要包括：易燃易爆、有毒有害、噪声振动、辐射性物质等危险物品及其可能对人体造成的危害后果；机械、电气设备运转时存在的危险因素以及对人体可能造成的危害后果等。从业人员了解这些危险因素及其后果，对于他们提高防范意识十分重要。企业应当如实告知，不得隐瞒或者欺骗。

(2)对危害因素的防范措施和事故应急措施

对危害因素的防范措施是指为了防止、避免危害因素对从业人员的安全和健康造成伤害，从技术上、操作上和个体防护上所采取的措施。事故应急救援措施是指企业根据本单位实际情况，针对可能发生事故的类别、性质、特点和范围而制定的，一旦事故发生时，所应当采取的组织、技术措施和报警、急救、逃生等应急救援措施等。从业人员了解这些内容，可有效预防事故的发生，可将事故损失降低到最小限度，也可更好地进行自我保护。

(三)对本单位安全生产的建议、批评、检举和控告的权利

从业人员直接从事生产经营活动，对生产经营单位的安全生产状况尤其是安全管理中的问题和事故隐患最了解、最熟悉。因此，赋予从业人员其必要的安全生产监督权，才能做到预防为主，防患于未然。一些生产经营单位的主要负责人对安全问题熟视无睹，不听取从业人员的正确意见和建议，使本来可以发现、及时处理的事故隐患不断扩大，导致事故和人员伤亡；有的竟对批评、检举、控告生产经营单位安全生产问题的从业人员进行打击报复。针对这些问题，《劳动法》、《安全生产法》规定从业人员有权对本单位的安全生产工作提出建议；有权对本单位存在的问题提出批评；有权对违反安全生产法律、法规的行为，向主管部门和司法机关进行检举和控告。生产经营单位的主要负责人应当为从业人员充分行使权利提供机会，创造条件。要重视和尊重从业人员的意见和建议，并对他们的建议及时作出答复。

对于从业人员的检举、控告，有关机关应当查清事实，认真处理，任何人不得压制和打击报复。检举人、控告人如不愿公开自己姓名的，有关机关应当采取切实可行的措施，为其保密。

(四)拒绝违章指挥和强令冒险作业的权利

在生产经营活动中经常出现企业负责人或者管理人员违章指挥和强令从业人员冒险作业的现象，由此导致事故，造成人员大量伤亡。《劳动法》第五十六条规定：劳动者对用人单位管理人员违章指挥、强令冒险作业的，有权拒绝执行；对危害生命安全和身体健康的行为，有权提出批评、检举和控告。《安全生产法》第五十一条规定：生产经营单位不得因从业人员对本单位安全生产工作提出批评、检举、控告或者拒绝违章指挥、强令冒险作业而降低其工资、福利等待遇或者解除与其订立的劳动合同。法律赋予从业人员拒绝违章指挥和强令冒险作业的权利，不仅是为了保护从业人员的人身安全，也是为了警示生产经营单位负责人和管理人员自觉照章指挥，保证安全。从业人员有权拒绝违章指挥和强令冒险作业。违章指挥是指企业的有关管理人员违反安全生产的法律法规和有关安全规程、规章制度的规定，指挥职工进行作业的行为。强令冒险作业是指企业的有关管理人员，明知开始或继续作业可能会有重大危险，仍然强迫职工进行作业的行为。违章指挥和强令冒险作业违背了“安全第一”的方针，侵犯了职工的合法权益，是严重的违法行为，也是直接导致生产安全事故的重要原因。

实际工作中，一些生产经营单位把对本单位安全生产工作提出批评、检举、控告或者拒绝违章指挥和强令冒险作业的从业人员视为“刺儿头”，认为其“闹事”、“不听话”，对其打击报复，致使从业人员心存顾虑，不敢或者不能充分行使上述权利。因此，法律法规还对规定生产经营单位不得对从业人员行使上述权利进行打击报复。具体有：

图 3-7 《中华人民共和国安全生产法》宣传漫画

1. 不得降低从业人员的工资、福利等待遇

工资是从业人员依法取得的作为劳动报酬的一定数额的货币，是从业人员的主要生活来源，也是从业人员实现劳动力再生产的重要条件。保证从业人员定期获得工资，对于从业人员个人以及维持整个社会的劳动再生产都有极为重要的意义。福利是用人单位为从业人员提供的工资之外的各种物质或者精神上的便利。工资和福利都是从业人员的合法权益，从业人员付出劳动，依照合同及国家有关法律取得劳动报酬是其权利，而及时足额地向从业人员支付劳动报酬是生产经营单位的义务。生存经营单位不得因从业人员对本单位安全生产工作提出批评、检举、控告或者拒绝违章指挥和强令冒险作业，而降低从业人员的工资和福利补贴，也不能降低其他待遇，如停止为从业人员办理工伤保险等。

2. 不得解除劳动合同

劳动合同是生产经营单位与从业人员确立劳动关系、明确双方权利和义务的协议，一经依法签订即具有法律效力，当事人必须履行合同规定的义务。解除劳动合同应当依照法定条件进行。

根据《劳动合同法》的规定，除与从业人员协商一致，生产经营单位解除劳动合同的条件是：

(1)从业人员在试用期间被证明不符合录用条件的；

(2)从业人员严重违反用人单位的规章制度的；

(3)从业人员严重失职、营私舞弊，给用人单位造成重大损失的；

(4)从业人员同时与其他用人单位建立劳动关系，对完成本单位的工作任务造成严重影响，或者经用人单位提出，拒不改正的；

(5)以欺诈、胁迫的手段乘人之危，使对方在违背真实意思的情况下订立或者变更劳动合同，致使劳动合同无效的；

(6)从业人员被依法追究刑事责任的；

(7)有下列情形之一的，用人单位提前 30 日以书面形式通知劳动者本人或者额外支付劳动者1个月工资后，可以解除劳动合同：

①从业人员患病或者非因工负伤，在规定的医疗期满后不能从事原工作，也不能从事由用人单位另行安排的工作的；

②从业人员不能胜任工作，经过培训或者调整工作岗位，仍不能胜任工作的；

③劳动合同订立时所依据的客观情况发生重大变化，致使劳动合同无法履行，经用人单位与劳动者协商，未能就变更劳动合同内容达成协议的。

此外，用人单位依照《中华人民共和国企业破产法》进行重整或者生产经营发生严重困难等确需裁减人员的，并经向劳动行政部门报告后，可以裁减人员。

除了以上原因外，生产经营单位不得单方面解除劳动合同，更不得因从业人员行使了批评、检举、控告的权利或者拒绝违章指挥、强令冒险作业而解除与其订立的劳动合同。

（五）紧急情况下的停止作业和紧急撤离的权利

由于生产经营场所中自然和人为的危险因素的存在不可避免，经常会在生产经营作业过程中发生一些意外的或者人为的危险情况。譬如在从事矿山、建筑、危险物品生产作业时，一旦发现将要发生透水、冒顶、片帮、坠落、倒塌、危险物品泄漏、燃烧、爆炸等紧急情况并且无法避免时，首先要保护现场从业人员的生命安全。《安全生产法》第五十二条规定：从业人员发现直接危及人身安全的紧急情况时，有权停止作业或者在采取可能的应急措施后撤离作业场所。生产经营单位不得因从业人员在前款紧急情况下停止作业或者采取紧急撤离措施而降低其工资、福利等待遇或者解除与其订立的劳动合同。

从业人员在行使这项权利的时候，必须明确四个问题：

(1)危及从业人员人身安全的紧急情况必须有确实可靠的直接证据，该项权利不能滥用。凭借个人猜测或者误判而实际并不属于危及人身安全的所谓的“紧急情况”除外。

(2)紧急情况必须直接危及人身安全，间接或者可能危及人身安全的情况不应撤离，而应采取有效的处理措施。

(3)出现危及人身安全的紧急情况时，首先是停止作业，然后要采取可能的应急措施；采取应急措施无效时，再撤离作业场所。

(4)该项权利不适用于某些从事特殊职业的从业人员，譬如飞机驾驶人员、船舶驾驶人员、车辆驾驶人员等，根据有关法律、国际公约和职业规范，在发生危及人身安全的紧急情况下，他们不能先行撤离从业场所或者岗位。

从业人员发现直接危及人身安全的紧急情况时，有权停止作业，或者在采取可能的应急措施后，撤离作业场所。企业不得因职工在紧急情况下停止作业或者采取紧急撤离措施而降低其工资、福利待遇或者解除与其订立的劳动合同。但职工在行使这一项权利时要慎重，要尽可能正确判断险情危及人身安全的程度。

（六）获得职业健康防治的权利

对于从事接触职业危害因素，可能导致职业病的作业的职工，有权获得职业健康检查并了解检查结果。被诊断为患有职业病的职工有依法享受职业病待遇，接受治疗、康复和定期检查的权利。

(七)工伤保险和民事求偿的权利

《安全生产法》第五十三条规定，因生产安全事故受到损害的从业人员，除依法享有工伤保险外，依照民事法律尚有获得赔偿的权利的，有权向本单位提出赔偿。

工伤保险是为了保障因工作遭受事故伤害或者患有职业病的从业人员获得医疗救治和经济补偿，促进工伤预防和职业康复，分散生产经营单位的工伤风险的一种制度。工伤保险是强制性的，生产经营单位必须依法参加工伤保险，为从业人员缴纳保险费，这是其法定义务。《安全生产法》、《社会保险法》以及《工伤保险条例》明确规定，从业人员应当参加工伤保险，由用人单位缴纳工伤保险费，从业人员不必缴纳工伤保险费。

1.必须参加工伤保险与缴费及工伤认定的规定

(1)用人单位应当参加工伤保险，为本单位全部职工缴纳工伤保险费。

(2)职工受到事故以后，具有下列情形之一的，应当认定为工伤：

①在工作时间和工作场所内，因工作原因受到事故伤害的；

②工作时间前后在工作场所内，从事与工作有关的预备性或者收尾性工作受到事故伤害的；

③在工作时间和工作场所内，因履行工作职责受到暴力等意外伤害的；

④患职业病的；

⑤因工外出期间，由于工作原因受到伤害或者发生事故下落不明的；

⑥在上下班途中，受到非本人主要责任的交通事故或者城市轨道交通、客运轮渡、火车事故伤害的；

⑦法律、行政法规规定应当认定为工伤的其他情形。

2.认定与视同工伤的规定

(1)职工有下列情形之一的，视同工伤：

①在工作时间和工作岗位，突发疾病死亡或者在48小时之内经抢救无效死亡的；

②在抢险救灾等维护国家利益、公共利益活动中受到伤害的；

③职工原在军队服役，因战、因公负伤致残，已取得革命伤残军人证，到用人单位后旧伤复发的。

职工有前款第①项、第②项情形的，按照本条例的有关规定享受工伤保险待遇；职工有前款第③项情形的，按照本条例的有关规定享受除一次性伤残补助金以外的工伤保险待遇。

(2)职工有下列情形之一的，不得认定为工伤或者视同工伤：

①故意犯罪的；

②醉酒或者吸毒的；

③自残或者自杀的。

3. 工伤认定与劳动能力鉴定申请的规定

(1)职工发生事故伤害或者被诊断、鉴定为职业病以后,所在单位应在三十日内,向统筹地区社会保险行政部门提出工伤认定申请。用人单位不按规定提出工伤认定申请的,工伤职工或者其近亲属、工会组织在事故伤害发生之日或者被诊断、鉴定职业病之日起一年内,可以直接向社会保险行政部门提出工伤认定申请。

(2)职工发生工伤,经治疗伤情相对稳定后存在残疾、影响劳动能力的,应当向当地劳动能力鉴定委员会申请进行劳动能力鉴定。劳动功能障碍分为十个伤残等级,最重的为一级,最轻的为十级。生活自理障碍分为三个等级:生活完全不能自理、生活大部分不能自理和生活部分不能自理。

4. 工伤保险待遇

(1)职工一旦负伤,符合享受工伤保险待遇条件的,经社会保险行政部门认定,可享受医疗康复待遇、伤残待遇和死亡赔偿待遇。

(2)医疗康复待遇包括治疗费、药费、住院费用,以及在规定的治疗期内的工资待遇。

(3)伤残待遇包括一至十级工伤伤残职工的一次性伤残补助金;需要护理的,还可以享受生活护理费;需要安装辅助器具的,由基金支付费用。死亡待遇包括丧葬补助金、供养亲属抚恤金、一次性工亡补助金。

(4)依照《工伤保险条例》的规定,对因生产安全事故造成的职工死亡,其一次性工亡补助金标准调整为按全国上一年度城镇居民可支配收入的20倍计算,发放给工亡职工近亲属。

(5)因生产安全事故受到损害的从业人员,除依法享有工伤保险外,依照《中华人民共和国民法通则》、《中华人民共和国合同法》和《中华人民共和国侵权责任法》等有关民事法律,还有获得赔偿的权利的,有权向本单位提出赔偿要求。

图 3-8 《中华人民共和国安全生产法》宣传漫画

(6)对于安全生产事故,如果工伤保险不能补偿从业人员因事故受到的全部损害,同时生产经营单位对事故的发生负有责任的,则从业人员除依法享有工伤保险外,还有权向本单位提出赔偿要求。这就意味着,在工伤保险之外,从业人员还有可能获得相应的民事赔偿,以最大限度地补偿因事故受到的全部损害。

二、从业人员安全生产的义务

作为法律关系内容的权利和义务是对等的,没有无义务的权利。从业人员依法享有权利,同时必须履行法定义务,承担法律责任。由于从业人员违章违规操作引发责任事故的最多,其主要原因有四个:一是从业人员的法定安全生产义务不明确,无法可依;二是从业人员的安全素质差,责任心不强,违章违规操作;三是从业人员不履行法定义务所应承担的责任追究的依据不足;四是有关责任追究的法律规定较轻,不足以震慑违法者。因此,有必要对从业人员的安全生产义务和法律责任作出明确的规定。《安全生产法》、《劳动法》等有关法律、法规和规章规定了从业人员的四项义务。

(一)遵章守规、服从管理的义务

安全生产规章制度是生产经营单位根据本单位的实际情况,依照国家法律、法规和规章的要求所制定的有关安全生产的具体制度。操作规程是生产经营单位为保障安全生产而对各工序、各岗位、各环节的操作规范和具体程序所作的规定,是具体指导从业人员进行安全生产的重要技术准则。由于安全生产规章制度和操作规程是根据本单位的实际制定的,针对性强,对保障安全生产有特殊意义。对于从业人员来说,不仅要严格遵守安全生产的有关法律法规,还应当遵守企业的安全生产规章制度和操作规程,这是从业人员在安全生产方面的一项法定义务。从业人员必须增强法纪观念,自觉遵章守纪,从维护国家利益、集体利益以及自身利益出发,把遵章守纪、按章操作落到实处。从业人员违反规章制度和操作规程,是导致生产安全事故的主要原因之一。《劳动法》第五十六条规定劳动者在劳动过程中必须严格遵守安全操作规程。《安全生产法》第五十四条规定:"从业人员在从业过程中,应当严格遵守本单位的安全生产规章制度和操作规程,服从管理,正确佩戴和使用劳动防护用品。"

《中国华人民共和国刑法》(主席令〔1997〕第 83 号)规定,在生产、作业中违反有关安全管理的规定,因而发生重大伤亡事故或者造成其他严重后果的,处三年以下有期徒刑或者拘役;情节特别恶劣的,处三年以上七年以下有期徒刑。

从业人员服从管理,是指服从生产经营单位有关负责人以及安全生产管理人员在安全生产方面的管理。从业人员服从管理,是保持生产经营活动秩序,保障本单位安全生产各项要求得到落实,有效避免、减少生产安全事故发生的基本条件。当然,从业人员应当服从的是正当、合理的管理,对于违章指挥、强令冒险作业,从业人员有权拒绝。

(二)正确佩戴和使用劳动防护用品的义务

劳动防护用品是保护职工在劳动过程中安全与健康的一种防御性装备,不同的保护用品有其特定的佩戴和使用规则、方法,只有正确佩戴和使用,方能真正起到防护作用。生产经营单位必须为从业人员提供必要的、安全的劳动保护用品,以避免或者减轻作业和事故中的人身伤害。但实践中由于一些从业人员缺乏安全知识,认为佩戴和使用劳动防护用品没有必要,往往不按规定佩戴和使用或者不能正确佩戴和使用劳动防护用品,由此引发的人身伤害时有发生,造成不必要的伤亡。

比如进行有些化工设备检修作业时必须穿戴安全帽、防护服、防静电鞋等,从事高空作业必须有安全绳以防坠落等。另外有些从业人员虽然佩戴和使用劳动防护用品,但由于不会使用或者没有正确使用而发生人身伤害的案例也很多。因此,正确佩戴和使用劳保用品是从业人员必须履行的法定义务,这是保障从业人员人身安全和生产经营单位安全生产的需要。

图 3-9 《中华人民共和国安全生产法》宣传漫画

(三)接受安全生产培训和教育的义务

不同行业、不同生产经营单位、不同工种岗位和不同的生产经营设施、设备具有不同的安全技术特性和要求。随着生产经营领域的不断扩大和高新安全技术装备的大量使用,生产经营单位对从业人员的安全素质要求越来越高。从业人员的安全生产意识和安全技能的高低,直接关系到生产经营活动的安全可靠性。特别是从事危化品行业的从业人员,更需要具有系统的安全知识和熟练的安全生产技能,以及对不安全因素和事故隐患、突发事故的预防、处理的能力和经验。要适应生产经营活动对安全生产技术知识和能力的需要,必须对新招聘的、转岗的从业人员尤其是特种从业人员进行强制性的、专门的安全生产教育和安全培训。许多国有和大型企业一般比较重视安全培训工作,从业人员的安全素质比较高。但有些非国有和中小型企业不重视、不进行安全培训,企业的从业人员没有经过专门的安全生产培训，其中部分从业人员不具备应有的安全素质，因此违章违规操作，酿成事故的案例比比皆是。

从业人员应当通过安全生产教育和培训，掌握本职工作所需要的安全生产知识，提高安全生产技能，增强事故预防和应急处理能力。具体说，应当掌握以下知识和技能：有关安全生产的法律、法规以及本单位安全生产规章制度和安全操作规程；岗位存在的危险和有害因素、预防措施和应急处理措施；劳动防护用品的性能及正确使用方法；车间、作业场所布局及特殊危险场所（地点）的位置；事故预防和应急处理知识等。这是现代社会从业人员应当具备的基本素质。

图 3-10 《中华人民共和国安全生产法》宣传漫画

特种作业人员和有关法律法规规定的必须持证上岗的从业人员，必须经培训考核合格后，依法取得相应的资格证书或合格证书，方可上岗作业。《安全生产法》第五十五条规定："从业人员应当接受安全生产教育和培训，掌握本职工作所需的安全生产知识，提高安全生产技能，增强事故预防和应急处理能力。"这对提高生产经营单位从业人员的安全意识、安全技能，预防、减少事故和人员伤亡，具有积极意义。

（四）发现事故和隐患及时报告的义务

从业人员直接承担具体的作用活动，更容易发现事故、隐患或者其他不安全因素。在实际工作中，有的从业人员对单位的安全生产以及自己和他人的生命财产安全严重不负责任，麻木不仁，对事故、隐患和其他不安全因素熟视无睹；或心存侥幸，认为不会出问题，对发现的事故、隐患或其他不安全因素不及时报告，以致造成严重后果。为了提高从业人员的安全生产意识，增强其责任心，确保事故、隐患和其他不安全因素能够及时得到处理，防止和减少生产安全事故，《安全生产法》第五十六条规定：从业人员发现隐患或者其他不安全因素，应当立即向现场安全生产管理人员或者本单位负责人报告；接到报告的人员应当及时予以处理。《生产安全事故报告和调查处理条例》第九条规定：事故发生后，事故现场有关人员应当立即向本单位负责人报告；单位负责人接到报告后，应当于1小时内向事故发生地县级以上人民政府安全生产监督管理部门和负有安全生产监督管理职责的有关部门报告。国家安全生产监督管理总局第16号总局令《安全生产事故隐患排查治理暂行规定》第六条规定：任何单位和个人发现事故隐患，均有权向安全监管监察部门和有关部门报告。

图3-11　《中华人民共和国安全生产法》宣传漫画

从业人员一旦发现事故、隐患或者其他不安全因素，应当立即向现场安全生产管理人员或者本单位负责人报告，不得隐瞒不报或者拖延报告。从业人员及时报告，对生产经营单位及时消除事故、隐患和其他不安全因素，采取必要的安全防范措施，具有十分重要的意义。可以说，从业人员报告的越早，事故、隐患或者其他不安全因素造成危害的可能性和严重性就越小。因此，报告事故、隐患和其他不安全因素，责在及时，重在及时。从业人员发现事故、隐患或者其他不安全因素后，应当将有关情况如实报告，既不能夸大事实，也不能大事小化，以免影响对事故、隐患或者其他不安全因素的正确判断和处置。同时，接到报告的现场安全管理人员或者单位负责人应当根据具体情况及时处理，对能够立即消除的隐患或者其他不安全因素要立即消除；不能立即消除的，要采取措施限期消除；情况紧急需要暂时停产停业的，要及时作出决定。

此外，针对实际中劳务派遣用工形式存在的突出问题，《安全生产法》第五十八条规定：生产经营单位使用被派遣劳动者时，被派遣劳动者享有本法规定的从业人员的权利，并应当履行本法规定的从业人员的义务。

《劳动合同法》对劳务派遣有详细规定，劳动合同用工是我国的企业基本用工形式，劳务派遣用工是补充形式，只能在临时性、辅助性或者替代性的工作岗位上实施。现在越来越多的生产经营单位开始使用被派遣劳动者，一系列问题也相继产生。由于被派遣劳动者与用工的生产经营单位之间只有用工关系，不存在劳动合同关系，因此一些生产经营单位被派遣劳动者不是本单位正式员工，仅仅把使用被派遣劳动者当做降低成本的手段，不依法保障其合法权益，造成同工不同酬、福利待遇差别大等问题。特别是在安全生产方面，有的生产经营单位对被派遣劳动者也“另眼相看”，既表现为不保障被派遣劳动者在安全生产方面的权利，也表现为对被派遣劳动者是否履行安全生产方面的义务疏于管理，甚至不闻不问。有的被派遣劳动者也认为自己在身份上比正式员工“低人一等”，没有归属感，不知道、不敢或不会维护自己在安全生产方面的权利，不知道或者以无所谓的态度对待自己在安全生产方面的义务。这些问题的存在，不仅损害了被派遣劳动者的合法权益，而且直接危及安全生产。

《安全生产法》、《劳动合同法》等法律明确了被派遣劳动者与正式员工在安全生产的权利和义务完全平等。

图 3-12 《中华人民共和国安全生产法》宣传漫画

第四章　应急避险与现场急救

第一节　应急避险措施及方法

我国现行国家标准《企业职工伤亡事故分类》(GB6441-1986)中,将事故类别划分成20项。现就车辆伤害、机械伤害、起重伤害、触电、淹溺、灼烫、火灾、高处坠落、锅炉爆炸、容器爆炸、其他爆炸、中毒和窒息、其他伤害等与危化品企业相关的一些事故的应急避险措施和方法加以介绍。

一、车辆伤害

(一)伤害及情形

车辆伤害是指本企业机动车辆引起的机械伤害事故。

车辆伤害泛指企业机动车辆(含有轨运输车辆)在行驶中引起的人体坠落和物体倒塌、下落、挤压伤亡事故,不包括起重设备提升、牵引车辆和车辆停驶时发生的事故。

(二)应急处置措施

(1)事故车辆必须立即停车,驾驶员或事故现场人员必须保护好事故现场,交管人员未到场前和未得到其允许前不得挪动车辆。必须移动时,应当标明其所在位置,必要时应有旁证人。同时向项目部现场管理人员报告并同时联系当地交通事故报警中心(122)和医疗急救中心(120)。如有火警,要向消防部门报警(119)。报告内容:事故具体部位、车辆牌号、人员伤亡情况、车况情况及事发时间等。

(2)现场人员同时要在救援人员未到前采取合适方法积极进行自救。自救原则:先救人,后救财物(设备);先救重伤者,后救轻伤者;先救重要财物,后救其他;有火警时,先救人后灭火。

(3)救援人员接到险情信号,了解相关报告情况后进行相应的对应安排,并组织安排救援所需的车辆、人员赶赴现场协助救援。

(4)如当地医疗急救人员未到时,项目部救援人员应积极进行自救,自救原则同第2条。

(5)现场人员或救援人员应积极配合交管部门做好现场勘察和人员、交通疏散。如有设备救援,采取的措施应符合有关规定。如起吊设备时应遵守《起重作业安全规程》,灭火时应遵守《消防法》。

二、机械伤害

(一)伤害及情形

机械伤害是指机械操作引起的伤害。

机械伤害泛指机械设备与工具引起的夹击、碰撞、剪切、卷入、绞、碾、割、刺等形式的伤害。如材料加工生产时绞、碾;切屑伤人;手或身体被卷入;手或其他部位被刀具碰伤;被转动的机械缠压住等。但属于车辆、起重设备的情况除外。

(二)应急处置措施

(1)当施工人员发生机械伤害事故时,立即断电停机。

(2)报告现场管理人员,说明机械设备的位置、人员伤亡等情况。

(3)观察伤者的受伤情况、部位、伤害性质,不得盲目施救。

三、起重伤害

(一)伤害及情形

起重伤害是指在进行各种起重作业(包括吊运、安装、检修、试验)中发生的重物(包括吊具、吊重或吊臂)坠落、夹挤、物体打击、起重机倾翻、触电等事故。

起重伤害泛指桥式起重机、龙门起重机、门座起重机、搭式起重机、悬臂起重机、桅杆起重机、铁路起重机、汽车吊、电动葫芦、千斤顶等进行作业,如起重作业时,脱钩砸人,钢丝绳断裂抽人,移动吊物撞人,钢丝绳刮人,滑车碰人等伤害;包括起重设备在使用和安装过程中的倾翻事故及提升设备过卷、蹲罐等事故。

(二)应急处置措施

1. 突发险情时处理

(1)暴雨、台风前后,项目部应及时组织各作业队详细检查,提升设备稳固情况,发现结构松动、倾斜、变形、下沉、噪声、漏雨、漏电等现象,及时加固和修理,消除隐患。

(2)重物提升途中如遇突然停电,操作人员应立即切断电源,并向井下发出信号,提醒注意,禁止设备、人员从重物下方通过。同时,操作人员应坚守岗位,等待电源恢复,不允许擅自离岗。

(3)重物下降制动时如发现严重自溜(刹不住车),不必惊慌失措,此时不能断电停车,应一直按着“下降”按钮,按正常下降速度使重物降至地面无人处,然后再进行检修工作。

2.突发险情后处理

(1)对现场进行警戒,禁止无关人员随意进出。应准确判断事故影响范围,专人对影响区域进行检查,确定抢救方案,救援人员开展抢救。抢险救援队员在经过充分评估确认安全后方可进入现场组织抢险救援。如事故的影响还在继续或加重,抢险救援人员不得进入事故现场;被重物压住或被围困的人员应保持冷静并积极展开自救。

(2)抢救时对压住受伤人员的重量和体积较大的铁件、附件,由吊车平稳吊离;重量和体积较小的物体,至少由两人轻轻抬离,防止对受伤人员的二次伤害。起重吊装事故发生后,往往会伴随着其他事故的发生或造成隐患,通常用挖掘机或钢钎等工具清理悬浮不稳的机具和材料,起重吊装事故通常也会影响到装置设备、管道、电缆电线等,必须对发生的事故进行综合性的处理。

(3)抢险救援中应保持现场秩序和应急状态下设施和物资的安全。

四、触电

(一)伤害情形

触电是指电流流经人体,造成生理伤害的事故。

触电泛指直接或间接接触带电体,如人体接触带电的设备金属外壳,裸露的临时线,漏电的手持电动工具;起重设备误触高压线;触电坠落等事故。

(二)应急处置措施

1.迅速急救

(1)对于低压触电事故,可采用下列方法使触电者脱离电源

(2)如果触电地点附近有电源开关,立即切断电源开关。

(3)可用有绝缘手柄的电工钳、干燥木柄的斧头、干燥木把的铁锹等切断电源线。也可采用干燥木板等绝缘物插入触电者身下,以隔离电源。

(4)当电线搭在触电者身上或被压在身下时,也可用干燥的衣服、手套、绳索、木板、木棒等绝缘物为工具,拉开、提高或挑开电线,使触电者脱离电源。切不可直接去拉触电者。

2.高压触电

(1)立即通知有关部门停电。

(2)带上绝缘手套,穿上绝缘鞋,用相应电压等级的绝缘工具按顺序拉开开关。

(3)用高压绝缘杆挑开触电者身上的电线。

(4)触电者如果在高空作业时触电,断开电源时,要防止触电者摔下来造成二次伤害:

①如果触电者伤势不重,神志清醒,但有些心慌,四肢麻木,全身无力或者触电者曾一度昏迷,但已清醒过来,应使触电者安静休息,不要走动,严密观察并送医院。

②如果触电者伤势较重，已失去知觉，但心脏跳动和呼吸还存在，应将触电者抬至空气畅通处，解开衣服，让触电者平直仰卧，并用软衣服垫在身下，使其头部比肩稍低，以免妨碍呼吸，如天气寒冷要注意保暖，并迅速送往医院。如果发现触电者呼吸困难，发生痉挛，应立即准备对心脏停止跳动或者呼吸停止后的抢救。

③如果触电者伤势较重，呼吸停止、心脏跳动停止或二者都已停止，应立即进行口对口人工呼吸法及胸外心脏按压法进行抢救，并送往医院。在送往医院的途中，不应停止抢救，许多触电者就是在送往医院途中死亡的。

④人触电后会出现神经麻痹、呼吸中断、心脏停止跳动，呈现昏迷不醒状态，通常都是假死，不应停止抢救。

⑤对于触电者，特别高空坠落的触电者，要特别注意搬运问题，很多触电者，除电伤外还有摔伤，搬运不当，如折断的肋骨扎入心脏等，可造成死亡。

⑥对于假死的触电者，要迅速持久的进行抢救，有不少的触电者，是经过四个小时甚至更长时间的抢救而抢救过来的。有经过六个小时的口对口人工呼吸及胸外挤压法抢救而活过来的实例。只有经过医生诊断确定死亡，才能停止抢救。

详见第二章第五节内容。

五、淹溺

(一)伤害及情形

淹溺是指因大量水经口、鼻进入肺内，造成呼吸道阻塞，发生急性缺氧而窒息死亡的事故。它泛指人员进入或误入有水区域等。

(二)应急处置措施

(1)发生溺水事故后，发现人员首先高声呼喊，通知现场负责人，同时采取必要措施对溺水人员进行救护，并向附近医疗机构求助救援。现场负责人立即向项目相关人员报告，并参与救护。

(2)救援人员携带抢救器具赶到现场后，在确保安全情况下迅速对溺水人员开展抢救。

(3)溺水人员经抢救离水后，应立即进行人工呼吸等有效救治措施。

六、灼烫

(一)伤害及情形

灼烫是指强酸、强碱溅到身体引起的灼伤；或因火焰引起的烧伤；高温物体引起的烫伤；放射线引起的皮肤损伤等事故。

灼烫泛指烧伤、烫伤、化学灼伤、放射性皮肤损伤等伤害。不包括电烧伤以及火灾事故引起的烧伤。如现场接触浓硫酸等灼伤，电、气焊接切割，其他各类热加工、开水、高温蒸汽等热源产生的烫伤等。

(二)应急处置措施

(1)伤害发生后,应快速判断现场安全状况,尽可能将伤者撤离转移至安全区域。

(2)尽快通知现场管理人员进行下一步处理。

(3)发生强酸、强碱灼伤的,第一时间采用大量洁净清水进行清洗。发生小面积烧烫伤时立即采取清水、冷敷等降温措施,大面积烧伤的应首先使用清水进行皮肤降温处理,后送医救治。切不可进行胡乱涂抹油膏等处理。

七、火灾

(一)伤害及情形

火灾是指在时间和空间上失去控制的燃烧所造成的灾害。如由于动火管理不当,防水层等易燃材料、房屋、用电线路等发生的火灾。

(二)应急处置措施

(1)一旦着火,发现人要将火灾信息迅速报告现场管理人员,并对周边人员(如隧道其他作业面,临近建筑、宿舍的人员)发出报警信号,同时立即组织扑救初起火灾。

(2)隧道内人员听到火灾警报声响及信号时,应快速向洞口方向撤离,并协助扑灭初起火灾,火灾无法控制时快速向洞口逃离,学会使用防毒口罩、湿毛巾等过滤有毒烟尘呼吸,学会快速通过烟火段等逃生技能(匍匐前行等)。

(3)管理人员接到火灾报警后应立即了解着火、爆炸地点,起火部位,燃烧物品,目前状况。立即确认是否成灾。

(4)确认火灾后发现人立即拨打内部消防应急电话,或有条件的应及时拨打119、110等外部报警电话。

(5)熟悉现场火灾逃生通道及消防通道,通道应保持畅通,不得堆放杂物等堵塞。

(6)火场内无关人员应该快速撤离现场,在外围维护现场秩序,为现场灭火创造条件。火场外无关人员不得进入火场内。

八、高处坠落

(一)伤害及情形

高处坠落是指由于危险重力势能差引起的伤害事故,或指进行高处作业时发生坠落引起的伤害。根据《高处作业分级》(GB/T 3608—2008)的规定,凡在坠落高度基准面2m以上(含2m)有可能坠落的高处进行的作业,均称为高处作业。

高处坠落泛指从脚手架、平台、陡壁、高边坡施工等高于地面的坠落;或由地面踏空失足坠入人工挖孔桩、深基坑等洞、坑、沟、升降口、漏斗等情况。但排除以其他类别为诱发条件的坠落。如高处作业时,因触电失足坠落应定为触电事故,不能按高处坠落划分。

(二)应急处置措施

(1)伤害发生后,应快速判断现场安全状况,尽可能将伤者撤离转移至安全区域。

(2)采取呼叫、电话等方式尽快通知现场管理人员。

(3)观察伤者的受伤情况、部位、伤害性质,不得盲目施救。

九、炸药爆炸

(一)定义及情形

指炸药在生产、运输、贮藏的过程中发生的爆炸事故。

泛指炸药生产在配料、运输、贮藏、加工过程中,由于振动、明火、摩擦、静电作用,或因炸药的热分解作用,贮藏时间过长或存药过多发生的化学性爆炸事故。

(二)应急处置措施

1.发生爆炸事故后,应快速判断现场安全状况,尽可能避开烟尘、着火、坍塌、坑洼等地撤离转移至安全区域。

2.根据现场情况尽可能进行自救和互救,并立即向现场管理人员报告。

十、锅炉爆炸

(一)定义及情形

锅炉爆炸是指由于其他原因导致锅炉承压负荷过大造成的瞬间能量释放现象,锅炉缺水、水垢过多、压力过大等情况都会造成锅炉爆炸。

锅炉泛指使用工作压力大于 0.7 表大气压、以水为介质的蒸汽锅炉(以下简称锅炉),但不适用于铁路机车、船舶上的锅炉以及列车电站和船舶电站的锅炉。

(二)应急处置措施

1.设备应急处置要点

(1)发现锅炉严重缺水时应紧急停炉,严禁向锅炉内进水。立即停止供给燃料,停止鼓风减弱引风,将炉排前部煤扒出炉外,将炉排开到最大,使燃烧物快速落入渣斗,用水浇灭,炉火熄灭后,停止引风,开启灰门、炉门促使加速冷却。注意:严禁向锅炉给水;不得采取措施迅速降压,防止事故扩大;不得采取向炉膛浇水灭火的方法熄炉火。

(2)锅炉超压时应迅速减弱燃烧,手动开启安全阀或放空阀,加大给水、加大排污(此时要注意保持锅炉正常水位),降低锅水温度从而降低锅炉汽包压力。

(3)炉管破裂不严重且能保持水位,事故不至扩大时,可短时间降低负荷运行,严重爆管且水位无法维持,必须紧急停炉。但引风不应停止,还应继续上水,降低管壁温度。如:因缺水而管壁过热而爆管时,应紧急停炉,严禁向锅炉给水,尽快撤出炉内余火,降低炉膛温度,减少锅炉过热程度。锅炉外汽水管道发生爆破应紧急停炉。

(4)锅炉严重爆炸时要及时抢救有关人员,防止建筑物继续倒塌伤人。

(5)蒸汽锅炉还会产生满水、汽水共腾等事故,应及时采取有效的措施给予消除隐患。

2. 现场应急处置措施

(1)在事故险情出现时,应观察确认周围情况,立即避开高温、破裂管道区域并撤离至安全区域。

(2)尽可能展开自救、互救,并及时上报现场情况,请求救援。

(3)撤离过程中要听从指挥、按秩序依次撤离,切勿猛冲乱窜。

(4)在撤离事故现场的途中被蒸汽所围困时,由于蒸汽一般是向上流动,地面上的蒸汽雾相对比较稀薄,因此可争取低姿势行走或匍匐穿过蒸汽。

(5)在确认安全的情况下,及时采取措施,控制锅炉爆炸。

十一、容器爆炸

(一)定义及情形

容器(压力容器的简称)爆炸是指承受压力载荷的密闭装置因容器破裂引起的气体物理性爆炸。这包括容器内盛装的可燃性液化气,在容器破裂后,立即蒸发,与周围的空气混合形成爆炸性气体混合物,遇到火源时产生的化学爆炸,也称容器的二次爆炸。如空压机储气罐、氧气乙炔瓶、煤气罐、二氧化碳气瓶等发生的爆炸。

(二)应急处置措施

1. 设备应急处置要点

(1)发现泄漏时要马上切断进气阀门及泄漏处前端阀门。

(2)发生超压超温时要马上切断进气阀门,对于反应容器停止进料,对于无毒非易燃介质,要打开放空管排气,对于有毒易燃易爆介质要打开放空管,但要将介质通过接管排至安全地点。

(3)属超温引起的超压除采取第 2 条措施外还要通过水喷淋冷却以降温。

(4)容器本体泄漏或第一道阀门泄漏要根据容器、介质的不同研制专用堵漏技术和堵漏工具。

(5)易燃易爆介质泄漏时要对周边明火进行控制,切断电源,严禁一切用电设备运行,防止静电产生。

2. 现场应急处置

(1)在事故险情出现时,应观察确认周围情况,立即避开危险区域撤离至安全区域。

(2)尽可能展开自救、互救,并及时上报现场情况,请求救援。

(3)撤离过程中要听从指挥、按秩序依次撤离,切勿猛冲乱窜。

(4)在确认安全的情况下,及时采取措施,控制压力容器防止爆炸危害扩大。

十二、其他爆炸

(一)定义及情形

凡不属于炸药、锅炉、压力容器、瓦斯爆炸的事故均列为其他爆炸事故。

例如:

(1)可燃性气体与空气混合形成的爆炸,可燃性气体如煤气、乙炔、氢气、液化石油气,在通风不良的条件下形成爆炸性气体混合物,引起的爆炸;

(2)可燃蒸气与空与混合形成的爆炸性气体混合物如汽油挥发气引起的爆炸;

(3)可燃性粉尘如铝粉、镁粉、锌粉、有机玻璃粉、聚乙烯塑料粉、面粉、谷物淀粉、糖粉、煤尘、木粉,以及可燃性纤维,如麻纤维、棉纤维、醋酸纤维、腈纶纤维、涤纶纤维、维纶纤维等与空气混合形成的爆炸性气体混合物引起的爆炸;

(4)间接形成的可燃气体与空气相混合,或者可燃蒸气与空气相混合(如可燃固体、自燃物品,当其受热、水、氧化剂的作用迅速反应,分解出可燃气体或蒸气与空气混合形成爆炸性气体),遇火源爆炸的事故。

例如,炉膛爆炸、钢水包爆炸、亚麻粉尘的爆炸,都属于上述爆炸方面的现象,亦均属于其他爆炸。

(二)应急避险知识

参见其他爆炸以外的爆炸情形。

十三、中毒和窒息

(一)定义及情形

机体过量或大量接触化学毒物,引发组织结构和功能损害、代谢障碍而发生疾病或死亡的现象,称中毒。因外界氧气不足或其他气体过多或者呼吸系统发生障碍而呼吸困难甚至停止呼吸,叫窒息。两种现象并存的称为中毒和窒息事故。

中毒和窒息泛指隧道开挖、桥梁路基基础开挖过程以及盾构密闭区间等可能导致中毒和窒息的情形,不适用于病理变化导致的中毒和窒息的事故,也不适用于慢性中毒的职业病导致的死亡。

隧道爆破作业时产生的烟尘或其他不明气体可引起人员中毒。人工挖孔桩作业中产生有毒有害气体时就容易发生中毒和窒息事故。深基坑作业,容易因缺氧导致窒息伤害以及特种焊工过程中容易出现有毒气体、物质等造成作业人员中毒。

(二)应急处置措施

(1)在事故险情出现时,应观察确认周围情况,立即避开危险区域撤离至安全区域。

(2)尽可能展开自救、互救,并及时上报现场情况,请求救援。

(3)撤离过程中要听从指挥,按秩序依次撤离,切勿猛冲乱窜。

(4)中毒人员应立即被送往医院救治。

(5)对窒息人员应及时将其转移至通风良好场所,进行人工呼吸等救助措施,并等待医疗救助。

(6)发生中毒和窒息事故后,要加强通风,稀释现场有毒有害气体含量。

(7)发生中毒事故后,现场撤离人员可采用打湿毛巾、衣物等掩住口鼻,快速撤离。

第二节　现场急救措施及方法

一、危险化学品事故应急救援演习

(一)应急演习类别

应急演习是指来自多个机构、组织或群体的人员针对假设事件,履行实际紧急事件发生时各自职责和任务的排练活动。应急演习可采用包括桌面演习、功能演习和全面演习在内的多种演习类型。

图 4-1　应急演习漫画

1. 桌面演习

桌面演习是指由应急组织的代表或关键岗位人员参加的,按照应急预案及其标准运作程序讨论紧急情况时应采取行动的演习活动。桌面演习的主要特点是对演习场景进行口头演习,一般是在会议室内举行非正式的活动,主要作用是在没有时间压力的情况下,演习人员检查和解决应急预案中问题的同时,获得一些建设性的讨论结果。主要目的是在友好、较小压力的情况下，锻炼演习人员解决问题的能力，以及解决应急组织相互协作和职责划分的问题。

桌面演习只需展示有限的应急响应和内部协调活动，应急响应人员主要来自本地应急组织，事后一般采取口头评论形式收集演习人员的建议，并提交一份简短的书面报告，总结演习活动和提出有关改进应急响应工作的建议。桌面演习方法成本较低，主要用于为功能演习和全面演习做准备。

2. 功能演习

功能演习是针对某项应急响应功能或其中某些应急响应活动举行的演习活动。功能演习一般在应急指挥中心举行，并可同时开展现场演习，调用有限的应急设备，主要目的是针对应急响应功能，检验应急响应人员及应急管理体系的策划和响应能力。功能演习比桌面演习规模要大，需动员更多的应急响应人员和组织，必要时，还可要求上级应急响应机构的参与演习方案过程，为演习方案设计、协调和评估工作提供技术支持，因而协调工作的难度也随着更多应急响应组织的参与而增大。

3. 全面演习

全面演习针对应急预案中全部或大部分应急响应功能，是检验、评价应急组织应急运行能力的演习活动。全面演习一般要求持续几个小时，采取交互式方式进行，演习过程要求尽量真实，调用更多的应急响应人员和资源，并开展人员、设备及其他资源的实战性演习，以展示相互协调的应急响应能力。

与功能演习类似，全面演习也少不了负责应急运行、协调和政策拟订人员的参与，以及上级应急组织人员在演习方案设计、协调和评估工作中提供的技术支持，但全面演习过程中，这些人员或组织的演示范围要比功能演习更广。

三种演习类型的最大差别在于演习的复杂程度和规模，所需评价人员的数量与实际演习、演习规模、地方资源等状况。无论选择何种应急演习方法，应急演习方案必须适应辖区重大事故应急管理的需求和资源条件。

(二)演习目的与要求

1. 目的

应急演习的目的是评估应急预案的各部分或整体是否能有效地付诸实施，验证应急预案可能出现的各种紧急情况的适应性，找出应急准备工作中可能需要改善的地方，确保建立和保持可靠的通信渠道及应急人员的协同性，确保所有应急组织熟悉并能够履行他们的职责，找出需要改善的潜在问题。应急演习有助于：

(1)在事故发生前暴露预案和程序的缺点；

(2)辨识出缺乏的资源(包括人力和设备)；

(3)改善各种反应人员、部门和机构之间的协调水平；

(4)在企业应急管理的能力方面获得大众认可和信心；

(5)增强应急反应人员的熟练性和信心；

(6)明确每个人各自岗位和职责；

(7)努力增加企业应急预案与政府、社区应急预案之间的合作与协调；

(8)提高整体应急反应能力。

2.要求

应急演习类型有多种，不同类型的应急演习虽有不同特点，但在策划演习内容、演习场景、演习频次、演习评价方法等方面的共同性要求包括：

(1)应急演习必须遵守相关法律、法规、标准和应急预案规定。

(2)领导重视、科学计划。

(3)结合实际、突出重点。

(4)周密组织、统一指挥。

(5)由浅入深、分步实施。

(6)讲究实效、注重质量。

(7)应急演习原则上应避免惊动公众，如必须卷入有限数量的公众，则应在公众教育得到普及、条件比较成熟的时机进行。

图 4-2 消防演习

二、发生危险化学品火灾事故的现场处置

危险化学品容易发生着火、爆炸事故，不同的危险化学品在不同的情况下发生火灾时，其扑救方法差异很大，若处置不当，不仅不能有效地扑灭火灾，反而会使险情进一步扩大，造成不应有的财产损失。由于危险化学品本身及其燃烧产物大多具有较强的毒害性和腐蚀性，极易造成人员中毒、灼伤等伤亡事故。因此扑救危险化学品火灾是一项极其重要又非常艰巨和危险的工作。

(一)扑救危险化学品火灾总的要求

(1)先控制，后消灭。针对危险化学品火灾的火势发展蔓延快和燃烧面积大的特点，积极采取统一指挥、以快制快；堵截火势、防止蔓延；重点突破，排除险情；分割包围，速战速决的灭火战术。

(2)扑救人员应占领上风或侧风阵地。

(3)进行危情侦察、火灾扑救、火场疏散的人员应有针对性地采取自我防护措施，如佩戴防护面具，穿戴专用防护服等。

(4)应迅速查明燃烧范围、燃烧物品及其周围物品的品名和主要危险特性、火势蔓延的主要途径。

(5)正确选择最适应的灭火剂和灭火方法。火势较大时，应先堵截火势蔓延，控制燃烧范围，然后逐步扑灭。

(6)对有可能发生爆炸、爆裂、喷溅等特别危险需紧急撤退的情况，应按照统一的撤退信号和撤退方法及时撤退。撤退信号应格外醒目，能使现场所有人员都看到或听到，并应经常预先演练。

(7)大火扑灭后，起火单位应当保护现场，接受事故调查，协助公安消防监督部门和上级安全管理部门调查火灾原因，核定火灾损失，查明火灾责任，未经公安监督部门和上级安全监督管理部门的同意，不得擅自清理火灾现场。

(二)爆炸物品火灾的现场处置

爆炸物品一般都有专门的储存仓库。这类物品由于内部结构含有爆炸性基团，受摩擦、撞击、震动、高温等外界因素诱发，极易发生爆炸，遇明火则更危险。发生爆炸物品火灾时，一般应采取以下基本方法：

(1)迅速判断和查明再次发生爆炸的可能性和危险性，紧紧抓住爆炸后和再次发生爆炸之前的有利时机，采取一切可能的措施，全力制止再次爆炸的发生。

(2)不能用沙土盖压，以免增强爆炸物品爆炸时的威力。

(3)如果有疏散可能，人身安全上确有可靠保障，应迅即组织力量及时疏散着火区域周围的爆炸物品，使着火区周围形成一个隔离带。

(4)扑救爆炸物品堆垛时，水流应采用吊射，避免强力水流直接冲击堆垛，以免堆垛倒塌引起再次爆炸。

(5)灭火人员应积极采取自我保护措施，尽量利用现场的地形、地物作为掩蔽体或尽量采用卧姿等低姿射水；消防车辆不要停靠在离爆炸物品太近的水源。

(6)灭火人员发现有发生再次爆炸的危险时，应立即向现场指挥报告，现场指挥应迅即作出准确判断，确有发生再次爆炸征兆或危险时，应立即下达撤退命令。灭火人员看到或听到撤退信号后，应迅速撤至安全地带，来不及撤退时，应就地卧倒。

(三)压缩气体和液化气体火灾的现场处置

压缩气体和液化气体总是被储存在不同的容器内，或通过管道输送。其中储存在较小钢瓶内的气体压力较高，受热或受火焰熏烤容易发生爆裂。气体泄漏后遇着火源已形成稳定燃烧时，其发生爆炸或再次爆炸的危险性与可燃气体泄漏未燃时相比要小得多。遇压缩或液化气体火灾一般应采取以下基本方法：

(1)扑救气体火灾切忌盲目灭火，即使在扑救周围火势以及冷却过程中不小心把泄漏处的火焰扑灭了，在没有采取堵漏措施的情况下，也必须立即用长点火棒将火点燃，使其恢复稳定燃烧。否则，大量可燃气体泄漏出来与空气混合，遇着火源就会发生爆炸，后果将不堪设想。

(2)首先应扑灭外围被火源引燃的可燃物火势，切断火势蔓延途径，控制燃烧范围，并积极抢救受伤和被困人员。

(3)如果火势中有压力容器或有受到火焰辐射热威胁的压力容器，能疏散的应尽量在水枪的掩护下将其疏散到安全地带，不能疏散的应部署足够的水枪进行冷却保护。为防止容器爆裂伤人，进行冷却的人员应尽量采用低姿射水或利用现场坚实的掩蔽体防护。对卧式贮罐，冷却人员应选择贮罐四侧角作为射水阵地。

(4)如果是输气管道泄漏着火，应首先设法找到气源阀门。阀门完好时，只要关闭气体阀门，火势就会自动熄灭。

(5)贮罐或管道泄漏关阀无效时，应根据火势大小判断气体压力和泄漏口的大小及其形状，准备好相应的堵漏材料(如软木塞、橡皮塞、气囊塞、黏合剂、弯管工具等)。

(6)堵漏工作准备就绪后，即可用水扑救火势，也可用干粉、二氧化碳灭火，但仍需用水冷却烧烫的罐或管壁。火扑灭后，应立即用堵漏材料堵漏，同时用雾状水稀释和驱散泄漏出来的气体。

(7)一般情况下完成了堵漏也就完成了灭火工作，但有时一次堵漏不一定能成功，如果一次堵漏失败，再次堵漏需一定时间，应立即用长点火棒将泄漏处点燃，使其恢复燃烧，以防止较长时间泄漏出来的大量可燃气体与空气混合后形成爆炸性混合物，从而潜伏发生爆炸的危险，并准备再次灭火堵漏。

(8)如果确认泄漏口很大，根本无法堵漏，只需冷却着火容器及其周围容器和可燃物品，控制着火范围，直到燃气燃尽，火势自动熄灭。

(9)现场指挥应密切注意各种危险征兆，遇有火势熄灭后较长时间未能恢复稳定燃烧或受热辐射的容器安全阀出现火焰变亮耀眼、尖叫、晃动等爆裂征兆时，指挥员必须适时作出准确判断，及时下达撤退命令。现场人员看到或听到事故规定的撤退信号后，应迅速撤退至安全地带。

(10)气体贮罐或管道阀门处泄漏着火时，先关闭阀门，再酌情扑灭火势。一旦发现关闭已无效，一时又无法堵漏时，应迅即点燃，恢复稳定燃烧。

(四)易燃液体火灾的现场处置

易燃液体通常也是贮存在容器内或用管道输送的。与气体不同的是，液体容器有的密闭，有的敞开，一般都是常压，只有反应锅(炉、釜)及输送管道内的液体压力较高。液体不管是否着火，如果发生泄漏或溢出，都将顺着地面流淌或水面漂动，而且，易燃液体还有比重和水溶性等涉及能否用水和普通泡沫扑救的问题以及沸溢和喷溅问题，因此，扑救易燃液体火灾往往也是一场艰难的战斗。遇易燃液体火灾，一般应采取以下基本方法：

(1)首先应切断火势蔓延的途径，冷却和疏散受火势威胁的密闭容器和可燃物，控制燃烧范围，并积极抢救受伤和被困人员。如有液体流淌时，应筑堤（或用围油栏）拦截漂动流淌的易燃液体或挖沟导流。

（2）及时了解和掌握着火液体的品名、比重、水溶性以及有无毒害、腐蚀、沸溢、喷溅等危险性，以便采取相应的灭火和防护措施。

（3）对较大的贮罐或流淌火灾，应准确判断着火面积。

小面积（一般 $50m^2$ 以内）液体火灾，一般可用雾状水扑灭。用泡沫、干粉、二氧化碳灭火一般更有效。

大面积液体火灾则必须根据其相对密度（比重）、水溶性和燃烧面积大小，选择正确的灭火剂扑救。

比水轻又不溶于水的液体（如汽油、苯等），用直流水、雾状水灭火往往无效。可用普通蛋白泡沫或轻水泡沫扑灭。用干粉扑救时灭火效果要视燃烧面积大小和燃烧条件而定，最好同时用水冷却罐壁。

比水重又不溶于水的液体（如二硫化碳）起火时可用水扑救，水能覆盖在液面上灭火。用泡沫也有效。用干粉扑救，灭火效果要视燃烧面积大小和燃烧条件而定。最好用水冷却罐壁，降低燃烧强度。

具有水溶性的液体（如醇类、酮类等），虽然从理论上讲能用水稀释扑救，但用此法要使液体闪点消失，水必须在溶液中占很大的比例，这不仅需要大量的水，也容易使液体溢出流淌，而普通泡沫又会受到水溶性液体的破坏（如果普通泡沫强度加大，可以减弱火势），因此，最好用抗溶性泡沫扑救，用干粉扑救时，灭火效果要视燃烧面积大小和燃烧条件而定，也需要用水冷却罐壁，降低燃烧强度。

（4）扑救毒害性、腐蚀性或燃烧产物毒害性较强的易燃液体火灾，扑救人员必须佩戴防护面具，采取防护措施。

（5）扑救原油和重油等具有沸溢和喷溅危险液体火灾，必须注意计算可能发生沸溢、喷溅的时间和观察是否有沸溢、喷溅的征兆。指挥员发现危险征兆时应迅即作出准确判断，及时下达撤通命令，避免造成人员伤亡和装备损失。扑救人员看到或听到统一撤退信号后，应立即撤至安全地带。

（6）遇易燃液体管道或贮罐泄漏着火，在切断蔓延方向，把火势限制在一定范围内的同时，对输送管道应设法找到并关闭进、出口阀门，如果管道阀门已损坏或者贮罐泄漏，应迅速准备好堵漏材料，然后先用泡沫、干粉、二氧化碳或雾状水等扑灭地上的流淌火焰，为堵漏扫清障碍，其次再扑灭泄漏口的火焰，并迅速采取堵漏措施。与气体堵漏不同的是，液体一次堵漏失败，可连续堵几次，只要用泡沫覆盖地面，并阻止液体流淌和控制好周围着火源，不必点燃泄漏口的液体。

（五）易燃固体、自燃物品火灾的现场处置

易燃固体、自燃物品一般都可用水和泡沫扑救，相对其他种类的危险化学品而言是比较容易扑救的，只要控制住燃烧范围，逐步扑灭即可。但也有少数易燃固体、自燃物品的扑救方法比较特殊，如 2,4-二硝基苯甲醚、二硝基萘、萘、黄磷等。

(1)2,4 二硝基苯甲醚、二硝基萘、萘等是能升华的易燃固体,受热发出易燃蒸气。火灾时可用雾状水、泡沫补救并切断火势蔓延途径,但应注意,不能以为明火焰扑灭即已完成灭火工作,因为受热以后升华的易燃蒸气能在不知不觉中飘逸,在上层与空气能形成爆炸混合物,尤其是在室内,易发生爆燃。因此,扑救这类物品火灾千万不能被假象所迷惑。在扑救过程中应不时向燃烧区域上空及周围喷射雾状水,并用水扑灭燃烧区域及周围的一切火源。

(2)黄磷的自燃点很低,是在空气中能很快氧化升温并自燃的自燃物品。遇黄磷火灾事故,首先应切断火势蔓延途径,控制燃烧范围。对着火的黄磷应用低压水或雾状水扑救。高压直流水冲击会引起黄磷飞溅,导致灾害扩大,黄磷熔融液体流淌时应用泥土、沙袋等筑梯拦截并用雾状水冷却,对磷块和冷却后已固化的黄磷,应用钳子钳入水容器中。若来不及可先用沙土掩盖,但应做好标记,等火势扑灭后,再逐步集中到储水容器中。

(3)有些易燃固体和自燃物不能用水泡沫扑救,如三硫化二磷、铝粉、烷基铝、保险粉等,应根据具体情况区别处理。宜选用干沙以及不用压力喷射的干粉扑救。

三、人身中毒事故的急救处理

(一)人身中毒的途径

在危险化学品的储存、运输、装卸等操作过程中,毒物主要经呼吸道和皮肤进入人体,经消化道者较少。

1. 呼吸道

整个呼吸道都能吸收毒物,尤以肺泡的吸收能量最大。肺泡的总面积达 55~120m^2,而且肺泡壁很薄,表面为含碳酸的液体所湿润,又有丰富的微血管,所以毒物经吸收后可直接进入大循环而不经肝脏解毒。

2. 皮肤

在搬、倒商品等操作过程中,毒物能通过皮肤吸收,毒物经皮肤吸收的数量和速度,除与其脂溶性、水溶性、浓度等有关外,皮肤温度升高,出汗增多,也能促使粘附于皮肤上的毒物吸收。

3. 消化道

操作中,毒物经消化道进入人体内的机会较少,若有,主要是由于手被毒物污染未彻底清洗而取食物,或将食物、餐具放在车间内被污染,或误服等。

(二)人身中毒的主要临床表现

1. 神经系统

慢性中毒早期常见神经衰弱综合征和精神症状,多属功能性改变,脱离毒物接触后可逐渐恢复,常见于砷、铅等中毒。锰中毒和一氧化碳中毒后可出现震颤。重症中毒时刻发生中毒性脑病和脑水肿。

2. 呼吸系统

一次大量吸入某些气体可突然引起窒息。长期吸入刺激性气体能引起慢性呼吸道炎症，出现鼻炎、鼻中隔穿孔、咽炎、喉炎、气管炎等。吸入大量刺激性气体可引起严重的化学性肺水肿和化学性肺炎。某些毒物可导致哮喘发作，如二异氰酸甲苯脂。

3. 血液系统

许多毒物能对血液系统造成损害，表现为贫血、出血、溶血等。如铅可造成色素性贫血；苯可造成白细胞和血小板减少，甚至全血减少，成为再生障碍性贫血，苯还可导致白血病；砷化氢可引起急性溶血；亚硝酸盐及苯的氨基、硝基化合物可引起高铁血红蛋白症；一氧化碳可导致组织缺氧。

4. 消化系统

毒物所致消化系统症状多种多样。汞盐、三氧化二砷经急性中毒可出现胃肠炎，铅及铊中毒出现腹绞痛四氧化碳、三硝基甲苯可引起急性或慢性肝病。

5. 中毒性肾病

汞、镉、铀、铅、四氯化碳、砷化氢等可引起肾损害。此外生产性毒物还可引起皮肤、眼损害，骨骼病变及烟尘热等。

(三)急性中毒的现场急救处理

发生急性中毒事故，应立即将中毒者及时送医院急救。护送者要向院方提供引起中毒的原因、毒物名称等，如化学物不明，则需带该物料及呕吐物的样品，以供医院及时检测。

如不能立即到达医院时，可采取急性中毒的现场急救处理：

(1)吸入中毒者，应迅速脱离中毒现场，向上风向转移至空气新鲜处。松开中毒者衣领和裤袋。并注意保暖。

(2)化学毒物沾染皮肤时，应迅速脱去污染的衣服、鞋袜等，用大量流动清水冲洗15～30min。头面部受污染时，首先注意眼睛的清洗。

(3)口服中毒者，如为腐蚀性物质，应立即用催吐方法，使毒物吐出来。现场可用自己的中指、食指刺激咽部、压舌根的方法催吐，也可以由旁人用羽毛或筷子一端扎上棉花刺激咽部催吐。催吐时尽量低头、身体向前弯曲，这样呕吐物不会呛入肺部。误服强酸、强碱，催吐后反而使食道、咽喉再次受到严重损伤的，可服牛奶、蛋清等。另外，对失去直觉者，呕吐物会误吸入肺；石油类物品被误喝，易流入肺部引起肺炎。有抽搐、呼吸困难、神志不清或吸气时有吼声者均不能催吐。

对中毒引起呼吸、心跳停者，应进行心肺复苏术，主要的方法有口对口人工呼吸和胸外心脏压缩术。

参加救护者，必须做好个人防护，进入中毒现场必须戴防毒面具或供氧式防毒面具。如时间短，对于水溶性毒物，如常见的氯、氨、硫化氢等，可暂时用浸湿的毛巾捂住口鼻等。在抢救病人的同时，应想方设法阻断毒物泄漏处，组织蔓延扩散。

四、危险化学品烧伤的现场抢救

危险化学品具有易燃、易爆、腐蚀、有毒等特点，在生产、运输、使用过程中容易发生燃烧、爆炸等事故。有的化学物质具有化学刺激或腐蚀性，造成皮肤、眼的烧伤；有的化学物质还可以从创面被吸收甚至引起全身中毒。所以对化学烧伤比开水烫伤或火焰烧伤更要重视。

（一）化学性皮肤烧伤

化学性皮肤烧伤的现场处理方法是，立即移离现场，迅速脱去被化学玷污的衣裤、鞋袜等，并做以下处理：

（1）无论酸碱或其他化学物烧伤，立即用大量流动自来水或冲洗创面15～30min。

（2）新鲜创面上不要任意涂上油膏或红药水，不要用脏布包裹。

（3）黄磷烧伤时应用大量水冲洗、浸泡或用多层湿布覆盖创面。

（4）烧伤病人应及时送医院。

（5）烧伤的同时，往往合并骨折、出血等外伤，在现场也应及时处理。

（二）化学性眼烧伤

（1）迅速在现场用流动清水冲洗，千万不要未经冲洗处理而急于送医院。

（2）冲洗时眼皮一定要掰开。

（3）如无冲洗设备，也可把头部埋入清洁盆水中，把眼皮掰开，眼球来回转动洗涮。

（4）电石、生石灰（氧化钙）颗粒溅入眼内时，应先用蘸液状石蜡或植物油的棉签去除颗粒后，再用水冲洗。

五、常用的急救方法

在企业生产过程中，难免会出现一些意外情况，只要救护及时、得力，就会将损失降到最低。下面介绍几种自救方法。当然，在采取自救的前提下，根据事故严重程度，要在第一时间联系专业医疗机构和救助机构。

（一）人工呼吸法

火场上，触电、中毒、窒息的伤员常会发生呼吸突然停止的现象。呼吸骤停，时间稍久，就会发生死亡。因此，当伤员发生呼吸骤停时，必须及时采取正确的人工呼吸进行抢救。人工呼吸的方法有：

1. 口对口人工呼吸法

（1）使伤员仰卧在平地或硬板上，解开腰带和衣扣，检查呼吸道是否畅通，如有分泌物、血块或泥沙堵塞，应立即清除。如舌后坠时，可将舌拉出固定。

（2）救护者位于伤员一侧，用一只手把伤员下颌托起，使头后仰，呼吸道变直。用托伤员下颌的手轻按环状软骨，以压迫食道，防止把气吹入胃内。另一只手捏住鼻孔，不使漏气，并张开口腔，做好呼吸准备。

(3)救护者深吸一口气,迅速对准伤员口腔吹入,迅速抬头,并同时松开双手,使肺内气体排出,即为呼气。吹气力量不易过大,以免肺泡破裂,也不可太小,使气体不易进入肺内,如此反复进行,每分钟16～20次(见图4-3)

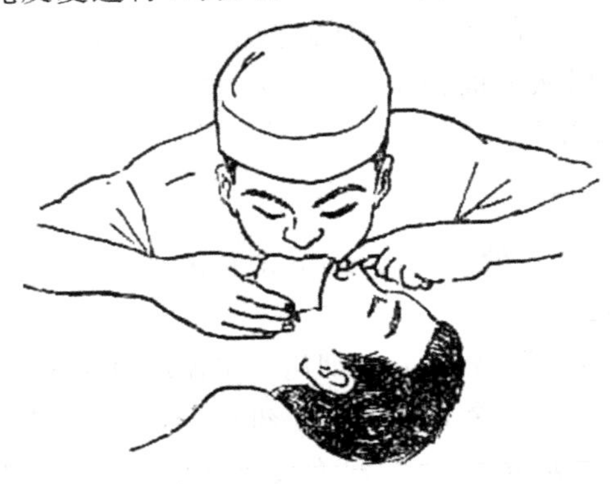

图4-3 口对口人工呼吸

2.口对鼻人工呼吸法

如果碰到有的伤员牙关紧闭,张不开口,无法进行口对口人工呼吸时,可采取口对鼻呼吸法。口对鼻呼吸法与口对口呼吸法,操作方法基本相同,只是把用手捏鼻改为捏嘴唇,对准鼻孔吹气,吹气力量应稍大,时间应稍长。

3.仰卧压胸人工呼吸法

这是一种较普遍、应用最多的人工呼吸法。在紧急情况下,可以不翻动病人或是翻动不大即可进行抢救。操作方法如下:

(1)使伤员仰卧,两臂放在身旁,松开衣领和腰带。条件许可时,背部可加垫,使胸部略隆起。头侧向一边,保持呼吸道通畅。

(2)救护者两腿分开,取骑跪式,两膝放在伤员的大腿外侧中部的位置,面向伤员头部。两手呈扇状张开,放在伤员两乳头下方。两臂伸直,依靠体重和臂力推压伤员胸廓,使胸腔缩小,迫使气体由肺内排出。在此位置上停2秒钟。

(3)救护者双手松开,身体向后,略停3秒钟,使胸自行扩张,空气进入肺内,如此反复操作,每分钟16～18次。操作时压力要适当,避免压力过大造成肋骨骨折(见图4-4)。

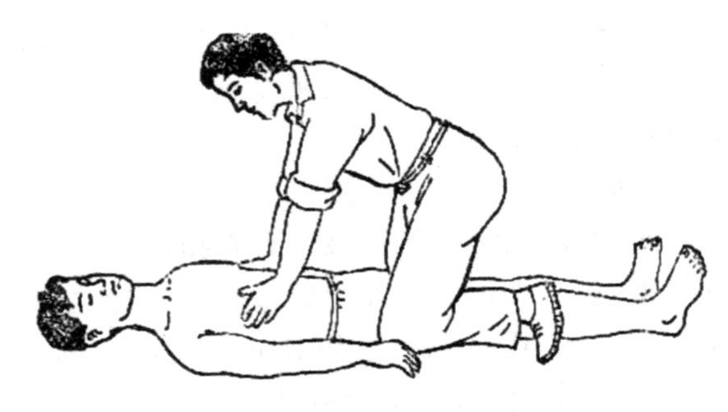

图4-4 仰卧压胸人工呼吸法

4. 仰卧伸臂人工呼吸法

伤员如有下肢负伤，无法用压胸法做人工呼吸时，可采用伸臂压胸。方法是：

(1)使伤员仰卧，救护者面对伤员，两腿跪于伤员头部两侧。

(2)救护者两手抓住伤员两前臂挨近肘关节处，向上举过头部并向下向外拉双臂与地平，维持2秒钟，使胸廓缩小，挤气出肺。按上述动作反复进行，每分钟16~18次(见图4-5)。

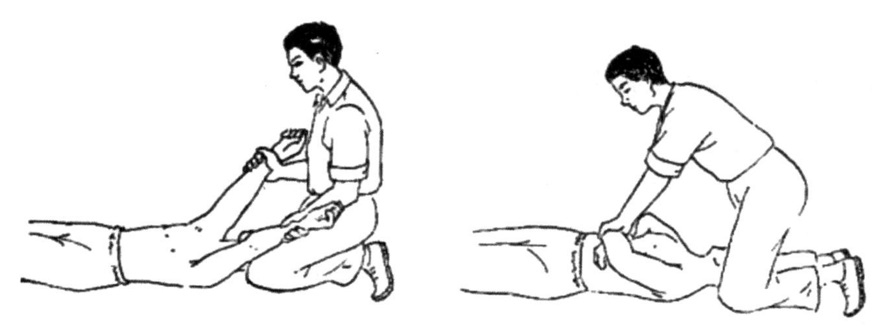

图4-5　仰卧伸臂人工呼吸法

(二)外伤止血法

成人的血液量占其体重的8%，一个体重50公斤的人，其血液约为4000毫升。失血总量达到总血量的20%以上时，出现明显的休克症状。外伤出血是灭火和抢险救灾中经常发生的情况，当受外伤引起大出血时，失血量达到40%，就有生命危险。

1. 出血部位

(1)皮下出血：因跌、撞、挤、挫伤，造成皮下组织内出血，形成血肿、瘀斑，不会造成生命危险。

(2)外出血：血液从伤口流出，容易为人们所发现。

(3)内出血：体内深部组织、内脏损伤出血，血液流入组织内或体腔内，则不易为人们发现。

2. 出血种类

(1)动脉出血：呈喷射状、一股股地冒出鲜红色的血液，危险性最大。

(2)静脉出血：血液徐缓均匀外流，血色紫红，危险性小于动脉出血。

(3)毛细血管出血：血液像水珠样流出，多能自己凝固止血，危险性最小。

3. 失血表现

失血量达到全身血液总量的20%以上时，伤病员脸色苍白、冷汗淋漓、手脚发凉、呼吸急迫、心慌气短。脉搏快细而弱，以至摸不到。血压急剧下降，以至测不到。

4. 止血方法

(1)一般止血法：较小伤口，用纱布、绷带较紧地压迫包扎。

(2)指压止血法:用拇指压住出血的血管上方(近心端),使血管被压闭住,中断血流。

第三节 消防器材的使用

一、灭火的原理及措施

根据燃烧三要素,只要消除可燃物或把可燃物浓度充分降低;隔绝氧气或把氧气量充分减少;把可燃物冷却至燃点以下,均可达到灭火的目的。

(一)初期灭火

火灾发生后,许多情形下火灾规模都是随时间呈指数扩大。在灾情扩大之前的初期迅速灭火,是事半功倍的明智之举。火灾扩大之前,一个人用少量的灭火剂就能扑灭的火灾称为初期火灾。初期火灾的灭火活动称为初期灭火。对于可燃液体,其灭火工作的难易取决于燃烧表面积的大小。一般把 $1m^2$ 可燃液体表面着火视为初期灭火范围。通常建筑物起火 3 分钟后,就会有约 $10m^2$ 的地板、$7m^2$ 的墙壁和 $5m^2$ 的天花板着火,火灾温度可达 700℃左右。此时已超出了初期灭火范围。

为了做到初期灭火,应彻底清查、消除能引起火灾扩大的条件。要有完善的防火计划,火灾发生时能够恰当应对。对消防器材应经常检查维护,确保紧急情况时能及时投入使用。

(二)抑制反应物接触

抑制可燃物与氧气的接触。水蒸气、泡沫、粉末等覆盖在燃烧物表面上,都是使可燃物与氧气脱离接触的窒息灭火方法。矿井火灾的密闭措施,则是大规模抑制与氧气接触的灭火方法。

对于固体可燃物,抑制其与氧气接触的方法除移开可燃物外,还可以将整个仓库密闭起来防止火势蔓延,也可以用挡板阻止火势扩大。对于可燃液体或蒸气的泄漏,可以关闭总阀门,切断可燃物的来源。如果关闭总阀门尚不足以抑制泄漏时,可以将泄漏物向排气管道排放,或转移至其他罐内,减少可燃物的供给量。对于可燃蒸气或气体,可以移走或排放,降低压力以抑制喷出量。如果是液化气,由于蒸发消耗了潜热而自身被冷却,蒸气压会自动降低。此外,容器冷却也可降低压力,所以火灾时喷水也起抑制可燃气体供给量的作用。

(三)减小反应物浓度

氧气含量在 15%以下时,燃烧速度就会明显变慢。减小氧气浓度是抑制火灾的有效手段。在火灾现场,水、不燃蒸发性液体、氮气、二氧化碳以及水蒸气都有稀释降低可燃物浓度的作用。降低可燃物蒸气压或抑制其蒸发速度，均能收到降低可燃气体浓度的效果。

(四)降低反应物温度

把火灾燃烧热排到燃烧体系之外，降低温度使燃烧速度下降，从而缩小火灾规模，最后将燃烧温度降至燃点以下，起到灭火作用。低于火灾温度的不燃性物质都有降温作用。对于灭火剂，除利用其显热外，还可利用它的蒸发潜热和分解热起降温作用。

冷却剂只有停留在燃烧体系内，才有降温作用。水的蒸发潜热较大，降温效果好，但多数情况下水易流失到燃烧体系之外，利用率不高。强化液、泡沫等可以弥补水的这个弱点。

二、灭火剂及其应用

(一)水

1. 灭火作用

水是应用历史最长、范围最广、价格最廉的灭火剂。水的蒸发潜热较大，与燃烧物质接触被加热汽化吸收大量的热，使燃烧物质冷却降温，从而减弱燃烧的强度。水遇到燃烧物后汽化生成大量的蒸汽，能够阻止燃烧物与空气接触，并能稀释燃烧区的氧，使火势减弱。

对于水溶性可燃、易燃液体的火灾，如果允许用水扑救，水与可燃、易燃液体混合，可降低燃烧液体浓度以及燃烧区内可燃蒸气浓度，从而减弱燃烧强度。由水枪喷射出的加压水流，其压力可达几兆帕。高压水流强烈冲击燃烧物和火焰，会使燃烧强度显著降低。

2. 灭火形式

经水泵加压由直流水枪喷出的柱状水流称作直流水；由开花水枪喷出的滴状水流称作开花水；由喷雾水枪喷出，水滴直径小于 100μm 的水流称作雾状消防水。直流水、开花水可用于扑救一般固体如煤炭、木制品、粮食、棉麻、橡胶、纸张等的火灾，也可用于扑救闪点高于 120℃，常温下呈半凝固态的重油火灾。雾状消防水大大提高了水与燃烧物的接触面积，降温快效率高，常用于扑灭可燃粉尘、纤维状物质、谷物堆囤等固体物质的火灾，也可用于扑灭电气设备的火灾。与直流水相比，开花水和雾状消防水射程均较近，不适于远距离使用。

3. 注意事项

禁水性物质如碱金属和一些轻金属，以及电石、熔融状金属的火灾不能用水扑救。非水溶性，特别是密度比水小的可燃、易燃液体的火灾，原则上也不能用水扑救。直流水不能用于扑救电气设备的火灾，浓硫酸、浓硝酸场所的火灾以及可燃粉尘的火灾。原油、重油的火灾，浓硫酸、浓硝酸场所的火灾，必要时可用雾状消防水扑救。

(二)泡沫

泡沫灭火剂是重要的灭火物质。多数泡沫灭火装置都是小型手提式的,对于小面积火焰覆盖极为有效。也有少数装置配置固定的管线,可在紧急火灾中提供大面积的泡沫覆盖。对于密度比水小的液体火灾,泡沫灭火剂有着明显的长处。

泡沫灭火剂由发泡剂、泡沫稳定剂和其他添加剂组成。发泡剂称为基料,稳定剂或添加剂则称为辅料。泡沫灭火剂由于基料不同有多种类型,如化学泡沫灭火剂,蛋白泡沫灭火剂,水成膜泡沫灭火剂,抗溶性泡沫灭火剂,高倍数泡沫灭火剂等。

图 4-6 泡沫灭火器及应用

(三)干粉

干粉灭火剂是一种干燥易于流动的粉末,又称粉末灭火剂。干粉灭火剂由能灭火的基料以及防潮剂、流动促进剂、结块防止剂等添加剂组成。一般借助于专用的灭火器或灭火设备中的气体压力将其喷出,以粉雾形式灭火。

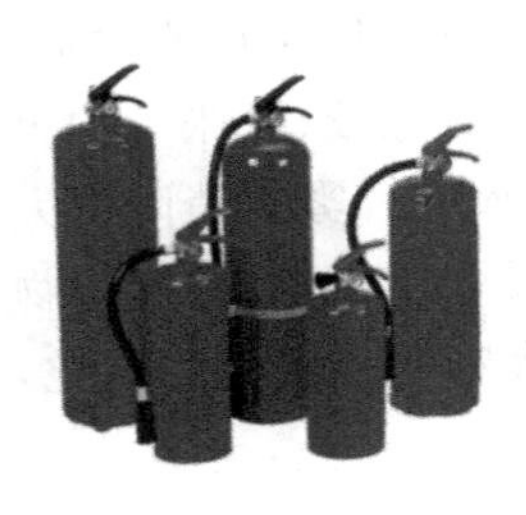

图 4-7 干粉灭火器及使用

(四)其他灭火剂

还有二氧化碳、卤代烃等灭火剂。手提式的二氧化碳灭火器适于扑灭小型火灾,而大规模的火灾则需要固定管输出的二氧化碳系统,释放出足够量的二氧化碳覆盖在燃烧物质之上。采用卤代烃灭火时应特别注意,这类物质加热至高温会释放出高毒性的分解产物。例如应用四氯化碳灭火时，光气是分解产物之一。

图 4-8 二氧化碳灭火器

三、灭火设施

（一）水灭火装置

1. 喷淋装置

喷淋装置由喷淋头、支管、干管、总管、报警阀、控制盘、水泵、重力水箱等组成。当防火对象起火后，喷头自动打开喷水，具有迅速控制火势或灭火的特点。

喷淋头有锁封易熔合金喷淋头和玻璃球阀喷淋头两种形式。对于前者，防火区温度达到一定值时，易熔合金熔化锁片脱落，喷口打开，水经溅水盘向四周均匀喷洒。对于后者，防火区温度达到释放温度时，玻璃球破裂，水自喷口喷出。可根据防火场所的火险情况设置喷头的释放温度和喷淋头的流量。喷淋头的安装高度为 3.0～3.5m，防火面积为 7～9m^2。

图 4-9 喷淋装置

2. 水幕装置

水幕装置是能喷出幕状水流的管网设备。它由水幕头、干支管、自动控制阀等构成，用于隔离冷却防火对象。每组水幕头需在与供水管连接的配管上安装自动控制装置，所控制的水幕头一般不超过 8 只。供水量应能满足全部水幕头同时开放的流量，水压应能保证最高最远的水幕头有 3 米以上的压头。

图 4-10 水幕装置

(二)泡沫灭火装置

泡沫灭火装置按发泡剂不同分为化学泡沫和空气机械泡沫装置两种类型。按泡沫发泡倍数分为低倍数、中倍数和高倍数三种类型。按设备形式分为固定式、半固定式和移动式三种类型。泡沫灭火装置一般由泡沫液罐、比例混合器、混合液管线、泡沫室、消防水泵等组成。泡沫灭火器主要用于灌区灭火。

(三)蒸汽灭火装置

蒸汽灭火装置一般由蒸汽源、蒸汽分配箱、输汽干管、蒸汽支管、配汽管等组成。把蒸汽施放到燃烧区，使氧气浓度降至一定程度，从而终止燃烧。试验得知，对于汽油、煤油、柴油、原油的灭火，燃烧区每立方米空间内水蒸气的量应不少于 0.284kg。经验表明，饱和蒸汽的灭火效果优于过热蒸汽。

(四)二氧化碳灭火装置

二氧化碳灭火装置一般由储气钢瓶组、配管和喷头组成。按设备形式分为固定和移动两种类型。按灭火用途分为全淹没系统和局部应用系统。二氧化碳灭火用量与可燃物料的物性、防火场所的容积和密闭性等有关。

(五)氮气灭火装置

氮气灭火装置的结构与二氧化碳灭火装置类似，适于扑灭高温高压物料的火灾。用钢瓶储存时，1kg 氮气的体积为 0.8m^3，灭火氮气的储备量不应少于灭火估算用量的 3 倍。

(六)干粉灭火装置

干粉是微细的固体颗粒，有碳酸氢钠、碳酸氢钾、磷酸二氢铵、尿素干粉等。密闭库房、厂房、洞室灭火干粉用量每米 3 空间应不少于 0.6kg；易燃、可燃液体灭火干粉用量每平方米燃烧表面应不少于 2.4kg。空间有障碍或垂直向上喷射时，干粉用量应适当增加。

（七）烟雾灭火装置

烟雾灭火装置由发烟器和浮漂两部分组成。烟雾剂盘分层装在发烟器筒体内。浮漂是借助液体浮力，使发烟器漂浮在液面上，发烟器头盖上的喷孔要高出液面 350～370mm。

烟雾灭火剂由硝酸钾、木炭、硫黄、三聚氰胺和碳酸氢钠组成。硝酸钾是氧化剂，木炭、硫黄和三聚氰胺是还原剂，它们在密闭系统中可维持燃烧而不需要外部供氧。碳酸氢钠作为缓燃剂，使发烟剂燃烧速度维持在适当范围内而不至于引燃或爆炸。烟雾灭火剂燃烧产物 85%以上是二氧化碳和氮气等不燃气体。灭火时，烟雾从喷孔向四周喷出，在燃烧液面上布上一层均匀浓厚的云雾状惰性气体层，使液面与空气隔绝，同时降低可燃蒸气浓度，达到灭火目的。

图 4-11　罐外式烟雾自动灭火系统

（八）灭火设施使用与保养

泡沫灭火器使用时需要倒置稍加摇动，而后打开开关对着火焰喷出药剂。二氧化碳灭火器只需一手持喇叭筒对着火源，一手打开开关即可。四氯化碳灭火器只需打开开关液体即可喷出。而干粉灭火器只需提起圈环干粉即可喷出。

灭火器应放置在使用方便的地方，并注意有效期限。要防止喷嘴堵塞，压力或质量小于一定值时，应及时加料或充气。

第五章　职业健康与劳动保护

第一节　职业危害概述

一、职业危害因素

(一)概念

在生产劳动场所存在的,可能对劳动者的健康及劳动能力产生不良影响或有害作用的因素,统称为职业危害因素。

职业危害因素是生产劳动的伴生物。它们对人体的作用,如果超过人体的生理承受能力,就可能产生3种不良后果。

(1)可能引起身体的外表变化,俗称“职业特征”,如皮肤色素沉着、胼胝等。

(2)可能引起职业性疾患,即职业病及职业性多发病。

(3)可能降低身体对一般疾病的抵抗能力。

图5-1　职业病宣传

(二)分类

职业危害因素一般可以分为3类。

1. 生产工艺过程中的有害因素

(1)化学因素。包括生产性粉尘及生产性毒物。

(2)物理因素。包括不良气候条件(异常的温度、湿度及气压)、噪声与振动、电离辐射与非电离辐射等。

(3)生物因素。作业场所存在的会使人致病的寄生虫、微生物、细菌及病毒,如附着在皮毛上的炭疽杆菌、寄生在林木树皮上带有脑炎病毒的壁虱等。

2. 劳动组织不当造成的有害因素

(1)劳动强度过大。

(2)工作时间过长。

(3)由于作业方式不合理,使用的工具不合理,长时间处于不良体位,或机械设备与人不匹配、不适应造成的精神紧张或者个别器官、某个系统紧张等。

3. 生产劳动环境中的有害因素

(1)自然环境中的有害因素,如夏季的太阳辐射等。

(2)生产工艺要求的不良环境条件,如冷库或烘房中的异常温度等。

(3)不合理的生产工艺过程造成的环境污染。

(4)由于管理缺陷造成的作业环境不良,如采光照明不利、地面湿滑、作业空间狭窄、杂乱等。

二、职业病和法定职业病

(一)概念

1. 职业健康

职业健康是研究并预防因工作导致的疾病,防止原有疾病的恶化。定义有很多种,最权威的是 1950 年由国际劳工组织组织和世界卫生组织的联合职业委员会给出的定义:职业健康应以促进并维持各行业职工的生理、心理及社交处在最好状态为目的;并防止职工的健康受工作环境影响;保护职工不受健康危害因素伤害;并将职工安排在适合他们的生理和心理的工作环境中。

2. 职业病

是指企业、事业单位和个体经济组织等用人单位的劳动者在职业活动中,因接触粉尘、放射性物质和其他有毒、有害因素而引起的疾病。

界定法定职业病的基本条件:

(1)在职业活动中产生;

(2)接触职业危害因素;

(3)列入国家职业病范围;

(4)与劳动用工行为相联系。

3. 职业病危害

对从事职业活动的劳动者可能导致的职业病及其他健康影响的各种危害。

4. 职业病危害因素

职业活动中影响劳动者健康的、存在于生产工艺过程以及劳动过程和生产环境中的各种危害因素的统称。常见的职业病危害因素达133种。

5. 职业病危害作业

劳动者在劳动过程中可能接触到具有职业病危害因素的作业。

6. 职业禁忌

职业禁忌是指劳动者从事特定职业或者接触特定职业病危害因素时，比一般职业人群更易于遭受职业病危害和罹患职业病或者可能导致自身原有疾病病情加重，或者在从事作业过程中诱发可能导致对他人生命健康构成危险的疾病的个人特殊生理或者病理状态。

7. 相关职业健康管理法律、法规、标准

(1)《中华人民共和国职业病防治法》(2016年修正)(2016年主席令第48号)，根据2011年12月31日第十一届全国人民代表大会常务委员会第24次会议《关于修改〈中华人民共和国职业病防治法〉的决定》第一次修正；根据2016年7月2日第十二届全国人民代表大会常务委员会第二十一次会议《关于修改〈中华人民共和国节约能源法〉等六部法律的决定》第二次修正，自2016年9月1日起施行。

(2)《劳动防护用品监督管理规定》(国家安全监管总局令第1号)，2005年7月8日国家安全生产监督管理总局局长办公会议审议通过，自2005年9月1日起施行。

(3)《工作场所职业卫生监督管理规定》(国家安全监管总局令第47号)，2012年3月6日国家安全生产监督管理总局局长办公会议审议通过，自2012年6月1日起施行。

(4)《职业病危害申报办法》(国家安全监管总局令第48号)，2012年3月6日国家安全生产监督管理总局局长办公会议审议通过，自2012年6月1日起施行。

(5)《用人单位职业健康监护监督管理办法》(国家安全监管总局令第49号)，2012年3月6日国家安全生产监督管理总局局长办公会议审议通过，自2012年6月1日起施行。

(6)《建设项目职业卫生"三同时"监督管理暂行办法》(国家安全监管总局令第51号)，2012年3月6日国家安全生产监督管理总局局长办公会议审议通过，自2012年6月1日起施行。

(7)《工作场所有害因素职业接触极限值·第1部分：化学有害因素》(GBZ 2.1—2007)

(8)《工作场所有害因素职业接触极限值·第1部分：物理因素》(GBZ 2.2—2007)

(9)《工作场所物理因素测量·第8部分：噪声》(GBZ/T 189.8—2007)

(10)《工作场所防止职业中毒卫生工程防护措施规范》(GBZ/T 194—2007)

(11)《有机溶剂作业场所个人职业病防护用品使用规范》(GBZ/T 195—2007)

(12)《职业健康监护技术规范》(GBZ188—2014，代替GBZ188—2007)卫计委

2014年5月14日发布，10月1日实施。

(二)职业病种类

根据2013年12月23日，国家卫生计生委、人力资源社会保障部、安全监管总局、全国总工会4部门联合印发《职业病分类和目录》，职业病种类包括10大类132种。

1.职业性尘肺病及其他呼吸系统疾病(19种)

(1)尘肺病

具体是指矽肺、煤工尘肺、石墨尘肺、炭黑尘肺、石棉肺、滑石尘肺、水泥尘肺、云母尘肺、陶工尘肺、铝尘肺、电焊工尘肺、铸工尘肺以及根据《尘肺病诊断标准》和《尘肺病理诊断标准》可以诊断的其他尘肺病等13种。

(2)其他呼吸系统疾病

具体是指过敏性肺炎、棉尘病、哮喘、金属及其化合物粉尘肺沉着病(锡、铁、锑、钡及其化合物等)、刺激性化学物所致慢性阻塞性肺疾病、硬金属肺病等6种。

2.职业性皮肤病(9种)

具体是指接触性皮炎、光接触性皮炎、电光性皮炎、黑变病、痤疮、溃疡、化学性皮肤灼伤、白斑以及根据《职业性皮肤病的诊断总则》可以诊断的其他职业性皮肤病等9种。

3.职业性眼病(3种)

具体是指化学性眼部灼伤、电光性眼炎、白内障(含辐射性白内障、三硝基甲苯白内障)等3种。

4.职业性耳鼻喉口腔疾病(4种)

具体是指噪声聋、铬鼻病、牙酸蚀病、爆震聋等4种。

5.职业性化学中毒(60种)

具体是指铅及其化合物中毒(不包括四乙基铅)、汞及其化合物中毒、锰及其化合物中毒、镉及其化合物中毒、铍、铊及其化合物中毒、钡及其化合物中毒、钒及其化合物中毒、磷及其化合物中毒、砷及其化合物中毒、铀及其化合物中毒、砷化氢中毒、氯气中毒、二氧化硫中毒、光气中毒、氨中毒、偏二甲基肼中毒、氮氧化合物中毒、一氧化碳中毒、二硫化碳中毒、硫化氢中毒、磷化氢(磷化锌、磷化铝)中毒、氟及其无机化合物中毒、氰及腈类化合物中毒、四乙基铅中毒、有机锡中毒、羰基镍中毒、苯中毒、甲苯中毒、二甲苯中毒、正己烷中毒、汽油中毒、一甲胺中毒、有机氟聚合物单体及其热裂解物中毒、二氯乙烷中毒、四氯化碳中毒、氯乙烯中毒、三氯乙烯中毒、氯丙烯中毒、氯丁二烯中毒、苯的氨基及硝基化合物(不包括三硝基甲苯)中毒、三硝基甲苯中毒、甲醇中毒、酚中毒、五氯酚(钠)中毒、甲醛中毒、硫酸二甲酯中毒、丙烯酰胺中毒、二甲基甲酰胺中毒、有机磷中毒、氨基甲酸酯类中毒、杀虫脒中毒、溴甲烷中毒、拟除虫菊酯类中毒、铟及其化合物中毒、溴丙烷中毒、碘甲烷中毒、氯乙酸中毒、环氧乙烷中毒、上述条目未提及的与职业有害因素接触之间存在直接因果联系的其他化学中毒等60种。

6.物理因素所致职业病(7种)

它具体是指中暑、减压病、高原病、航空病、手臂振动病、激光所致眼(角膜、晶状体、视网膜)损伤、冻伤等7种。

7.职业性放射性疾病(11种)

它具体是指外照射急性放射病、外照射亚急性放射病、外照射慢性放射病、内照射放射病、放射性皮肤疾病、放射性肿瘤(含矿工高氡暴露所致肺癌)、放射性骨损伤、放射性甲状腺疾病、放射性性腺疾病、放射复合伤、根据《职业性放射性疾病诊断标准(总则)》可以诊断的其他放射性损伤等11种。

8.职业性传染病(5种)

它具体是指炭疽、森林脑炎、布鲁氏菌病、艾滋病(限于医疗卫生人员及人民警察)、莱姆病等5种。

9.职业性肿瘤(11种)

它具体是指石棉所致肺癌、间皮瘤、联苯胺所致膀胱癌、苯所致白血病、氯甲醚、双氯甲醚所致肺癌、砷及其化合物所致肺癌、皮肤癌、氯乙烯所致肝血管肉瘤、焦炉逸散物所致肺癌、六价铬化合物所致肺癌、毛沸石所致肺癌、胸膜间皮瘤、煤焦油、煤焦油沥青、石油沥青所致皮肤癌、β-萘胺所致膀胱癌等11种。

10.其他职业病(3种)

其他职业病具体是指金属烟热、滑囊炎(限于井下工人)、股静脉血栓综合征、股动脉闭塞症或淋巴管闭塞症(限于刮研作业人员)等。

(三)职业病的特征

(1)危害因素的隐匿性。如:X射线、γ射线等,眼睛看不到,身体也感觉不到他们的存在,但他们对人体的伤害却是致命的。

(2)发病过程的累积性。如:受到小剂量危害因素短时间的伤害后,不会马上就有反应,有的几年甚至十几年、几十年后才会出现症状。

(3)容易与一般疾病混淆的混同性。如:出现苯中毒,有的人最初的症状就与感冒类似。

三、我国职业病发病特点

(一)接触职业病危害人数多

据不完全统计,自20世纪50年代以来至2010年底,全国累计报告职业病749970例,其中累计报告尘肺病676541例,死亡149110例,现患527431例;累计报告职业中毒47079例,其中急性职业中毒24011例,慢性职业中毒23068例。2010年新发职业病27240例。其中尘肺病23812例,急性职业中毒617例,慢性职业中毒1417例,其他职业病1394例。实际上这些数据只是“冰山一角”。

发生职业病的原因主要是:用人单位职业健康管理工作不到位;劳动者缺乏职

业病防治自我保护意识。

(二)分布的行业广

(1)从煤炭、冶金、化工、建筑等传统工业,到汽车制造、医药、IT、生物工程等新兴产业都不同程度地存在职业病危害。

(2)我国各类企业中,中小企业占90%以上,吸纳了大量的劳动力,特别是农村劳动力,职业病危害也突出地反应在中小企业,尤其是一些个体私营企业中。

(三)职业病危害流动性大

(1)境外向境内转移,城市向农村转移,发达地区向欠发达地区转移,大中型企业向中小型企业转移。

(2)由于劳动关系的不固定性,农民工的流动性大,接触职业病危害的情况十分复杂,其健康影响难以准确估计。

(四)职业危害后果严重

(1)职业病具有隐匿性、迟发型特点,其危害往往被忽视;

(2)对个人、家庭、企业、社会都有非常严重的影响。

(五)一些职业病损尚未纳入法律保护范畴

(1)不良体位引起的职业性腰背痛;

(2)一些化学物质引起的职业性肿瘤;

(3)生物因素引起的医护人员职业损害,如SARS病等。

四、工作场所职业危害接触限值

(一)概念

(1)MAC(Maximum Allowable Concentration):最高容许浓度,指工作地点,在一个工作日内,任何时间有毒化学物质均不应超过的浓度。

(2)PC-TWA(Permissible Concentration-Time Weighted Average):时间加权平均容许浓度,PC-TWA是以时间为权数规定的8h工作日,40小时工作周的平均容许接触浓度。

(3)PC-STEL(Permissible Concentration-Short Term Exposure Limit):短时间接触容许浓度,一般指容许15分钟内接触的平均浓度。

(4)超限倍数:对未制定PC-STEL的化学有害因素,在符合PC-TWA的情况下,任何一次时间(15分钟)接触的浓度均不应超过PC-TWA的倍数值。

对粉尘和未制定PC-STEL的化学物质,采用超限倍数控制其短时间接触水平的过高波动。在符合PC-TWA的前提下,粉尘的超限倍数是PC-TWA的2倍。

(5)WBGT(Wet Bulb Globe Temperature):又称湿球黑球温度,是综合评价人体接触作业环境热负荷的一个基本参量,单位为℃。

(6)高温作业:生产劳动过程中,工作地点平均WBGT指数≥25℃的作业。

(7)高温作业接触时间率:劳动者在一个工作日内实际接触高温作业的累计时间与 8 小时的比率。

(二)常见的工作场所职业危害接触限值

1.化学物质的超限倍数

化学物质的超限倍数见表 5-1。

表 5-1 化学物质超限倍数与 PC-TWA 的关系

PC-TWA(mg/m^3)	最大超限倍数
PC-TWA<1	3.0
1≤PC-TWA<10	2.5
10≤PC-TWA<100	2.0
PC-TWA≥100	1.5

2.工作场所空气中化学物质容许浓度

工作场所空气中化学物质容许浓度见表 5-2。

表 5-2 工作场所空气中化学物质容许浓度

序号	化学物质	OELs(mg/m^3)			备注
		MAC	PC-TWA	PC-STEL	
1	苯	—	6	10	皮,G1
2	甲醇	—	25	50	皮
3	氯	1	—	—	—
4	氯化氢及盐酸	7.5	—	—	—
5	氯乙烯	—	10	—	G1
6	氢氧化钠	2	—	—	—
7	乙醚	—	300	500	—
8	环氧乙烷	—	2	—	G1
9	环氧丙烷	—	5	—	敏,G2B
10	异氰酸甲酯	—	0.05	0.08	皮

注:OELs(occupational exposure limits),职业接触限值。

3.工作场所空气中粉尘容许浓度

工作场所空气中粉尘容许浓度见表 5-3。

表 5-3 工作场所空气中粉尘容许浓度

序号	粉尘名称	PC-TWA(mg/m^3)		备注
		总尘	吸尘	
1	电焊烟尘	4	—	G2B
2	聚氯乙烯粉尘	5	—	—
3	氯乙烯粉尘	5	—	—
4	大理石粉尘	8	4	—
5	水泥粉尘	4	1.5	—
6	其他粉尘	8	—	—

4. 工作场所噪声等效声级参考接触限值

工作场所噪声等效声级参考接触限值见表 5-1-4。

稳态噪声工作场所噪声限值是 85dB(A),实际工作中,对于每天接触噪声不足 8 小时的工作场所,也可根据实际接触噪声的时间测量(或计算)的等效声级,按照接触时间减半,噪声接触限值增加 3dB(A)的原则,根据表 5-4 确定接触限值。

表 5-4 工作场所噪声等效声级参考接触限值

日接触时间(h)	接触限值[dB(A)]
8	85
4	88
2	91
1	94
0.5	97

5. 常见的职业体力劳动强度分级

常见的职业体力劳动强度分级见表 5-5。

表 5-5 常见的职业体力劳动强度分级表

体力劳动强度分级	职业描述
Ⅰ(轻劳动)	坐姿:手工作业或腿的轻度活动(正常情况下,如打字、缝纫、脚踏开关等);立姿:操作仪器,控制、查看设备,上臂用力为主的装配工作
Ⅱ(中等劳动)	手和臂持续动作(如锯木头等);臂和腿的工作(如卡车、拖拉机或建筑设备等运输操作);臂和躯干的工作(如锻造、风动工具操作、粉刷、间断搬运中等重物、除草、锄田、摘水果和蔬菜等)
Ⅲ(重劳动)	臂和躯干负荷工作(如搬重物、铲、锤锻、锯刨或凿硬木、割草、挖掘等)
Ⅳ(极重劳动)	搬运,快到极限节律的极强活动

6. 工作场所不同体力劳动强度 WBGT 限值

工作场所不同体力劳动强度 WBGT 限值见表 5-6。

表 5-6 工作场所不同体力劳动强度 WBGT 限值

接触时间率	体力劳动强度/℃			
	Ⅰ	Ⅱ	Ⅲ	Ⅳ
100%(8h)	30	28	26	25
75%(6h)	31	29	28	26
50%(4h)	32	30	29	28
25%(2h)	33	32	31	30

说明:接触时间率 100%(以一个工作日内实际接触高温作业的累计时间 8 小时为 100%),体力劳动强度为Ⅳ级,WBGT 指数限值为 25℃;劳动强度分级每下降一级,WBGT 指数限值增加 1 至 2℃;接触时间每少 25%,WBGT 限值指数增加 1 至 2℃。

五、关于职业病的法律法规要求

(一)职业病防护设施“三同时”要求

新建、扩建、改建建设项目和技术改造、技术引进建设项目的职业危害防护设施必须与主体工程同时设计、同时施工、同时投入生产和使用。职业危害防护设施所需费用应当纳入建设项目工程预算。

产生严重职业危害的建设项目应当在初步设计阶段编制《职业病防护设施设计专篇》。《职业病防护设施设计专篇》应当报送建设项目所在地安全生产监督管理部门审查。

建设项目的职业病防护设施必须进行预评价、控制效果评价和竣工验收合格，方可投入正式生产和使用。

(二)作业场所的要求

对于存在职业危害的生产经营单位，其作业场所有如下要求：

(1)生产布局合理，有害作业与无害作业分开；

(2)作业场所与生活场所分开，作业场所不得住人；

(3)有与职业危害防治工作相适应的有效防护设施；

(4)有配套的更衣间、洗浴间、孕妇休息间等卫生设施；

(5)设备、工具、用具等设施符合保护劳动者生理、心理健康的要求；

(6)职业危害因素的强度或者浓度符合国家标准、行业标准；

(7)法律、法规、规章和国家标准、行业标准的其他规定。

(三)对从业人员在职业体检方面的要求

生产经营单位对从业人员在职业体检方面应满足如下要求：

(1)对接触职业危害因素的从业人员，生产经营单位应当按照国家有关规定组织上岗前、在岗期间和离岗时的职业健康检查，并将检查结果如实告知从业人员。职业健康检查费用由生产经营单位承担。

(2)生产经营单位不得安排未经上岗前职业健康检查的从业人员从事接触职业危害的作业；不得安排有职业禁忌的从业人员从事其所禁忌的作业；对在职业健康检查中发现有与所从事职业相关的健康损害的从业人员，应当调离原工作岗位，并妥善安置；对未进行离岗前职业健康检查的从业人员，不得解除或者终止与其订立的劳动合同。

(四)国家对生产经营单位的规定和要求

国家对生产经营单位的职业危害有相关的规定和要求：

(1)存在职业危害的生产经营单位应当设有专人负责作业场所职业危害因素

日常监测，保证监测系统处于正常工作状态。监测的结果应当及时向从业人员公布。

(2)存在职业危害的生产经营单位应当委托具有相应资质的中介技术服务机构，每年至少进行一次职业危害因素检测，每三年至少进行一次职业危害现状评价。定期检测、评价结果应当存入本单位的职业危害防治档案，向从业人员公布，并向所在地安全生产监督管理部门报告。

(3)生产经营单位在日常的职业危害监测或者定期检测、评价过程中，发现作业场所职业危害因素的强度或者浓度不符合国家标准、行业标准的，应当立即采取措施进行整改和治理，确保其符合职业健康环境和条件的要求。

(五)对生产经营单位的其他要求

对存在职业危害的生产经营单位，应当建立、健全下列职业危害防治制度和操作规程：

(1)职业危害防治责任制度；

(2)职业危害告知制度；

(3)职业危害申报制度；

(4)职业健康宣传教育培训制度；

(5)职业危害防护设施维护检修制度；

(6)从业人员防护用品管理制度；

(7)职业危害日常监测管理制度；

(8)从业人员职业健康监护档案管理制度；

(9)岗位职业健康操作规程；

(10)法律、法规、规章规定的其他职业危害防治制度。

《工作场所职业卫生监督管理规定》(国家安督总局令第47号)第八条规定：职业病危害严重的用人单位，应当设置或者指定职业卫生管理机构或者组织，配备专职职业卫生管理人员。

第二节 生产性有害物及其防护

化学工业生产中，特别是危险化学品的生产中接触的大多数是有害物，许多化工原料中间体和化工产品本身就是有害物。现将化工生产中接触的主要有害物列于表5-7。

表 5-7 化工生产中接触的主要有害物

行业	产品种类	接触的主要有害物
化学矿	硫铁矿	NO_x、CO、SO_2
	磷矿	NO_x、CO、SO_2、放射性物质
	其他矿	砷、SO_2、As_2O_3
无机化工原料	酸类	HNO_3、H_2SO_4、HCl、HF、$ClSO_3H$
	碱类	NaOH、KOH、Na_2CO_3、$NaHCO_3$、NH_3
	无机盐	硫化物和硫酸盐类、硝酸盐类、亚硝酸盐类、铬盐、硼化物、氯化物及氯酸盐、磷化物及磷酸盐、氰化物及硫氰酸盐、锰化合物、其他金属盐类
	单质	黄磷、赤磷、金属钠、金属镁、硫黄、As、Pb、Hg
	工业气体	氢、氮、氨、氦、氖、氩、氙、氯、CO、NOx、SO_2、SO_3、NH_3、H_2S
有机化工原料	基本有机原料	乙炔、电石、乙烯、丙烯、丁烯、甲烷、乙烷、丙烷、苯、甲苯、二甲苯、萘、蒽、甲醇、乙醇、甲醛、菲
	一般有机原料	乙烯基乙炔、丁二烯、异戊二烯、庚烷、己烷、吡啶、呋喃、乙醛、丙醇、丁醇、辛醇、乙二醇、甲酸、乙酸、硫酸二甲酯、丙酮、乙醚、甲基丁基醚、醋酸酐、苯二甲酸酐、氯乙烯、氯苯、三氯乙烯、硝基苯硝基甲苯、硝基氯苯、苯胺、甲基苯胺、一甲胺、二甲胺、三甲胺、苯酚、甲基苯酚、一萘酚、醋酸铅、苯甲酸、有机铅化物等
化肥	氮肥	一氧化碳、硫化氢、氨、氢氧化物、硝酸铵等
	磷肥	硫酸、氟化氢、四氟化硅、一氧化碳、磷酸
农药	有机氯农药	六六六、苯、氯气、三氯乙醛、氯化氢、氯苯、滴滴涕、硝滴涕、硝基丙醛、四氯化碳、环戊二烯、六氯环戊二烯、氯丹、三氯苯磺酰氯、氯磺酸、三氯苯、三氯杀螨砜、五氯酚、五氯酚钠
	有机磷农药	磷、三氯化磷、甲醇、三氯乙醛、氯甲烷、敌百虫、敌敌畏、苯酚、二乙胺、亚磷酸二甲酯、磷胺、三氯硫磷、对硫磷、内吸磷、甲胺磷、倍硫磷、五硫化二磷、硫化氢、乙硫醇、三硫磷、乐果、马拉硫磷
	有机氮农药	甲萘酚、光气、甲基异氰酸酯、西维因、甲胺、间甲酚、速灭威
	其他农药	三氧化二砷、硫酸铜、氯化苦、溴甲烷、代森锌、退菌特、稻瘟净、除草醚、磷化锌、氟乙酰胺等
高分子聚合物	塑料和树脂	三幅氯乙烯、四氟乙烯、六氟丙烯、氯乙烯、氯化汞、偶氮二异丁腈、苯酚、甲醛、氨、乌洛托品、苯二甲酸酐、丙酮、二酚基丙烷、环氧氯丙烷、氯甲基甲醚、二甲胺甲醇、苯乙烯
	合成橡胶	丁二烯、苯乙烯、丙烯腈、氯丁二烯、异戊二烯、四氟乙烯、六氟丙烯、三氟丙烯
	合成纤维	乙二醇、苯酚、环己醇、己二胺、己内酰胺、苯、丙烯腈
涂料	油漆	苯、二甲苯、丙酮、苯酚、甲醛、沥青、硝酸、丙烯酸甲酯、环氧丙烷、癸二酸
	颜料	氧化铅、镉红、铬酸盐、硝酸、色原、酞菁

续表

行业	产品种类	接触的主要有害物
染料	纤维用染料	对硝基氯化苯、苯胺、二硝基氯苯、硝基甲苯、二氨基甲苯、二乙基苯胺、萘、苯二甲酸酐、蒽醌、苯甲酰氯、硫化钠、氯化苦、苦味酸、氯、苯绕蒽酮
	成色剂(电影胶片用)	各种有机染料及其粉尘
信息用品	胶片	硝化纤维素、醋酸、二氯甲烷、硝酸银、溴苯
	磁带	氧化铬、氧化磁铁
	照相用药品	硫代硫酸钠、硫酸
化学试剂	高纯试剂	各种酸省种碱、各种金属盐、卤素
	官能团分析	各种有机试剂:醛类、醇类、醚类、酮类、羧
	仪器用试剂	酸、肟
橡胶加工	药品加工	防老剂甲、防老剂丁、硫黄等
	配料和混炼	防老剂甲、防老剂丁、炭黑、硫黄、陶土、松香
	胶液制作	苯、二氯乙烷、间苯二酚、列克钠、汽油
	亮油熬制	氧化铅
催化剂和助剂	催化剂	铬盐、硫酸、铂、铜、二氧化矾、氧化铝
	助剂	固色剂、五氧化二磷、环氧乙烷、双氰胺、防老剂、苯胺、苯酚、硝基氯化苯、抗氧剂、十二碳硫醇、氯、甲醇
化工机械	防腐	强酸、铅、氮氧化物、臭氧、氧化铝、铬、氩等

由于生产性有害物、粉尘等对人体的危害程度轻重不一,处理方式也各不相同,现通过举例方式说明如何防范。

一、生产性粉尘与尘肺防护措施

防护措施可遵循“八字方针”:宣、革、水、密、风、护、管、检。

(1)宣,是指进行宣传教育,认识粉尘对健康的危害,调动各方面的防治尘肺病的积极性。

(2)革,是指工艺改革,以低尘、无尘物料代替高尘物料,以不产尘设备、低产尘设备代替高产尘设备,这是减少或消除粉尘污染的根本措施。

(3)水,是指进行湿式作业,喷雾洒水,防止粉尘飞扬,这是一种容易做到的经济有效的防尘降尘办法。如用水磨石英代替干磨,铸造业可在开箱前、清砂时浇水,保持场地潮湿等。

(4)密,是指密闭尘源,使用密闭的生产设备或者将敞口设备改成密闭设备,把生产性粉尘密闭起来,再用抽风的办法将粉尘抽走。这是防止和减少粉尘外逸,治理作业场所空气污染的重要措施。

(5)风,是指通风除尘。设备无法密闭或密闭后仍有粉尘外逸时,要采取通风措施,将产尘点的含尘气体直接抽走,确保作业场所空气中的粉尘浓度符合国家卫生标准。

(6)护,是指个人防护。粉尘作业工人应使用防护用品,戴防尘口罩或头盔,防止粉尘进入人体呼吸道。防尘口罩的选择要遵循三个原则,即口罩的阻尘效率要高,尤其是达到 5μm 以下的呼吸性粉尘的阻尘效率;口罩与脸形的密合程度要好,当口罩与人脸不密合时,空气中的粉尘就会从口罩四周的缝隙处进入呼吸道;佩戴要舒适,包括呼吸阻力要小,重量要轻,佩戴卫生,保养方便,如佩戴拱形防尘口罩。

(7)管,是指领导要重视防尘工作,防尘设施要改善,维护管理要加强,确保设备良好、高效运行。

(8)检,是指定期对接尘人员进行体检,有作业禁忌的人员不得从事接尘作业。

图 5-2　电焊作业加强通风

图 5-3　粉尘岗位佩戴防护设备

二、有机溶剂中毒及应对措施

有机溶剂中毒引起的职业危害问题，目前在全国也是非常突出的。例如生产酚、硝基苯、橡胶、合成纤维、塑料、香料，以及制药、喷漆、印刷、橡胶加工、有机合成等工作常与苯接触，可引起苯中毒；还有甲苯、汽油、四氯化碳、甲醇和正己烷中毒等。

(一)临床表现

1. 急性苯中毒

短时间内吸入大量苯蒸气或口服大量液态苯后出现兴奋或酒醉感，伴有黏膜刺激症状，可有头晕、头痛、恶心、呕吐、步态不稳。

重症者可有昏迷、抽搐、呼吸及循环衰竭。尿酚和血苯可增高。吸入20000ppm的苯蒸气5～10分钟会有致命危险。

2. 亚急性苯中毒

短期内吸入较高浓度后可出现头晕、头痛、乏力、失眠等症状。经约1～2个月后可发生再生障碍性贫血。

3. 慢性苯中毒

主要表现为造血系统损害：

(1)齿龈、鼻腔出血，皮肤黏膜出血，月经过多，大便带血。

(2)血液检查可见，白细胞减少尤以颗粒性白细胞减少更为显著，淋巴细胞数量相对增高，较重时血小板也减少，血液中发现未成熟的髓细胞；红细胞减少且大小不等，血红蛋白下降。

(3)长期接触苯可能会致白血病。

(二)应对措施

1. 急性中毒

立即脱离现场至空气新鲜处，脱去污染的衣着，用肥皂水或清水冲洗污染的皮肤。口服者给予洗胃。中毒者应卧床静息。对症治疗。注意防治脑水肿。

2. 慢性中毒

脱离接触，对症处理。有再生障碍性贫血者，可给予小量多次输血及糖皮质激素治疗，其他疗法与内科相同。

(三)有机溶剂作业防护用品

由于有机溶剂侵入人体主要途径为呼吸道和皮肤，所以个人防护用品重点考虑呼吸防护用品和皮肤防护用品，如：防护手套；防护服(围裙)；防毒口罩；防护眼镜；防护鞋；防护膏等。

图 5-4　无任何防护措施的作业

图 5-5　防护措施到位的作业

三、酸碱灼伤急救处理

(一)酸灼伤急救方法

(1)立即脱去或剪去被污染的工作服、内衣、鞋袜等,迅速用大量的流动水冲洗创面,至少冲洗 10～20 分钟,特别是对于硫酸灼伤,要用大量水快速冲洗,除了冲去和稀释硫酸外,还可冲去硫酸与水作用产生的热量。

(2)初步冲洗后,用 5%碳酸氢钠液湿敷 10～20 分钟,然后再用水冲洗 10～20 分钟。

(3)清创,去除其他污染物,覆盖消毒纱布后送医院。

(4)对呼吸道吸入并有咳嗽者,雾化吸入 5%碳酸氢钠液或生理盐水冲洗眼眶内,伤员也可将面部侵入水中自己清洗。

(5)口服者不宜洗胃,尤其是口服已有一段时间者,以防引起胃穿孔。可先用清水,再口服牛乳、蛋白或花生油约 200 毫升。不宜口服碳酸氢钠,以免产生二氧化碳而增加胃穿孔危险。大量口服强酸和现场急救不及时者都应急送医院救治。

(二)碱灼伤急救处理

若发生碱灼伤,急救方法如下:

(1)皮肤碱灼伤。脱去污染衣物,用大量流动清水冲洗污染的皮肤 20 分钟或更久。对氢氧化钾灼伤,要冲洗到创面无肥皂样滑腻感;再用 5%硼酸液温敷约 10～20 分钟,然后用水冲洗,不要用酸性液体冲洗,以免产生中和热而加重灼伤。

(2)眼睛灼伤。立即用大量流动清水冲洗,严禁用酸性物质冲洗眼内,伤员也可把面部浸入充满流动水的器皿中,转动头部、张大眼睛进行清洗,至少洗 20 分钟以上,然后再用生理盐水冲洗,并滴入可的松液与抗生素。

(3)因生石灰引起的灼伤,要先清扫掉沾在皮肤上的生石灰,再用大量的清水冲洗,千万不要将沾有大量石灰粉的伤部直接泡在水中,以免石灰遇水生热加重伤势。经过清洗后的创面用清洁的被单或衣物简单包扎后,即送往医院治疗。

冲洗时机:争分夺秒,立即到最近的地方用大量流动的水冲洗眼和皮肤。

冲洗时间：30 分钟以上，在转运过程中继续冲洗 30 至 40 分钟，直到目的医院。

冲洗方法：尽量睁大眼睛，令上下穹窿球结膜充分暴露，眼球向各方转动。

后期治疗：情况一般的，进行抗感染治疗；情况较重者，需要羊膜覆盖手术，保护剩余角膜，预防感染。

第三节 噪声、辐射及其防护技术

一、噪声及其危害

（一）生产性噪声的特性、种类及来源

在生产中，由于机器转动、气体排放、工件撞击与摩擦所产生的噪声，称为生产性噪声或工业噪声。生产性噪声可归纳为三类。

图 5-6 噪声的危害

1. 空气动力噪声

由于气体压力变化引起气体扰动，气体与其他物体相互作用所致。例如，各种风机、空气压缩机、烟气轮机汽轮机等，由于压力脉冲和气体排放发出的噪声。

2. 机械性噪声

机械撞击、摩擦或质量不平衡旋转等机械力作用下引起固体部件振动所产生的噪声。例如，各种粉碎机球磨机等发出的噪声。

3. 电磁性噪声

由于电磁场脉冲，引起电气部件振动所致。如电磁式振动台和振荡器、大型电动机、发电机和变压器等产生的噪声。

生产场所的噪声源很多，即使一台机器也能同时产生上述三种类型的噪声。

能产生噪声的作业种类甚多。受强烈噪声作用的主要工种有泵房操作工、使用各种风动工具的工人、纺丝工等。

(二)生产性噪声对人体的危害

1. 噪声性耳聋

(1)定义：是法定职业病，是人们在工作过程中，由于长期接触噪声而发生的一种进行性的感音性听觉损伤。早期表现为听觉疲劳，离开噪声环境后可以逐渐恢复，久之则难以恢复，终致感音神经性聋。

(2)诊断：有明确的噪声接触史；有自觉听力损伤或其他症状；纯音测听为感音性耳聋；结合动态观察资料和现场。

2. 神经系统

出现头痛、头晕、耳鸣、疲劳、睡眠障碍、记忆力减退、情绪不稳定、易怒等。

3. 内分泌及免疫系统

中等强度噪声，肾上腺皮质功能增强；大强度噪声，功能则减退。接触噪声，免疫功能减退。

4. 消化系统

胃肠功能紊乱、食欲不振、胃液分泌少、胃紧张度降低、胃蠕动减慢等。

二、电磁辐射及其危害

(一)非电离辐射

1. 射频辐射

(1)高频作业。金属的热处理、表面淬火、金属熔炼、热轧及高频焊接等，使用的频率多为300k～3MHz。工人作业地带高频电磁场主要来自高频设备的辐射源，包括振荡部分和回路部分，如高频振荡管、电容器、电感线圈、高频变压器、馈线和感应线圈等部件。无屏蔽的高频输出变压器常是工人操作位的主要辐射源。对于半导体外延工艺来说，主要辐射源是感应线圈。塑料热合时，工人主要受到来自工作电容器的高频辐射。馈线也是作业地带电磁场强度的辐射源之一。

(2)微波作业。微波具有加热快、效率高、节省能源的特点。微波加热广泛用于医药、纺织印染等行业。

(3)射频辐射对健康的影响。高频电磁场主要有害作用来源于中波和短波。高频电磁场场强较大时，短期接触即可引起体温变化，班后体温、皮肤温比班前明显升高。可出现中枢神经系统和自主神经系统功能紊乱，心血管系统的变化。

2. 红外线

在生产环境中，加热金属、熔融玻璃、强发光体等可成为红外线辐射源。热处理工、焊接工等可受到红外线辐射。

红外线引起的白内障是长期受到炉火作用或加热红外线辐射而引起的职业病，为红外线所致晶状体损伤。职业性白内障已列入职业病名单，如玻璃工的白内障，一般多发生于工龄长的工人。患者出现进行性视力减退，晚期仅有光感。一般双眼同时发生，进展缓慢。

3. 紫外线

生产环境中，物体温度达12000℃以上的辐射的电磁波谱中即可出现紫外线。常见的辐射源有电焊、氧乙炔气焊、氩弧焊、等离子焊接等。强烈的紫外线辐射作用还可引起皮炎等。在作业场所比较多见的是紫外线对眼睛的损伤，即由电弧光照射所引起的职业病：电光性眼炎。

4. 激光

激光也是电磁波，目前使用各种激光所发出的波长已达150nm～774μm，属于非电离辐射。在工业生产中主要利用激光辐射能量集中的特点，用于焊接、打孔、切割、热处理等。激光对健康的影响主要是它的热效应和光化学效应造成的机械性损伤。眼部受激光照射后，可突然出现眩光感，视力模糊，或眼前出现固定黑影，甚至视觉丧失。激光还可对皮肤造成损伤。

(二)电离辐射

1. 概述

凡能引起物质电离的各种辐射称为电离辐射。其中α、β等带电粒子都能直接使物质电离，称为直接电离辐射；γ光子、中子等非带电粒子，先作用于物质产生高速电子，继而由这些高速电子使物质电离，称为非直接电离辐射。

2. 电离辐射引起的职业病——放射病

放射性疾病是人体受各种电离辐射照射而发生的各种类型和不同程度损伤(或疾病)的总称。它包括：

(1)全身性放射性疾病，如急慢性放射病；

(2)局部性放射性疾病，如急、慢性放射性皮炎，辐射性白内障；

(3)放射所致远期损伤，如放射所致白血病。

(三)异常气象条件及有关职业病

1. 生产环境的异常温度与湿度

(1)受大气和太阳辐射的影响，在纬度较低的地区，夏季容易形成高温作业环境。

(2)生产场所的热源，如各种加热炉、废热锅炉、化学反应釜，以及机械摩擦和转动的产热，都可以通过传导和对流使空气加热。

(3)在人员密集的作业场所，人体散热也可以对工作场所的气温产生一定影响。

(4)空气湿度的影响主要来自各种敞开液面的水分蒸发或蒸汽扩散,如化纤车间抽丝等,可以使生产环境湿度增加。另外,风速、气压和辐射热都会对生产作业场所的环境产生影响。

2. 作业场所异常气象条件的类型

(1)高温、强热辐射作业。工作地点气温30℃以上、相对湿度80%以下的作业,或工作地点气温高于夏季室外气温2℃以上,均属高温、强热辐射作业。如化工企业的动力车间,这些作业环境的特点是气温高、热辐射强度大,相对湿度低,形成干热环境。

(2)高温、高湿作业。气象条件特点是气温高湿度大,热辐射强度不大,或不存在热辐射源。如印染、缫丝等工业中,液体加热或蒸煮,车间气温可达35℃以上,相对湿度达90%以上。

(3)低温作业。接触低温环境主要见于冬天在寒冷地区或南、北极区从事野外作业,如制冷作业,冷库等。室内因条件限制或其他原因而无采暖设备亦可形成低温作业环境。如在冷库或地窖等人工低温环境中或人工冷却剂的储存或运输过程中,亦可使接触者受低温侵袭。

(4)高气压作业。高气压作业主要有潜水作业和潜涵作业。潜水作业常见于水下施工、海洋资料及海洋生物研究、沉船打捞等。潜涵作业主要见于修筑地下隧道或桥墩,工人在地下水位以下的深处或沉降于水下的潜涵内工作,为排出涵内的水,需通入较高压力的高压气。

(5)低气压作业。高空、高山、高原均属低气压环境,在这类环境中进行运输、勘探、筑路、采矿等生产劳动,属低气压作业。

3. 异常气象条件对人体的影响及引起的职业病

(1)高温作业对机体的影响。高温作业对机体的影响主要是体温调节和人体水盐代谢的紊乱。在高温作业条件下大量出汗使体内水分和盐大量丢失。对循环系统、消化系统、泌尿系统都可造成一些不良影响。

(2)低温对机体的影响。在低温环境中,体温逐渐降低。由于全身过冷,使机体免疫力和抵抗力降低,易患感冒、肺炎、肾炎、肌痛、神经痛、关节炎等。

身体局部的冷损伤称为冻伤。其多发部位是手、足、耳、鼻以及面颊等。

(3)高低气压对人体的影响。高气压对机体的影响,可引起耳充塞感、耳鸣、头晕等,甚至造成鼓膜破裂。在高气压作业条件下,欲恢复到常压状态时,有个减压过程,在减压过程中,如果减压过速,则引起减压病。低压作业对人体的影响是由于低压性缺氧而引起的损害。

4. 异常气象条件引起的职业病

(1)中暑是高温作业环境下发生的一类疾病的总称,是机体散热机制发生障碍的结果。按照发病机理可分为热射病(含日射病)、热痉挛、热衰竭三种类型。按病情轻重可分为先兆中暑、轻症中暑、重症中暑。

(2)减压病主要发生在潜水作业后，表现为肌肉、关节和骨骼酸痛或针刺样剧烈疼痛，头痛、眩晕、失明、听力减退等。

(3)高原病是发生于高原低氧环境下的一种特发性疾病。主要症状为头痛、头晕、心悸、气短、恶心、腹胀、胸闷、紫绀等。严重的还可发生高原肺水肿和高原脑水肿。

图 5-7　中暑

第四节　职业危害防护用品及防护措施

个体防护器具是防止职业危害因素直接侵害人体的最后一道防线。有些较差的劳动环境一时难以治理好，而劳动者到这种环境巡回检查时间又较短，可以做好个体防护，防止其危害。

劳动防护用品的品种很多，由于各部门、不同单位对防护用品的要求不同，分类方法也就不同。生产劳动防护用品的企业通常按材料分类，以利于安排生产和组织进货。劳动防护用品经营商店和使用单位为便于经营和选购，通常按防护功能分类。而管理部门和科研单位，从劳动卫生学角度，按防护部位分类。为便于管理和使用，我国原劳动部于 1995 年颁发了“劳动防护用品分类与代码”(LD/T 75-1995)的行业标准。该标准结合国际惯例，与国际接轨，采用以人体防护部位为主的分类方法，同时又照顾到劳动防护用品防护功能和材料分类的原则。该标准分类代码采用四层全数字型编码。

第一层以防护用品性质的分类代码，分为特种防护用品和一般防护用品。

第二层以防护用品的防护部位的分类代码，分为 9 类：头部防护品、呼吸器官防护用品、眼面部防护品、听觉器官防护品、手部防护用品、足部防护用品、躯干防护品、护肤用品、防坠落及其他防护用品。

第三层以防护功能的分类代码。共分为27类：普通、防尘、防水、防寒、防冲击、防毒、阻燃、防静电、防高温、防电磁辐射、防射线、防酸碱、防油、防坠落、防烫、水上救生、防昆虫、给氧、防风沙、防强光、防噪声、防振、防切割、防滑、防穿刺、电绝缘、防其他。

第四层以防护用品的种类顺序排列码。

一、典型防护用品简介

（一）头部防护用品

头部防护用品是为了保护头部不受外来物体打击和其他因素危害而配备的个人防护装备。

根据防护功能要求，目前主要有一般防护帽、防尘帽、防水帽、防寒帽、安全帽、防静电帽、防高温帽、防电磁辐射帽、防昆虫帽等九类产品。

图 5-8　各种安全帽

图 5-9　作业现场安全帽佩戴不规范

（二）呼吸器官防护用品

呼吸器官防护用品是为防御有害气体、蒸气、粉尘、烟、雾经呼吸道吸入，或直接向使用者供自给式正压空气呼吸器，保证尘、毒污染或缺氧环境中作业人员正常呼吸的防护用具。呼吸器官防护用品按防护功能主要分为防尘口罩和防毒口罩（面具），按型式又可分为过滤式和隔离式两类。

图 5-10 呼吸器官防护用品

图 5-11 防腐作业未戴防毒口罩

(三)眼面部防护用品

预防烟雾、尘粒、金属火花和飞屑、热、电磁辐射、激光、化学飞溅等伤害眼睛或面部的个人防护用品称为眼面部防护用品。

眼面部防护用品种类很多,根据防护功能,大致可分为防尘、防水、防冲击、防高温、防电磁辐射、防射线、防化学飞溅、防风沙、防强光九类。

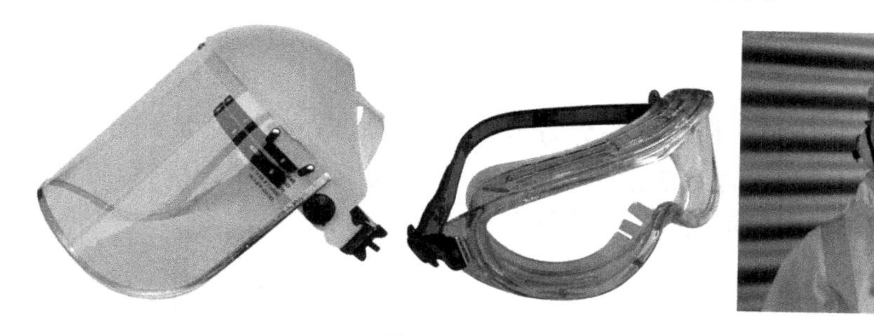

图 5-12 眼面部防护用品

(四)听觉器官防护用品

能够防止过量的声能侵入外耳道,使人耳避免噪声的过度刺激,减少听力损失,预防由噪声对人身引起的不良影响的个体防护用品,称为听觉器官防护用品。听觉器官防护用品主要有耳塞、耳罩和防噪声头盔三大类。

图 5-13　听觉防护设备

(五)手部防护用品

具有防护手和手臂的功能,供作业者劳动时使用的手套称为手部防护用品,通常被人们称作劳动防护手套。

手部防护用品按照防护功能分为十二类,即一般防护手套、防水手套、防寒手套、防毒手套、防静电手套、防高温手套、防 X 射线手套、防酸碱手套、防油手套、防振手套、防切割手套、绝缘手套。每类手套按照材料又能分为许多种。

图 5-14　手部防护用品

(六)足部防护用品

防止生产过程中有害物质和能量损伤劳动者足部的护具,通常人们称劳动防护鞋。

足部防护用品按照防护功能分为防尘鞋、防水鞋、防寒鞋、防足趾鞋、防静电鞋、防高温鞋、防酸碱鞋、防油鞋、防烫脚鞋、防滑鞋、防刺穿鞋、电绝缘鞋、防振鞋等十三类,每类鞋根据材质不同又能分为许多种。

图 5-15　足部防护用品

(七)躯干防护用品

躯干防护用品就是我们通常讲的防护服。根据防护功能,防护服分为一般防护服、防水服、防寒服、防砸背心、防毒服、阻燃服、防静电服、防高温服、防电磁辐射服、耐酸碱服、防油服、水上救生衣、防昆虫服、防风沙服等十四类产品,每一类产品又可根据具体防护要求或材料分为不同品种。

图 5-16　躯干防护用品

(八)防坠落用品

防坠落用品可防止人体从高处坠落,如通过绳带,将高处作业者的身体系接于固定物体上,或在作业场所的边沿下方张网,以防不慎坠落,这类用品主要有安全带和安全网两种。

安全带按使用方式,分为围杆安全带和悬挂、攀登安全带两类。

安全网是应用于高处作业场所边侧立装或下方平张的防坠落用品,用于防止和挡住人和物体坠落,使操作人员避免或减轻伤害的集体防护用品。根据安装形式和目的,安全网分为立网和平网。

二、作业场所职业危害防护措施

(一)冲淋洗眼装置

冲淋洗眼装置是当现场作业者的眼睛或者身体接触有毒有害以及具有其他腐蚀性化学物质的时候,可以这些设备对眼睛和身体进行紧急冲洗或者冲淋,主要是避免化学物质对人体造成进一步伤害。但是这些设备只是对眼睛和身体进行初步的处理,不能代替医学治疗,情况严重的,必须尽快进行进一步的医学治疗。

图 5-17 冲淋洗眼装置

(二)职业危害告知卡及告知牌

在化工企业作业场所,企业应该设置职业危害告知卡以及危害因素监测告知牌或者类似的宣传栏,以便及时告知生产人员相关危害信息。

图 5-18 危害因素监测告知牌

(三)有毒气体报警仪

有毒气体报警器,用于检测大气中的有毒气体,浓度用 ppm(百万分之一)表示,氧气用盈亏表示(%VOL)。

图 5-19　有毒气体报警器

(四)风向标

风向标，顾名思义是指示风向的装置，安装在有毒有害的化工生产区域，其作用是一旦化工企业的危险化学品出现泄漏，有毒有害的物质会顺风流动，在下风向，有毒有害的物质浓度会相对较大。为了减少有毒有害物质的伤害，企业职工和周边居民应逆风向疏散，即朝上风向走。此时，若能看到设在高处的风向标，可帮助人们辨清方向。为此，《化工企业安全卫生设计规定》中明确规定：在有毒有害的化工生产区域应设风向标。

图 5-20　风向标

(五)紧急应急集合点

紧急应急集合点是为人员应急疏散后重新集合预定的第一地点。应急疏散通道是为人员安全并尽快撤离潜在事故发生地预定的行走路线。

图 5-21　紧急应急集合点

参考文献

[1]《化工百科全书》编辑委员会.化工百科全书[M].北京:化学工业出版社,1996.
[2]张爱娟.醋酸生产综述[J].乙醛醋酸及其衍生物,2001,14(2):22-24.
[3]赵杰民.基本有机化工工厂装备[M].北京:化学工业出版社,1993.
[4]吴俊生,邵惠鹤.精馏设计、操作和控制[M].北京:中国石化出版社,1997.
[5]韩文光.化工装置实用操作技术指南[M].北京:化学工业出版社,2001.
[6]马秉骞.化工设备[M].北京:化学工业出版社,2001.
[7]蔡尔辅.石油化工管道设计[M].北京:化学工业出版社,2004.
[8]任晓善.化工机械维修手册(上、下卷)[M].北京:化学工业出版社,2004.
[9]张涵.化工机器[M].北京:化学工业出版社,2005.
[10]张爱华.我国氯碱工业的现状和发展[J].石油化工技术与经济,2004,20(2):40-43.
[11]孙颖.聚氯乙烯的生产工艺、流程[J].化工工艺,2009.
[12]赵克,李书显.双氧水的生产方法与应用[J].氯碱工业,2000(11):22.
[13]周寅.蒽醌法双氧水生产装置技改总结[J].江苏化工,2007,35(6):48.
[14]罗乐.蒽醌法双氧水生产装置的危险性和预防措施.化工技术与开发,2007,36(3):39-41.
[15]李明,李玉芳.双氧水生产技术研究开发进展[J].精细化工原料及中间体,2008(10):12-16.
[16]王玉强.双氧水的应用及其工艺进展[J].广东化工,2006,33(1):45-46.
[17]宋波.浅谈化工安全检修[J].科技创新与应用,2013(3):50-50.
[18]廖彰清.化工企业设备检修安全分析[J].化工技术与开发,2011,40(6):74-76.
[19]韩志远..浅析不安全行为管理与控制[J].中国安全生产科学技术,2012,8:52-56.
[20]田铁华.如何有效控制员工不安全行为的发生[J].山东工业技术,2015,22:276-276.
[21]杨喜光.防止静电危害的技术措施[J].精密制造与自动化,2013(4):61-64.
[22]魏长江,孙威.静电的危害及其安全防护[J].农机化研究,2001(2):108-109.
[23]陈才文.危险化学品操作安全[J].现代职业安全,2011(114):100-103.
[24]国家安全生产监督管理总局、国家煤矿安全监察网站,http://www.chinasafety.gov.cn/newpage/
[25]中国安全生产网,http://www.aqsc.cn/